现代建筑门窗幕墙技术与应用

——2018 科源奖学术论文集

杜继予　主编

中国建材工业出版社

图书在版编目（CIP）数据

现代建筑门窗幕墙技术与应用：2018科源奖学术论文集/杜继予主编 . --北京：中国建材工业出版社，2018.2（2018.4重印）

ISBN 978-7-5160-2172-9

Ⅰ. ①现… Ⅱ. ①杜… Ⅲ. ①门—建筑设计—文集 ②窗—建筑设计—文集 ③幕墙—建筑设计—文集 Ⅳ. ①TU228

中国版本图书馆CIP数据核字（2018）第026725号

内 容 简 介

近年来，建筑门窗幕墙行业进入了从高速度增长转向高质量增长的新时代，技术创新和新技术应用已成为行业优化升级的根本动力。本书以现代建筑门窗幕墙新材料与新技术应用为主线，围绕其产业链上的型材、玻璃、建筑用胶、五金配件、隔热密封材料和生产加工设备等展开文章的编撰工作，旨在为广大读者提供前沿资讯，引导行业企业提升自主创新和技术研发能力，以适应经济发展的新常态。同时，还针对行业的技术热点，汇集了相关工程案例的应用成果。

本书可作为房地产开发商、设计院、咨询顾问公司以及广大门窗幕墙上、下游企业管理、市场、技术等人士的参考工具书，也可作为门窗幕墙相关从业人员的专业技能培训教材。

现代建筑门窗幕墙技术与应用——2018科源奖学术论文集

杜继予 主编

出版发行：中国建材工业出版社
地　　址：北京市海淀区三里河路1号
邮　　编：100044
经　　销：全国各地新华书店
印　　刷：北京雁林吉兆印刷有限公司
开　　本：889mm×1194mm 1/16
印　　张：17.75 彩色：1
字　　数：520千字
版　　次：2018年2月第1版
印　　次：2018年4月第2次
定　　价：88.00元

本社网址：www.jccbs.com 微信公众号：zgjcgycbs
本书如出现印装质量问题，由我社网络直销部负责调换。联系电话：（010）88386906

本书编委会

主　　编　杜继予

副主编　姜成爱　剪爱森　万树春
　　　　　周春海　魏越兴　闵守祥
　　　　　蔡贤慈　林　波　周瑞基

编　　委　区国雄　闭思廉　江　勤
　　　　　花定兴　麦华健　曾晓武

前　　言

随着我国经济发展方式的转变和供给侧结构性改革的推进，建筑门窗幕墙行业也迎来了一个从规模速度型粗放增长转向质量效益型集约增长的新时代。在这一阶段，技术创新和新技术的推广应用已成为行业优化升级的根本动力。

为了及时总结行业技术进步的新成果，促进行业的技术创新，本编委会从今年起，把深圳市建筑门窗幕墙学会和深圳市土木建筑学会门窗幕墙专业委员会组织的"深圳建筑门窗幕墙行业学术交流年会"入选及获奖的学术论文结集出版。

《现代建筑门窗幕墙技术与应用——2018科源奖学术论文集》共收录论文37篇，论文集反映了2017年行业发展和技术进步的部分成果。BIM技术的应用是当前建设行业的技术热点，对提高建设行业的经济效益和社会效益具有重大意义，但在当前实际应用中仍存在很多难点和瓶颈，本行业的专家和技术人员勇于探索，在工程实际应用中取得了宝贵的经验。建筑工业化是建设行业另一项重大革新，门窗幕墙产品的标准化、单元化是本行业实现工业化的一个主要方向。新材料与新技术应用是技术进步的重要内容，对提高建筑门窗幕墙的各项性能有重大的实际意义。建筑门窗幕墙安全是永恒的话题，也是社会关注的热点，是我们建筑门窗幕墙从业人员的共同责任。本书收录相关论文，与同行们交流。此外，本书还收集了建筑门窗幕墙节能设计、结构设计、施工技术等方面的论文，供同行们借鉴和参考。由于时间及水平所限，疏漏之处恳请广大读者批评指正。

本书的出版得到下列单位的大力支持：深圳市科源建设集团有限公司、深圳市新山幕墙技术咨询有限公司、深圳市方大建科集团有限公司、深圳市三鑫科技发展有限公司、深圳中航幕墙工程有限公司、深圳金粤幕墙装饰工程有限公司、深圳市华辉装饰工程有限公司、深圳华加日幕墙科技有限公司、深圳市富诚幕墙装饰工程有限公司、深圳市建筑设计研究总院建筑幕墙设计研究院、浙江中南建设集团有限公司、郑州中原思蓝德高科股份有限公司、广州集泰化工股份有限公司、广东合和建筑五金制品有限公司、亚萨合莱国强（山东）五金科技有限公司、佛山市金辉铝板幕墙有限公司、佛山市粤邦金属建材有限公司，特此鸣谢。

编　者

2018年2月

目　录

第一部分　BIM 技术与应用

基于 BIM 技术的建筑幕墙设计下料 …………………………………… 曾晓武（3）

BIM 技术筑成扎哈绮梦——北京丽泽 SOHO 项目幕墙系统全生命周期 BIM 应用 ……… 王秀丽（10）

通过案例浅谈运用 BIM 技术过程中的数据交换 ………………… 姜飞雁　张　彬（20）

在豪方天际工程设计施工中的 BIM 技术应用 …………………… 江佳航　徐振宏（25）

南昌万达茂幕墙工程复杂幕墙 BIM 应用 ……………………………… 王　斌（32）

弧形采光顶彩绘图案玻璃 BIM 辅助设计技术 …………………… 刘江虹　徐振宏（36）

建筑信息模型（BIM）技术应用工程实例浅析 ……………………… 徐振宏（47）

第二部分　建筑工业化技术

BIM 技术助力建筑幕墙的工业化生产 …………………………… 刘晓烽　闭思廉（55）

幕墙单元化在深圳中海两馆异型双曲面幕墙中的应用 ………………… 于洪君（60）

杂化 STPE 密封胶在工业化住宅中的应用 ……………………… 李义博　肖　珍（70）

第三部分　新材料与新技术应用

建筑新材料及其应用 ………………………… 窦铁波　包　毅　杜继予（75）

人造板材及应用 …………………… 窦铁波　陈　勇　包　毅　杜继予（85）

新规范下的防火玻璃应用 …………………… 郦江东　徐松辉　杨永华（101）

幕墙可开启板块及其设备简述 …………………………………… 何锦星（107）

石材幕墙背栓的性能评估方法 …………………………………… 陈家晖（112）

第四部分　理论研究与技术分析

建筑幕墙索结构概念设计及要点分析 …………………………… 花定兴（119）

无窗台玻璃幕墙的室内侧耐撞击设计 ………… 闭思廉　刘晓烽　林伟艺（123）

全玻幕墙玻璃肋的局部及整体稳定性计算 ……………………… 岑培兴（130）

单元式幕墙支座转动刚度对立柱弯矩和挠度影响 ………… 邓军华　周　镮（134）

建筑幕墙设计的新理念 …………………………………………… 谢士涛（140）

建筑幕墙用硅酮结构密封胶标准有关设计要求的分析探讨 …… 程　鹏　邢凤群（144）

门窗用密封胶施工过程质量控制及问题分析 ………… 利贵良　蒋金博　曾　容（149）

不同干燥剂对中空玻璃渗透系数影响的理论探索 ……………… 刘昂峰（156）

第五部分　工程实践与技术创新

双层幕墙电控通风、防火及排烟方案 ······················ 李永福　陈　健　陈　勇　包　毅（163）
浅谈大跨度双曲面玻璃幕墙设计 ······················ 张志鹏　柏良群　蔡广剑（170）
华侨城总部大厦幕墙工程设计施工要点浅析 ······················ 彭赞峰　邓军华（179）
浅谈门窗、幕墙系统与主体结构交接处的防水设计 ······················ 徐绍军　吴新海　陈立东（187）
浅析铝合金外平开窗转换框的选用要点 ······················ 徐绍军　吴新海　陈立东（198）
金港大厦大跨度钢连廊整体提升技术及"吊架平台"在高空
　连廊吊顶施工中的应用 ······················ 许惠煌　李　军　谭业喜　吴　彬（207）
单元式铝板装饰柱在深圳金利通金融中心超高层幕墙中的应用 ······················ 陈国伟（214）
桂林信昌高尔夫会所异型铝板幕墙设计 ······················ 任　华（220）

第六部分　建筑门窗幕墙安全

玻璃幕墙开启扇安全性设计浅析 ······················ 赵福刚（231）
再论幕墙窗扇未锁闭状态下防坠落措施 ······················ 王海军　江　辉（242）
临空玻璃窗或幕墙的防护设计研究 ······················ 谢　冬　谢士涛（252）

第七部分　建筑门窗幕墙节能

浅述铝合金平开窗节能性能标识取证 ······················ 余益军（259）
建筑门窗幕墙节能设计的常见问题及要点 ······················ 谢得亮（265）
新疆低能耗建筑透光围护结构太阳得热与热工性能分析研究 ········· 陈向东　何志军　李文华（271）

第一部分
BIM 技术与应用

基于 BIM 技术的建筑幕墙设计下料

◎ 曾晓武

深圳市建筑门窗幕墙学会　广东深圳　518053

摘　要　BIM 技术在国内建筑幕墙行业已应用多年，目前主要用于幕墙工程的方案投标阶段以及施工图三维建模阶段。本文通过建筑幕墙工程应用示例，阐述 BIM 技术如何应用于建筑幕墙的设计下料。

关键词　BIM 技术；幕墙；设计下料

Abstract　BIM technology has been used for many years in curtain wall industry in China. At present，it is mainly used in the bidding phase and 3D model stage of the shop drawing of the curtain wall project. Through the case of building curtain wall project，I will explain how to apply the BIM technology to the design of building curtain wall in this article.

Keywords　BIM；curtain wall；design

1　引言

近年来，BIM 技术已广泛应用于建筑行业的各个专业中，如建筑、结构、水电管线、建筑节能、工程施工、运营维护等，发挥着越来越大的管理作用。

作为建筑行业的重要一环，建筑幕墙行业也开始逐渐将 BIM 技术应用于幕墙工程中，特别是幕墙方案投标阶段，如建立三维模型、进行碰撞分析、施工模拟管理等，但应用于幕墙工程的设计下料阶段的很少。本文阐述了 BIM 技术如何应用于幕墙工程，自动生成幕墙工程的设计下料，从而极大地提高了设计效率，减少设计失误。通过本文的介绍，希望对从事幕墙行业的人士有所帮助。

2　幕墙常用 BIM 软件

市场上常用的 BIM 软件按厂家分主要有四大公司：美国欧特克（Autodesk）公司、美国宾利（Bentley）公司、法国达索（Dassault）公司和匈牙利图软（Graphsoft）公司。

按 BIM 软件的功能可分为三维建模软件、机械设计软件、施工管理软件等，其中三维建模软件主要有欧特克公司的 Revit、达索公司的 Catia 和图软公司的 Archi；机械设计软件主要有达索公司的 Catia 和 Solidworks、德国 Siemens 公司的 UG、美国 PTC 公司的 ProE、美国 CNC 公司的 Mastercam 以及欧特克公司的 Inventor；施工管理软件主要有欧特克公司的 NavisWorks、宾利公司的 Project-Wise 和达索公司的 Delmia。

目前，幕墙行业常用的 BIM 软件详见表 1，它们主要被应用于幕墙工程的招投标阶段、施工图过程中的三维建模和幕墙工程施工管理阶段。然而，在设计下料阶段，仅有为数不多的幕墙公司采用专业的机械设计软件进行幕墙设计，使得 BIM 技术在建筑幕墙行业中的作用没有得到充分发挥。

表 1　幕墙用 BIM 软件汇总表

	Autodesk 公司	Bentley 公司	Dassault 公司	Graphsoft 公司
三维建模	Revit	Bentley	Catia	Archi
机械设计	Inventor	—	Catia \ Solidworks	—
施工管理	NavisWorks	ProjectWise	Delmia	—

3　BIM 如何应用于建筑幕墙的设计下料

建筑幕墙设计主要包括三个阶段：方案投标设计、施工图设计（含深化设计）以及设计下料。其中，方案投标设计人员数量一般占幕墙设计总人数的 10％～15％，施工图设计人员一般占幕墙设计总人数的 20％～25％，而设计下料人员一般占幕墙设计总人数的 60％～70％，也就是说六成以上的幕墙设计人员每天都在做重复性的、易出错的设计工作，工作压力大，责任重，容易产生厌烦情绪。

另外，幕墙行业里历年来通常都是采用 AutoCAD 二维平面设计软件进行全过程设计，包括设标阶段的方案图、施工阶段的施工图设计、设计下料阶段的零部件加工等，如普通框架式幕墙、单元式幕墙的设计。当遇到三维异形幕墙（屋面）时，通常采用犀牛（Rhino）进行三维建模，再导入 Auto-CAD 中通过 LSP 进行二次编程开发，手动生成幕墙设计数据，达到三维异形幕墙（屋面）设计下料的目的。此法不但设计效率很低，容易产生设计失误，而且可能严重影响幕墙工程进度甚至成本控制。

如果采用 BIM 技术应用于建筑幕墙的设计下料，可以极大地提高设计效率，降低设计成本和设计失误。那么，BIM 技术如何才能应用于建筑幕墙的设计下料呢？

3.1　技术路线

首先，根据建筑师提供的幕墙分格图或建筑三维表皮模型，建立建筑幕墙的三维模型，可采用 BIM 三维建模软件，如 Revit、Catia、Archi 等；其次，将幕墙参数化信息模块导入幕墙三维模型中，自动生成幕墙材料订购表或下料单（亦称提料单）；最后，通过 BIM 的机械设计软件与三维模型软件进行关联，自动生成幕墙材料下料单及加工工艺图。

3.2　基于 BIM 技术的幕墙设计下料全过程

下面主要通过美国欧特克（Autodesk）公司的 BIM 相关软件进行说明，三维建模软件采用最常用的 Revit，机械设计软件采用 Inventor。

（1）首先，建立建筑幕墙标准族库，如立柱、横梁、标准单元板块等，并将幕墙常用的变量赋予参数化设计，如立柱的截面宽高度、玻璃厚度、标准单元板块的宽度和高度、横梁高度等，参数化设计后，只需通过调整预先设定的设计参数，就能即时改变幕墙系列、规格等，以满足不同系列、不同幕墙类型的设计下料要求，减少建立标准族库的工作量。

（2）根据建筑师提供的幕墙分格要求，采用 Revit 软件建立幕墙立面分格图或三维表皮模型。

（3）将幕墙标准族库导入 Revit 建立的幕墙立面分格图或三维表皮模型中，自动生成幕墙三维模型。

（4）通过幕墙三维模型可自动计算生成该幕墙工程所需的幕墙材料，如型材名称、长度、面板尺寸、数量等，并可输出 Excel 格式幕墙材料订购表。

（5）将 Revit 生成的参数化的三维模型与机械设计软件 Inventor 进行关联，自动生成幕墙板块部件组装图、零件加工工艺图以及材料下料单等。

（6）最后，将生成的幕墙板块部件组装图、零件加工工艺图等转化成 AutoCAD 格式的 dwg 文件或加工中心格式的文件，以方便工厂生产加工使用。

4　基于 BIM 技术的建筑幕墙设计下料应用示例

经多个幕墙工程模拟测试验证，基于 BIM 技术的建筑幕墙设计下料完全可以应用于各种幕墙类型，如普通框架式幕墙、单元式幕墙以及三维造型的异形幕墙等，下面对单元式幕墙和异形幕墙这两种常用幕墙类型的应用示例进行详细说明。两个示例均选用了简单的幕墙系统设计，以方便表述。

4.1　单元式幕墙设计下料示例

（1）选用标准化的单元式幕墙系统，创建参数化的幕墙单元板块嵌板族，详见图 1。

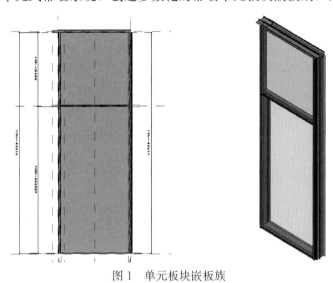

图 1　单元板块嵌板族

（2）将幕墙单元板块嵌板族插入到幕墙立面分格中，生成幕墙三维建模图，详见图 2。

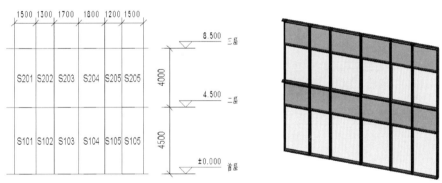

图 2　单元式幕墙三维建模图

（3）三维建模软件将根据预先设定的参数自动生成下料单，包括玻璃订购表、型材下料单等，详见图 3 和图 4。

<单元板块玻璃定购表>								
A	B	C	D	E	F	G	H	I
板块编号	分格宽度	分格高度	顶部玻璃宽度	顶部玻璃高度	底部玻璃宽度	底部玻璃高度	面积	合计
S101	1500.0	4500.0	1435.0	1469.0	1435.0	2969.0	6.75	1
S102	1300.0	4500.0	1235.0	1469.0	1235.0	2969.0	5.85	1
S103	1700.0	4500.0	1635.0	1469.0	1635.0	2969.0	7.65	1
S104	1800.0	4500.0	1735.0	1469.0	1735.0	2969.0	8.10	1
S105	1200.0	4500.0	1135.0	1469.0	1135.0	2969.0	5.40	1
S105	1500.0	4500.0	1435.0	1469.0	1435.0	2969.0	6.75	1
S201	1500.0	4000.0	1435.0	1469.0	1435.0	2469.0	6.00	1
S202	1300.0	4000.0	1235.0	1469.0	1235.0	2469.0	5.20	1
S203	1700.0	4000.0	1635.0	1469.0	1635.0	2469.0	6.80	1
S204	1800.0	4000.0	1735.0	1469.0	1735.0	2469.0	7.20	1
S205	1200.0	4000.0	1135.0	1469.0	1135.0	2469.0	4.80	1
S205	1500.0	4000.0	1435.0	1469.0	1435.0	2469.0	6.00	1
总计：12								

图 3　生成玻璃定购表

A	B	C	D	E	F	G	H	I	J
				<单元板块主要型材下料单>					
板块编号	分格宽度	分格高度	公立柱长度	母立柱长度	上横梁长度	中横梁长度	下横梁长度	面积	合计
S101	1500.0	4500.0	4465.5	4465.5	1484.0	1390.0	1390.0	6.75	1
S102	1300.0	4500.0	4465.5	4465.5	1284.0	1190.0	1190.0	5.85	1
S103	1700.0	4500.0	4465.5	4465.5	1684.0	1590.0	1590.0	7.65	1
S104	1800.0	4500.0	4465.5	4465.5	1784.0	1690.0	1690.0	8.10	1
S105	1200.0	4500.0	4465.5	4465.5	1184.0	1090.0	1090.0	5.40	1
S105	1500.0	4500.0	4465.5	4465.5	1484.0	1390.0	1390.0	6.75	1
S201	1500.0	4000.0	3965.5	3965.5	1484.0	1390.0	1390.0	6.00	1
S202	1300.0	4000.0	3965.5	3965.5	1284.0	1190.0	1190.0	5.20	1
S203	1700.0	4000.0	3965.5	3965.5	1584.0	1590.0	1590.0	6.80	1
S204	1800.0	4000.0	3965.5	3965.5	1784.0	1690.0	1690.0	7.20	1
S205	1200.0	4000.0	3965.5	3965.5	1184.0	1090.0	1090.0	4.80	1
S205	1500.0	4000.0	3965.5	3965.5	1484.0	1390.0	1390.0	6.00	1
总计: 12									

图 4　生成型材下料单

（4）将三维建模软件中的参数自动关联到机械设计软件后，自动生成幕墙单元板块的组框图、型材加工图等，详见图 5 和图 6，不同的单元板块加工工艺只需改变板块编号即可完成。

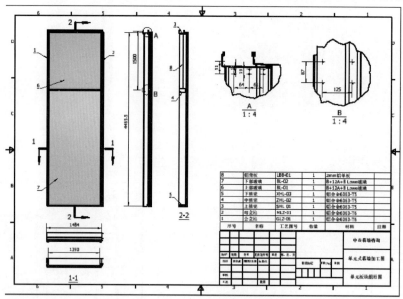

图 5　自动生成单元板块组框图

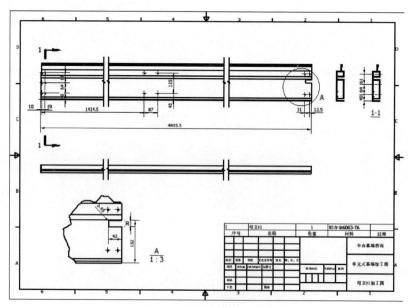

图 6　自动生成型材加工图

（5）零、部件加工工艺图生成 CAD 格式后输出存档。

当单元式幕墙建立了系统标准库后，单元板块的设计下料工作变得非常简单，只需提供幕墙立面分格图，就能及时输出标准的 CAD 格式的加工工艺图纸。

4.2　异形幕墙（屋面）设计下料示例

一直以来，异形幕墙（屋面）的设计下料是幕墙工程中的难点，板块分格的不规则、异形、三维定位等特点往往需要耗费大量的人力和物力，假如采用 BIM 技术，就能够极大地提高设计和生产的效率，下面对一个异形玻璃采光顶屋面进行示例说明。

异形采光顶屋面分格为三角形分格，玻璃为平面玻璃，与玻璃框铝型材采用结构胶进行粘结。为方便表述，只建立了简单的三角形玻璃框标准板块，三维屋面表皮视图详见图 7。

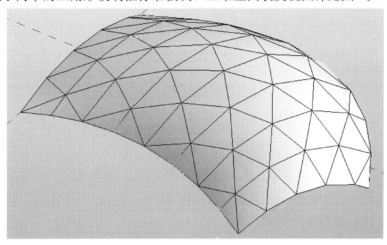

图 7　三角形异形玻璃屋面表皮三维视图

（1）将创建好的参数化三角玻璃板块输入异形屋面分格图中，自动生成三维屋面系统图，详见图 8。

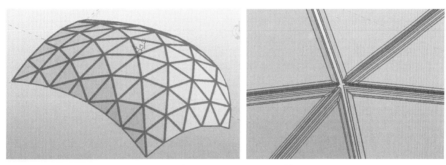

图 8　自动生成三维屋面系统图

（2）三维建模软件根据预先设定的参数自动生成下料单，包括玻璃订购表、型材下料单等，详见图 9 和图 10。

（3）将三维建模软件中的参数自动关联到机械设计软件后，自动生成三角形玻璃框的组框图、型材加工图等，详见图 11 和图 12，同样，不同的三角形玻璃框板块加工工艺只需改变板块编号即可完成。

（4）零、部件加工工艺图生成 CAD 格式后输出存档。

从三角形玻璃屋面设计下料的示例可以看出，异形幕墙（屋面）的设计下料变得非常简单、快捷、立等可取。只要参数化模块和幕墙（屋面）三维模型输入正确，理论上不可能存在下料错误，极大地提高了异形幕墙（屋面）的设计效率，使异形幕墙（屋面）的快速下料变为可能。

A	B	C	D	E	F	G	H	I
板块编号	玻璃边长1	玻璃边长2	玻璃边长3	组角角度1	组角角度2	组角角度3	面积	合计
101	1839.1	1817.8	2365.4	49° 18′ 22″	80° 36′ 05″	50° 05′ 33″	1.71	1
102	1694.8	1833.1	2251.0	53° 07′ 09″	79° 11′ 17″	47° 41′ 34″	1.58	1
103	1520.7	1834.4	2104.7	58° 09′ 16″	77° 04′ 44″	44° 46′ 00″	1.41	1
104	1336.7	1821.4	1920.5	65° 09′ 01″	73° 05′ 38″	41° 45′ 21″	1.22	1
105	1805.6	1946.1	2290.4	55° 12′ 49″	75° 08′ 49″	49° 38′ 22″	1.76	1
106	1660.3	1954.4	2188.4	59° 09′ 16″	74° 00′ 52″	46° 49′ 52″	1.62	1
107	1500.2	1948.8	2063.3	64° 02′ 20″	72° 09′ 42″	43° 47′ 58″	1.45	1
108	1360.5	1929.6	1906.6	70° 08′ 17″	68° 19′ 26″	41° 32′ 17″	1.27	1
109	1920.0	2011.3	2277.4	56° 29′ 30″	70° 45′ 34″	52° 44′ 56″	1.89	1
110	1810.6	2018.7	2187.5	59° 46′ 12″	69° 25′ 53″	50° 47′ 55″	1.77	1
111	1682.0	2018.9	2104.9	63° 16′ 45″	68° 38′ 00″	48° 05′ 15″	1.64	1
112	1551.6	2011.8	2011.6	67° 19′ 17″	67° 18′ 43″	45° 22′ 00″	1.50	1
113	1954.1	2014.0	2126.7	58° 57′ 49″	64° 47′ 48″	56° 14′ 23″	1.84	1
114	1861.0	2013.1	2051.2	61° 47′ 35″	63° 47′ 51″	54° 29′ 34″	1.74	1
115	1749.0	2011.8	1997.1	64° 34′ 03″	63° 41′ 54″	51° 44′ 03″	1.64	1
116	1631.8	2010.2	1949.5	67° 37′ 09″	63° 44′ 05″	48° 38′ 46″	1.53	1
117	2070.7	1932.1	2048.5	55° 56′ 23″	61° 26′ 56″	62° 36′ 41″	1.82	1
118	2011.6	1926.9	1950.5	58° 10′ 31″	59° 19′ 27″	62° 30′ 02″	1.73	1
119	1918.7	1925.1	1891.8	60° 41′ 12″	58° 58′ 06″	60° 20′ 43″	1.64	1
120	1798.2	1926.8	1872.1	63° 17′ 41″	60° 13′ 31″	56° 28′ 47″	1.56	1

<三角形玻璃定购表>

图 9　生成三角形玻璃定购表

A	B	C	D	E	F	G	H	I	J	K
板块编号	玻璃框长度1	玻璃框长度2	玻璃框长度3	玻璃框1下料角度	玻璃框1下料角度	玻璃框2下料角度	玻璃框2下料角度	玻璃框3下料角度	玻璃框3下料角度	合计
101	1805.5	1767.9	2310.2	65° 20′ 49″	49° 41′ 57″	49° 41′ 57″	64° 57′ 14″	64° 57′ 14″	65° 20′ 49″	1
102	1662.2	1792.9	2201.0	63° 26′ 26″	50° 24′ 21″	50° 24′ 21″	66° 09′ 13″	66° 09′ 13″	63° 26′ 26″	1
103	1487.6	1797.3	2059.2	60° 55′ 22″	51° 27′ 38″	51° 27′ 38″	67° 37′ 00″	67° 37′ 00″	60° 55′ 22″	1
104	1300.8	1779.0	1878.3	57° 25′ 29″	53° 27′ 11″	53° 27′ 11″	69° 07′ 19″	69° 07′ 19″	57° 25′ 29″	1
105	1771.7	1905.7	2238.0	62° 23′ 36″	52° 25′ 35″	52° 25′ 35″	65° 10′ 49″	65° 10′ 49″	62° 23′ 36″	1
106	1625.8	1917.0	2140.8	60° 25′ 22″	52° 59′ 34″	52° 59′ 34″	66° 35′ 04″	66° 35′ 04″	60° 25′ 22″	1
107	1464.6	1910.0	2020.0	57° 58′ 50″	53° 55′ 09″	53° 55′ 09″	68° 06′ 01″	68° 06′ 01″	57° 58′ 50″	1
108	1322.9	1883.3	1866.0	54° 54′ 52″	55° 50′ 17″	55° 50′ 17″	69° 13′ 52″	69° 13′ 52″	54° 55′ 52″	1
109	1882.2	1972.6	2222.0	61° 45′ 15″	54° 37′ 13″	54° 37′ 13″	63° 37′ 32″	63° 37′ 32″	61° 45′ 15″	1
110	1772.5	1981.9	2137.6	60° 06′ 54″	55° 17′ 03″	55° 17′ 03″	64° 36′ 03″	64° 36′ 03″	60° 06′ 54″	1
111	1644.4	1981.8	2060.3	58° 21′ 37″	55° 41′ 00″	55° 41′ 00″	65° 57′ 23″	65° 57′ 23″	58° 21′ 37″	1
112	1514.8	1974.8	1971.1	56° 20′ 22″	56° 20′ 39″	56° 20′ 39″	67° 19′ 00″	67° 19′ 00″	56° 20′ 22″	1
113	1910.2	1978.8	2074.8	60° 31′ 05″	57° 36′ 06″	57° 36′ 06″	61° 52′ 49″	61° 52′ 49″	60° 31′ 05″	1
114	1819.2	1977.5	2005.0	59° 08′ 42″	58° 06′ 04″	58° 06′ 04″	62° 45′ 13″	62° 45′ 13″	59° 08′ 42″	1
115	1710.5	1975.0	1956.0	57° 42′ 59″	58° 09′ 03″	58° 09′ 03″	64° 07′ 59″	64° 07′ 59″	57° 42′ 59″	1
116	1596.7	1971.1	1911.6	56° 11′ 26″	58° 07′ 57″	58° 07′ 57″	65° 40′ 37″	65° 40′ 37″	56° 11′ 26″	1
117	2020.6	1898.8	1997.4	62° 01′ 48″	59° 16′ 32″	59° 16′ 32″	58° 41′ 39″	58° 41′ 39″	62° 01′ 48″	1
118	1964.7	1892.8	1903.7	60° 54′ 44″	60° 20′ 17″	60° 20′ 17″	58° 44′ 59″	58° 44′ 59″	60° 54′ 44″	1
119	1876.5	1890.2	1850.2	59° 39′ 24″	60° 30′ 57″	60° 30′ 57″	59° 49′ 39″	59° 49′ 39″	59° 39′ 24″	1
120	1761.0	1890.9	1834.3	58° 21′ 09″	59° 53′ 14″	59° 53′ 14″	61° 45′ 36″	61° 45′ 36″	58° 21′ 09″	1

<三角形组框玻璃框下料单>

图 10　生成玻璃框型下料单

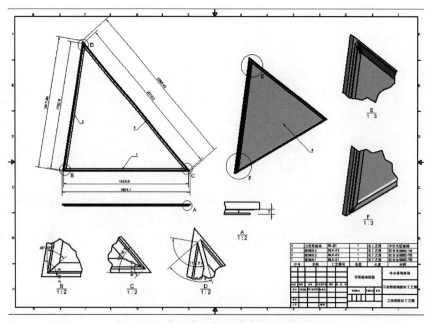

图 11　自动生成三角形玻璃板块组框图

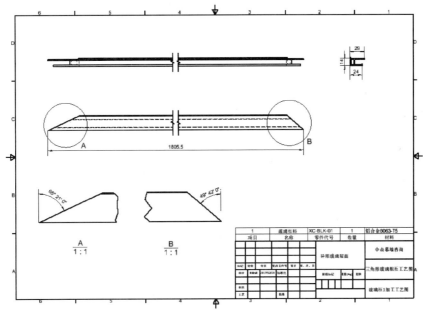

图 12 自动生成玻璃框型材加工图

5 结语

通过以上单元式幕墙和异形幕墙的示例可以得出，BIM 技术是建筑幕墙设计下料的倍增器。基于BIM 技术的建筑幕墙设计下料将原本枯燥无味的幕墙下料工作变得非常简单、轻松，大大地解放了设计下料人员的工作压力，极大地提高了建筑幕墙的设计效率，降低了人为设计错误，乃至对整个幕墙工程的施工进度和成本控制都将起到非常大的推动作用。

试想一下，当建筑幕墙行业开始大量应用 BIM 技术进行幕墙设计时，幕墙施工单位在签订幕墙工程合同前期，已经能够迅速、准确地计算出幕墙工程的材料成本，只需将报价的重点放在人工费、施工措施费等费用测算上面，便能准确完成整个幕墙工程的报价；或者上午刚刚签订幕墙工程合同，下午即可制定完成幕墙主材的订购计划；或者可以考虑大幅减少幕墙设计师的人数；或者建设单位也能较全面地了解幕墙设计和成本等。

综上所述，基于 BIM 技术的建筑幕墙设计如果是一场革命，会革谁的命？

参考文献

[1] 清华大学 BIM 课题组，等. 中国建筑信息模型标准框架研究 ［M］. 北京：中国建筑工业出版社，2011.
[2] 清华大学 BIM 课题组，等. 设计企业 BIM 实施标准指南 ［M］. 北京：中国建筑工业出版社，2013.
[3] 廖小烽，王君峰. Revit 2013/2014 建筑设计 ［M］. 北京：人民邮电出版社，2013.

BIM 技术筑成扎哈绮梦——北京丽泽 SOHO 项目幕墙系统全生命周期 BIM 应用

◎ 王秀丽

香港华艺设计顾问（深圳）有限公司　广东深圳　518000

摘　要　北京丽泽 SOHO 项目坐落于北京丽泽金融商务区，建筑面积 172，800m²，总高度 200m，对称的两部分塔楼扭转上升，由 190m 高的中庭连接为一个整体，为目前世界最高中庭，造型极具特色。项目幕墙专业共分为 10 个系统，包含鱼鳞式凸出渐变单元式玻璃幕墙、双曲面点支式玻璃幕墙、空间异形铝板幕墙等多种幕墙形式，设计施工难度极高。BIM 技术助力丽泽 SOHO 幕墙工程全生命周期的方案敲定、优化设计、精准施工，使这项高难度建筑幕墙工程的建造成为可能。

关键词　异形曲面幕墙；BIM 技术；方案敲定；优化设计；精准施工

1　工程概况

北京市丽泽金融商务区毗邻金融街，是北京西南一个新的商业、住宅和交通枢纽。丽泽 SOHO 位于规划建设中的地铁 14/16 号线的丽泽商务区站，将是两条地铁线的交汇点，并紧连城市公交线路，北邻丽泽路，东临骆驼湾东路。

作为丽泽商务区的枢纽，总面积 172，800m² 的丽泽 SOHO（图 1）设计灵感来自于他周围独特的城市肌理和地块情况。新的地铁隧道将地块对角线切开，丽泽 SOHO 也因地铁隧道一分为二。楼中央的中庭从顶层一直延伸到地面，将分开的两部分塔楼连为一体，高达 190m，是世界上最高的中庭（图 2）。这座 190m 高的中庭地下将是两条地铁线路的换乘站，也成为当地社区一个新的公共空间。

图 1　建筑外观　　　　　　　　　　　　图 2　"扭转的"中庭

丽泽 SOHO 预计将于 2018 年末完工，是扎哈．哈迪德建筑事务所与 SOHO 中国合作的第四个项目。异形的建筑幕墙造型复杂多变，BIM 技术的普遍应用贯穿幕墙的方案敲定、优化设计、精准施工，以及运维管理的整个生命周期，使这一绮丽梦幻的建筑幕墙工程得以完成。正如 SOHO 董事长潘石屹先生所说："扎哈项目的建筑施工难度超乎寻常，丽泽 SOHO 体现了对建筑美学的极致追求，美是能震撼人心的。"

2　幕墙系统形式

丽泽 SOHO 项目幕墙专业共分为 10 个系统，主要包括鱼鳞式凸出渐变单元式玻璃幕墙系统，双曲面点支式玻璃幕墙系统，空间异形铝板幕墙系统及框架式防火幕墙系统等（图 1）。表 1 为丽泽 SO-HO——幕墙系统划分表。

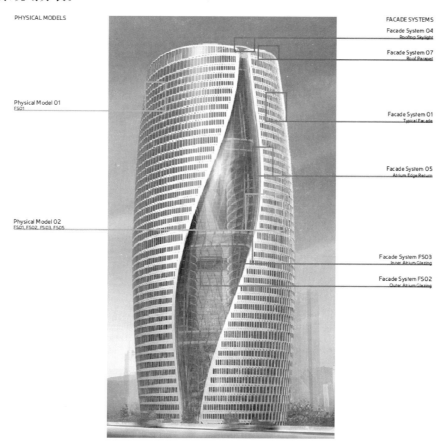

图 1　丽泽 SOHO 幕墙系统划分

表 1　丽泽 SOHO——幕墙系统划分

系统序号	名乐	备注
幕墙系统 1 FS1	主要幕墙系统——单元体幕墙（UCK） Main Facade-Unitized Curtain Wall（UCK）	
幕墙系统 2 FS2	连接幕墙—点支式玻璃幕墙 Gap Facade-Point Fixed Glass Facade	
幕墙系统 3 FS3	中庭防火幕墙—构件式系统 Fire Rated Atrium Facade-Stick System	

系统序号	名乐	备注
幕墙系统 4 FS4	采光顶—水平屋面玻璃幕墙 Skylight-Horizomtal Roof Glass Facade	
幕墙系统 5 FS5	首二层框架玻璃幕墙 L1-L2 Stick System	
幕墙系统 6 FS6	室内中庭连桥包板系统 Inner Atrium Cover Cladding	
幕墙系统 7 FS7	主入口幕墙系统 Main Entrance System	
幕墙系统 8 FS8	B1 层框架幕墙、下沉广场石材幕墙和玻璃栏板系统 B1 Stick System、Storefronts、Point Fixed Balustrade	
幕墙系统 9 FS9	人防出入口外履系统 Pop ups SYSTEM	
幕墙系统 10 FS10	B1 层采顶—水平屋面玻璃幕墙 B1 Skylight-Horizontal Roof Glass Facade	

2.1 鱼鳞式渐变凸出单元式幕墙系统

单元式幕墙特色及难点解析

1) 建筑外饰横截面由不同的八段弧形组成,建筑立面中央部分凸起,单元式幕墙板块一侧呈鱼鳞状凸出,且凸出高度渐变。这种复杂的变化规律导致项目单元式玻璃幕墙系统的板块初始种类达到千余种,数量巨大,为幕墙系统的设计出图、工厂加工、现场施工带来巨大困难。

2) 扭转渐变的建筑板边线,使得单个单元式幕墙板块与建筑相接面的四个端点不在同一平面上,而每个单元板块的凸出盒体正立面为平面,以保证平板玻璃面材顺利安装。单元式幕墙板块的横竖框插接设计安装,凸出铝板盒体的设计加工成为这项幕墙工程的难点之一。

3) 上下层单元式幕墙板块插接安装采用弧形骑马缝式设计,连接形式千变万化,需要适应性更高的柔性单元幕墙插接设计、防水系统设计。

2.2 双曲面点支式幕墙系统

点支式幕墙特色及难点解析

1) 中庭外部点支式玻璃幕墙系统外饰面为双曲面,且板块分格大小不同,形状各异,点支式幕墙系统单个板块采用平板玻璃,点支式驳接爪件的容差调节范围比较有限,幕墙板块安装时交接位置四个板块的翘曲程度如果过大,安装时可能导致玻璃碎裂等情况发生,造成不可预估的施工成本,甚至造成高空作业安全隐患。

2) 建筑外饰面主要的两个幕墙系统——单元式幕墙系统(图 2)与点支式幕墙系统(图 3),在彼此连接位置存在渐变错位,空间的连接结构设计由传统二维图纸难以表达。

2.3 空间异形铝板幕墙系统

空间异形铝板幕墙系统特色及难点解析

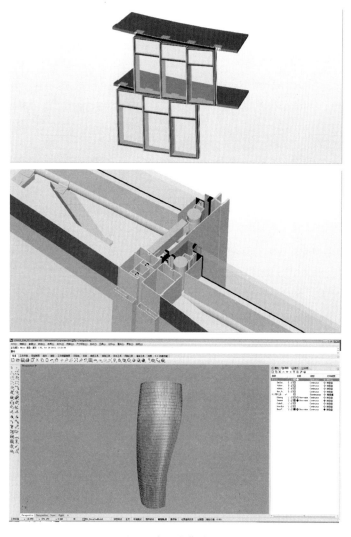

图 2　单元式幕墙系统

图 3　点支式幕墙系统

1）中庭内部空间异形铝板幕墙系统（图 4）造型多样，相互交接形式千变万化，设计施工难度巨大。

2）幕墙安装土建板边线曲直交错，上下层存在偏移，为保证铝板幕墙板块顺利安装，且板块交接位置达到理想外饰效果，幕墙系统与土建连接的钢结构转接件施工精度要求极高。

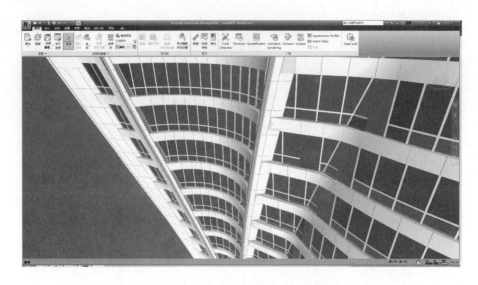

图 4　异形铝板幕墙系统

3　BIM 技术完成幕墙方案敲定

丽泽 SOHO 建筑造型奇特，极富动感，高超的 BIM 技艺为设计方案的实现提供强大技术支持。应用 Rhino、GH、DP 等 BIM 造型软件实现参数化建筑方案设计，快速实现不同建筑方案的变更比对，在方案阶段实现幕墙参数的提取、微调、归类、优化，极大地降低了后期设计与施工的成本，使这一超高难度的幕墙工程得以实现。

3.1　归类相似项，减少幕墙板块种类

项目方案阶段利用 GH 插件参数化控制单元式幕墙 Rhino 模型，提取板块尺寸参数，归类、微调相近尺寸参数使其统一化，同时保证幕墙单元板块插接缝宽度变化数值在容差范围之内，减少单元式幕墙加工尺寸种类数量，实现方案优化，降低后期加工成本。

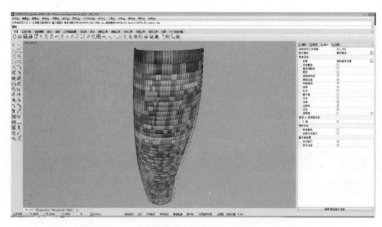

图 5

3.2　微调幕墙分格，双区板块平面化

丽泽 SOHO 项目点支式玻璃幕墙系统外饰面为双曲面，单个平板玻璃板块安装翘曲程度需要严格把控。根据以往工程经验，按照本项目点支式幕墙系统板块最大极限尺寸，考虑各种点爪式驳接件的

调整能力，综合得出平板玻璃板块防碎裂翘曲容纳数值为 20mm。

利用 GH 插件调整 Rhino 点支式幕墙玻璃板块分格参数，用平面玻璃幕墙板块覆盖整体外饰双曲面，并保证所有玻璃幕墙板块在驳接爪件位置的翘曲值在 20mm 以内，保证点支式幕墙系统方案安装安全性和施工成本。

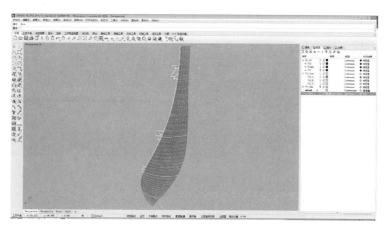

图 6

4 BIM 技术完成幕墙优化设计

丽泽 SOHO 项目幕墙工程超高的难度系数和质量要求，淘汰了传统的二维设计模式，精湛的幕墙设计施工技艺，结合 BIM 技术的广泛应用，为地标性精品幕墙工程的筑成奠定基础。

4.1 复杂节点 3D 放样，协助各方优化设计

丽泽 SOHO 单元式幕墙系统造型极为复杂，单元板块与建筑主体相接面的四个端点不共面，横竖框插接设计成为难点；上下层单元板块采用弧形骑马缝插接，上下框插接设计和防水系统设计难度较高；鱼鳞式铝板盒体的外饰效果是否满足建筑师要求，盒体的支撑结构如何设计，这些设计难题靠传统的二维图纸难以实现。项目依靠 BIM 技术进行三维设计，所见即所得，模拟幕墙构件实际空间位置关系，方便各方协调意见，优化设计方案，提供关键幕墙模型设计参数，使得幕墙设计过程更优质，更高效（图 7）。

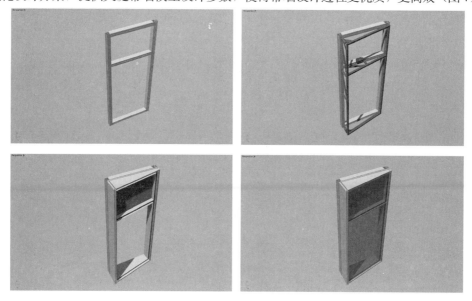

图 7　单元式幕墙横竖框插接、铝板盒体球铰支撑结构设计

　　丽泽 SOHO 整体建筑外饰面为双曲面，建筑中间部位凸起，幕墙系统种类繁多，使得各个幕墙系统交接设计（图 8）、幕墙系统与土建的连接设计成为难点。传统的二维图纸难以清晰表达，利用 BIM 模型 3D 放样（图 9 和图 10），便于各方协调意见，辅助复杂节点深化设计。

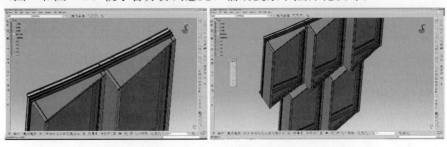

图 8　单元式幕墙上下框插接及防水系统设计

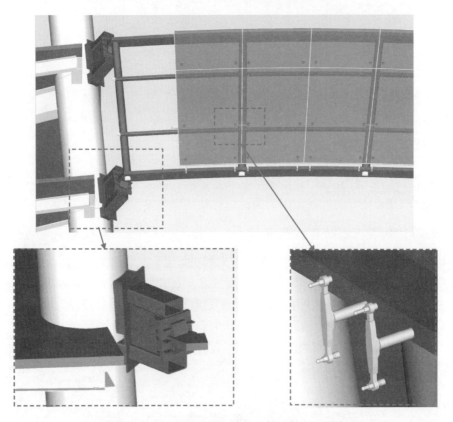

图 9　点支式幕墙系统与建筑主体连接 3D 放样

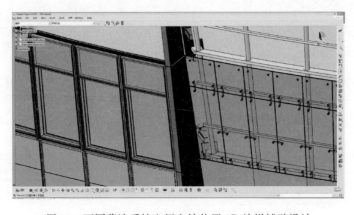

图 10　不同幕墙系统空间交接位置 3D 放样辅助设计

4.2 BIM 模型直接出图，优化幕墙设计流程

丽泽 SOHO 超高的质量要求和难度系数，倒逼设计单位更新技术手段，优化设计流程。复杂的弧形建筑板边线，双曲渐变的建筑外饰面轮廓，淘汰了传统的二维幕墙设计出图方式，所有复杂幕墙节点三维化设计，所有幕墙设计参数由三维模型得出，所有幕墙平立面、复杂大样节点详图（图11）、构件加工图由三维模型剖切出图，真正实现了 BIM 引领幕墙设计、指导幕墙设计的三维化幕墙设计流程。

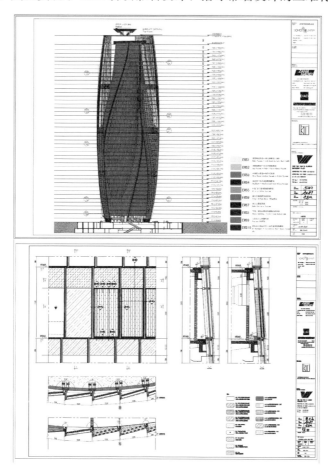

图 11 幕墙平立面大样节点三维出图

5 BIM 技术完成幕墙精准施工

丽泽 SOHO 旋转上升的中庭世界最高，实用的公共空间同时创造了动感雄奇的视觉景观，是整座建筑的亮点。巨大复杂的铝板幕墙板块加工和安装的难度极高，项目结合先进的 BIM 技术手段，克服各项技术难题，终于完成这项精品工程，为城市贡献了一座瑰丽的新地标。

5.1 BIM 模型导出面材型材加工参数，实现复杂板块精准加工

复杂空间造型铝板加工流程如下：

1）按照建筑外饰面方案表皮，预留铝板拼接缝、铝板安装折角、转接件安装孔位，创建精确铝板幕墙板块加工模型（图12）。

2）归类相似形状铝板幕墙板块，确定编号原则，绘制统一加工图，并从模型中导出铝板加工参数表。

3）将铝板幕墙加工模型、铝板大类加工图和铝板加工参数表提交铝板厂家完成加工后审核。

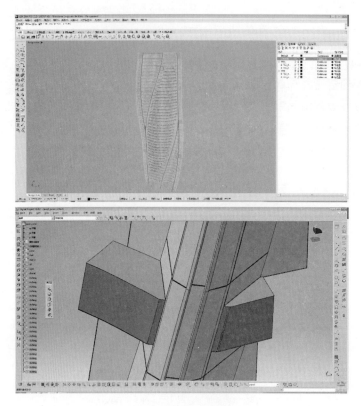

图 12　铝板加工模型

5.2　BIM 模型控制安装点位，保证幕墙板块顺利安装

按照曲直交错的建筑板边线条件模型和复杂曲面造型的建筑外饰面方案要求，利用 DP 等 BIM 软件创建精确的铝板幕墙 3D 模型及钢结构连接件模型，提取钢结构转接件及幕墙板块安装点位，并提供 3D 安装示意图（图 13），辅助现场施工，保证铝板幕墙精准施工，顺利安装。

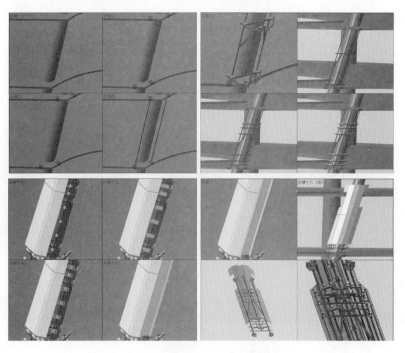

图 13　复杂空间造型铝板幕墙系统安装示意

6 结语

丽泽 SOHO 项目作为北京城市的新地标，既是建筑艺术的完美呈现，也是建筑技艺的极致追求。丽泽 SOHO 幕墙工程，为建筑披上绝美纷呈的外衣，它背后承载的是幕墙行业的匠人精神，钻研的智慧和辛勤的汗水。与时俱进，开拓创新，应对新的时代新的考验，BIM 技术为幕墙技艺插上羽翼，致敬大师，筑成扎哈绮梦。

参考文献

［1］中国建筑装饰协会 . T/C BDA 7-2016 建筑幕墙工程 BIM 实施标准［S］. 北京：中国建筑工业出版社，2016.

［2］潘石屹 . 是你们的汗水为北京又奉献了一座地标性建筑［EB/OL］. http：//n. m. soho. com/a/195605744_206777，2017.09.29.

［3］Zaha Haidid Architects. Leeza Soho［EB/OL］. http：//www. architectmagazine. com，2017.02.16.

通过案例浅谈运用 BIM 技术过程中的数据交换

◎ 姜飞雁 张 彬

深圳南利装饰集团股份公司 广东深圳 518033

摘 要 通过案例解释 BIM 技术应用过程中数据交换的重要性。

关键词 GB/T 51212—2016；BIM；IFC；数据交换

GB/T 51212—2016《建筑信息模型应用统一标准》（以下简称《统一标准》）已于 2017 年 7 月 1 日起开始实施，该标准对模型结构与扩展、数据互用及模型应用，都做出了相应的规定和技术定义，尤其是在一般规定中规定：（1）模型中需要共享的数据应能在建设工程全生命期各个阶段、各项任务和各相关方之间交换和应用；（2）通过不同途径获取的同一模型数据应具有唯一性。采用不同方式表达的模型数据应具有一致性；（3）用于共享的模型元素应能在建设工程全生命期内被唯一识别；（4）模型结构应具有开放性和可扩展性。《统一标准》在交付与交换的章节中进一步规定：模型、子模型应具有正确性、协调性和一致性，这样才能保证数据交付、交换后能被数据接收方正确、高效地使用。模型数据交换的格式应以简单、快捷、实用为原则。为便于多个软件间的数据交换与交付，这些软件可采用 IFC（图 1）等开放的数据交换格式。从而规范 BIM 模型数据的技术要求，以避免 BIM 技术在应用的过程中各自为战的现象。

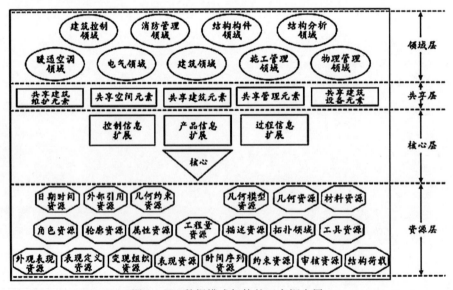

图 1 IFC 数据模式架构的四个概念层

从事 BIM 技术应用的人员，在 BIM 实施过程中，仅使用单一的 BIM 软件是不能完成一个建设工程全生命期的全部工作的，在不同阶段和不同专业模型数据的互用和交换，一直是个头疼的难题，往往出现在本 BIM 平台软件上，模型运行正常，调用到其他 BIM 平台软件上时，不是模型数据不完整，就是根本不能被调用。分析原因主要有以下几点：

1）模型的几何精度级别和信息精度级别的不匹配。一般情况，低精度级别的 BIM 软件调用高精度级别 BIM 软件的模型数据时会出现数据不完整的情况，这种情况要求在使用 BIM 软件时，注意软件的几何和信息精度级别，尽量在同精度级别的 BIM 软件互用，高精度级别的 BIM 模型数据需要简化处理后供低精度级别的 BIM 软件读取和调用，例如 Inventor 几何模型必须进行简化和分解才能导入到 Revit 中去，因为 Inventor 所支持的几何造型远比 Revit 所能支持的几何造型复杂；建筑幕墙设计建造的各阶段模型成果最低精度等级要求详见表 1。

表 1　幕墙设计建造的各阶段模型成果最低精度等级要求

幕墙实施阶段	几何精度等级	信息精度等级
方案设计阶段	G3	12
深化设计阶段	G4	13
施工建造阶段	G5	14
竣工交付阶段	G5	15

2）开发的 BIM 软件不规范。在《统一标准》实施前，因没有统一的标准依据，造成已开发的 BIM 软件的模型信息互用性不理想，这需要给予用户进行软件升级。但还有一种情况还有一类伪 BIM 软件，其特点是在一些 3D 模型软件平台上，开发编程了部分应用插件（plugin），更改了一下启动页面，增加部分命令菜单，就称为 XXX 专业 BIM 软件，输出的模型数据和信息数据在其他的 BIM 软件上不能被调用，其他 BIM 软件上的模型数据和信息数据也不能被输入，这种软件也仅能被称为 XXX 专业的一个快捷工具，而是不能被称为 BIM 软件的。

随着国家推行装配化建筑，BIM 技术的应用发展迅速，政府也出台了各项鼓励政策，如在建设工程项目的招标中，应用 BIM 技术的予以加分或在建设工程项目的设计中应用 BIM 技术的予以设计费的补贴措施，引用网络上语言讲就是"BIM 已经不只是趋势，而是正如火如荼地进行着"。实际上，我们正在经历着从二维设计时代向三维设计时代的过渡时期，在这个时期，BIM 技术应用的普及程度在不同的领域是不同的，如建筑设计单位的应用程度比建筑施工单位的应用程度高，央企比民企的应用程度高，大型企业比中小型企业的应用程度高，这主要是因为 BIM 技术的专业人员少，技术投入需要时间和资金。不过，作为个体的设计师、工程技术人员必须适应这种技术发展趋势，我们正在经历着一个"升维设计"的时代，个人也需要技术技能的升级，从一个 designer "升维"到 BIMer。

BIM 技术在互联网信息化的框架下，互通、互联和共享应是它的基本属性。譬如，某个建设项目，在该项目全生命期内应用 BIM 技术时，各参与方在参与该项目的时间节点、软件工具是各不相同的，各参与方对模型的几何精度及信息内容的要求也不同，模型数据的互用属性至关重要。通俗地讲有这样几种情况：一是"语言不通"。数据不能相互调用，很难做到数据模型的精确转换。带来的问题就是：假沟通。二是"你要的东西我没有"。如各空间数据间的相互关系-拓扑关系（图 2），是 BIM 模型的基本要求，被回答的是"我没有。我是画效果图的，呵呵。"三是"我给你的不是你想要的"。譬如，钢结构的加工工厂，不接受 3D 的模型数据，只接受 2D 的零部件图纸。四是"我给你的你消化不了"。这主要是因为几何精度级别低的 BIM 软件不能读取几何级别高的 BIM 软件提供的模型数据，或模型数据格式不通用造成的。下面通过一个案例，具体介绍一下 BIM 模型数据交换的作用和实施过程。

案例简介：项目名称叫《绽放》（图 3）——雕塑，是个公共艺术类的工程项目。整个项目的创作元素比较多，包括绘画创作、音乐创作、场效互动 APP、灯光效果等，从策划到实施历时三年的时间，该项目中的艺术玻璃的制作是在德国工厂生产的，是一片一片的绘画一片一片的烧制而成的，整个制作的时间周期进行了 200 多天。项目的创作者是美籍华人艺术家盛珊珊老师，项目的承建方是深圳广美雕塑壁画艺术有限公司，雕塑《绽放》是深圳龙岗三馆一城雕塑群中的一组，也是目前世界世

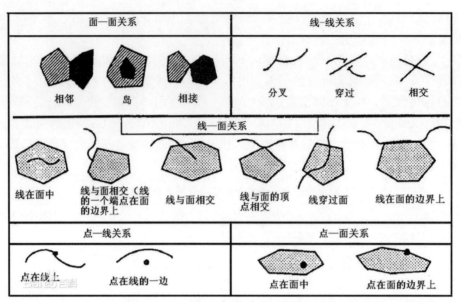

图 2　拓扑关系

界上最大最高的 3D 艺术玻璃雕塑（高度 8.8m），同时，它是一个国际合作协同的项目，设计过程中前后有五个设计团队参与。美国东西方艺术公司负责雕塑《绽放》的概念、构型、音乐创作、艺术玻璃表现油画创作，德国工厂负责艺术玻璃的绘制和制作，上海同济大学建筑研究院负责雕塑《绽放》基础结构的改建和结构的总体设计，深圳广美雕塑公司负责现场的技术协调，我们的团队是最晚介入这个项目的。最初，对于我们来说，仅是一个咨询顾问项目，因为项目中涉及艺术玻璃如何安装的问题，需要应用幕墙的相关技术和规范。在我们与各方协同工作的过程中发现各技术团队不能给出实施的具体图纸。美国团队使用的是比较小众化的艺术造型类的软件，完成作品的概念演示非常完美，但给不出艺术玻璃的具体规格尺寸；德国团队侧重于艺术玻璃的加工工艺，专注于艺术玻璃的色彩调配和烧制的工艺控制以及 2D 画面在 3D 形体上表现的细节差异，使用的软件更小众，还是德文版的；上海团队是建筑设计专业，对该项目的基础改造和加固轻车熟路，但涉及艺术玻璃的安装构造的技术问题一直无法解决，面临着最高 8.8m 五个造型各异同时又要满足艺术玻璃安装技术条件的钢结构（图 4），也是一筹莫展。同时，各团队的模型数据在各自的软件平台上都可以展示得美轮美奂，但数据之间没有互用和共享。在这样的条件下，我们引入按 BIM 技术思路来完成这个项目的概念，使这个公共艺术项目，演变成为了一个 BIM 技术应用的项目。

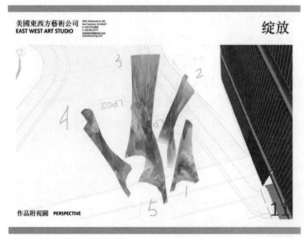

图 3　雕塑《绽放》

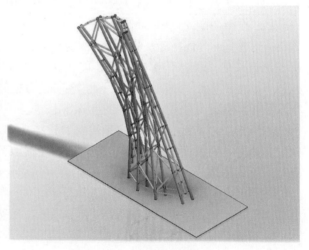

图 4　最初的钢构形式

实施过程。首先规定了各方都能接受的模型数据文件格式为 DWG 格式，长度单位为 mm（毫米），重量为 kg（公斤），图形格式文件为 JPG 和 PDF，三维演示文件格式为 3DPDF。最终钢结构形式为异形的 T 型钢构造（图 5），数据交换网络示意图见图 6，满足结构强度并适用安装艺术玻璃（图 7）。

图 8 和图 9 分别为该工程的日间效果和夜间效果。BIM 技术在应用的过程中，由于不同专业在整个的工程项目设计周期的介入时间节点不同，首先要能够调用已设计的成果文件，并能够输出各协作方可以共用的模型数据至关重要，可以避免错误，提高设计工作的效率。

图 5 最终完成的钢结构模型

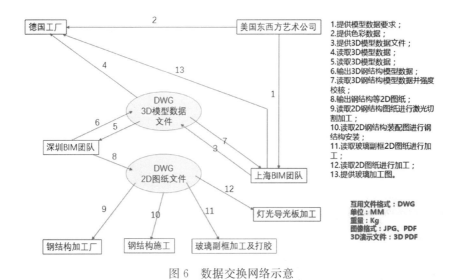

图 6 数据交换网络示意

图 7　钢结构及艺术玻璃安装现场

图 8　日间效果

图 9　夜间效果

在豪方天际工程设计施工中的 BIM 技术应用

◎ 江佳航　徐振宏

深圳华加日幕墙科技有限公司　广东深圳　518052

摘　要　本文探讨了在逐渐增长的异形幕墙项目中，如何通过 BIM 技术对异型玻璃幕墙进行分析，通过单元式幕墙的结构方式进行设计加工生产和安装。

关键词　幕墙；异型；双曲面；单元式幕墙；BIM

1　工程概况

豪方天际项目位于中山公园西北侧南山农批商场旁，是一栋 50 层 207m 高的单元式玻璃幕墙写字楼项目。写字楼 1 层到 14 层的东面由下往上逐渐收缩的弧形玻璃幕墙和弧形玻璃雨棚构成，30 层到顶部的双曲面由玻璃幕墙错位搭建而成，且有相互折叠的效果，该项目的难度之大可想而知。原计划是通过框架式幕墙进行设计安装，但鉴于工程量大、工程难度大、项目周期短等原因，我司提出用单元式幕墙进行设计与安装，并最终完成整体幕墙的搭建。

1.1　豪方天际项目工程的特点

通过对 BIM 软件的选择，利用 Rhino 进行图纸的建模与分析（图 1），将该工程按幕墙的拼装类型分为 5 个部分：1 层到 14 层的东南东北角异型玻璃幕墙、6 层到 14 层的东面异型玻璃幕墙、30 层到顶层的西南面异型玻璃幕墙、标准板块玻璃幕墙。下文主要介绍其中的异型玻璃幕墙。

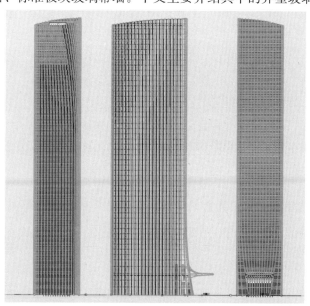

图 1　从左到右分别是豪方天际的西面，南面和东面

1.2 东南东北角异型玻璃幕墙

在1层到14层的东南东北角的异型单元幕墙板块中，有项目中最大的梯形板块（图2），最长边长6.485m，板块倾斜度达80°。安装后的横梁需保持水平，而与横梁拼接的立柱是朝一侧倾斜的，因此横梁两端的切角是个复合角，同理立柱除了侧倾还有内倾，两端也是个复合角。最后将定好孔位再切割后的立柱横梁导出成三维的CAD图形交付生产加工。

而在加工复合角的时候，需要注意的是，根据切割器械的不同，需要的角度也不同，有的器械需要提供xz、yz面两个面角，有的器械需要提供一个面角一个投影角。

除了有异型单元幕墙板块之外，还有对应钢龙骨（图3）的定位与安装：

1）先对幕墙的分隔进行分析并确定钢龙骨的样式及安装方式；

2）然后再根据竖向钢龙骨的固定方式对固定连接件进行定位分析，通过坐标指导现场进行安装；

3）根据现场安装好的钢龙骨，通过全站仪采集关键点数据，反馈回建筑信息模型中进行调整；

4）将调整后的钢横梁信息反馈给现场进行横向钢龙骨的定位与安装；

5）用全站仪将完成的钢架关键点信息采集，在模型中复核幕墙单元板块；

6）然后再提供需要的连接件数据并指导现场安装单元板块。

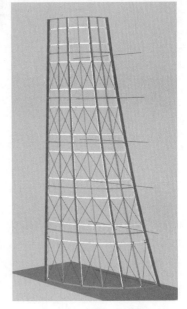

图2　1层到6层模型

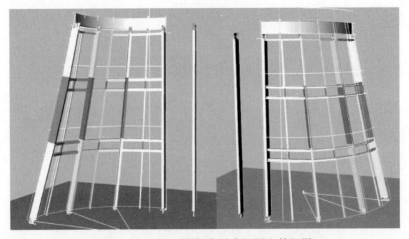

图3　1层到3层的钢龙骨内视图和外视图

1.3 东面异型玻璃幕墙

东面幕墙（图4）虽然没有东南东北角的幕墙难度大，但依旧是非标准的异型幕墙系统。该系统位于东南东北角之间，东南东北的幕墙设计安装如果出现较大误差的话，会影响该面的整体效果，而该面的安装效果同样也会影响到整个东面包括雨棚的整体性，装饰条的安装方式需与下部的雨棚铝板分隔相对应，所以该面的容错率极低，对精度的要求极高。由于该面依旧是内倾的玻璃幕墙，竖向型材的两端加工方式依旧是复合角。因此在生产加工时，对东面的型材需要重复检验之后再组装调整最后发往工地进行安装，再将现场安装后的单元板块数据反馈回BIM组进行分析调整。

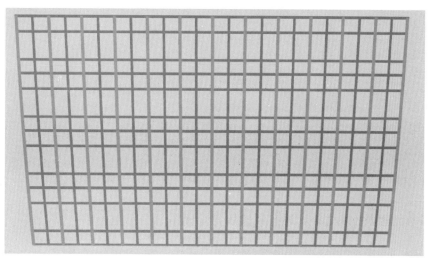

图 4　6 层到 9 层的东面异型玻璃幕墙大样

1.4　西南面异型双曲玻璃幕墙

30 层以上的西南面玻璃幕墙是本项目的重点难点所在，针对复杂的双曲面。

1）首先通过 Rhino 进行建模进行分析，通过与设计院、我司的设计师们的反复沟通协调，最终敲定单元板块的分隔方式，然后在通过 Rhino 建造建筑的外表皮，然后进行板块分割。

2）通过模拟板块的分隔，做出西南面的整体效果并交由业主与设计院进行确认，同时对西南面的板块进行分析获得关键数据。例如单元板块之间的二面角、翘高，单元板块的倾斜度、公母立柱的相对位置变化等（图 5）。

3）再依据这些数据找出可行的解决方案，通过对模型进行细致建模验证模型的可行性，以及发现方案的问题所在并进行优化。

4）反复的优化与验证确定最终方案，最终确定型材的开模图（图 6）。

5）按照最终方案开始对整个西南面异型双曲玻璃幕墙进行模拟施工安装。

图 5　在模型中标出翘高数值并记录统计出最大数值

在确定了方案后，开始对双曲面的建模，根据左右两个板块的进出关系选择不同的公母立柱尺寸，再根据两个板块之间的角度选择不同角度的公母立柱型材，不同的板块倾斜度选用不同截面的横梁与

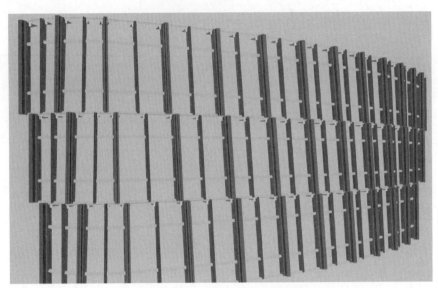

图 6　通过深化建模验证方案的可行性

立柱进行搭配，整个西南面左右板块相对进出关系从 0 到 170mm，板块的内倾角度从 0°到 10°，设计了二十余款型材，将每层的板块独立出来，减少对上下层板块的影响。

在顶部两层幕墙（图 7），还要构建一个从西南角跨过东南角一直到东北角的弧线造型，该造型导致单元板块不仅要满足相互折叠和内倾的效果，还得将顶层横梁倾斜组装，使顶层的弧线造型连贯没有突兀的地方。

通过该方案的实际模拟建模，能得到所有的横梁与立柱的模型、玻璃尺寸、对角线长度、挂板定位等，然后将数据进行统计整理，生成对应图纸，方便生产加工同时确保生产尽可能的精确，组装的单元板块能与模型一致（图 8、图 9、图 10）。

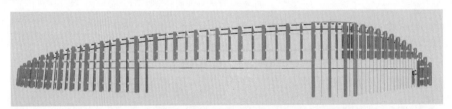

图 7　顶部两层的板块造型

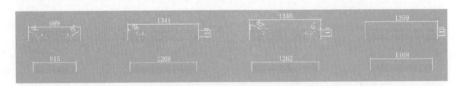

图 8　将模型中的构建进行排列整理

图 9 将 Rhino 中整理的模型导出成三维的 CAD 图

48F						A	B	C	D		备注	
正西	水槽	D05091		D91-48-47	D91-X48-1							
正南1	水槽	D05091		D91-48-47	D91-N48-1							
11	水槽	D05091	1353	D91-48-47	D91-48-1	90	90	56	0			
11	水槽	D05091	1362	D91-48-47	D91-48-2	90	88	60	0			
11	水槽	D05091	1352	D91-48-47	D91-48-3	90	88	61	0			
11	水槽	D05091	1365	D91-48-47	D91-48-4	90	88	72	0			
11	水槽	D05091	1355	D91-48-47	D91-48-5	90	88	81	0			
11	水槽	D05091	1367	D91-48-47	D91-48-6	90	88	92	0			
11	水槽	D05091	1358	D91-48-47	D91-48-7	90	88	104	0			
11	水槽	D05091	1370	D91-48-47	D91-48-8	90	88	117	0			
11	水槽	D05091	1360	D91-48-47	D91-48-9	90	88	131	0			
11	水槽	D05091	1372	D91-48-47	D91-48-10	90	88	147	0			
11	水槽	D05091	1362	D91-48-47	D91-48-11	90	88	163	0			
11	水槽	D05091	1374	D91-48-47	D91-48-12	90	88	181	0			
11	水槽	D05091	1364	D91-48-47	D91-48-13	90	88	199	0			
11	水槽	D05091	1376	D91-48-47	D91-48-14	90	88	218	0			
11	水槽	D05091	1366	D91-48-47	D91-48-15	90	88	238	0			
11	水槽	D05091	1377	D91-48-47	D91-48-16	90	88	259	0			
11	水槽	D05091	1367	D91-48-47	D91-48-17	90	88	280	0			
11	水槽	D05091	1378	D91-48-47	D91-48-18	90	88	301	0			
11	水槽	D05091	1368	D91-48-47	D91-48-19	90	88	323	0			
11	水槽	D05091	1379	D91-48-47	D91-48-20	90	88	346	0			
11	水槽	D05091	1367	D91-48-47	D91-48-21	90	88	371	0			
11	水槽	D05091	1409	D91-48-47	D91-48-22	83.9	88					
11	水槽	D05091	1085	D91-48-47	D91-48-23	87.9	81					
11	水槽	D05091	1034	D91-48-47	D91-48-24	84	79.5					
11	水槽	D05091	1013	D91-48-47	D91-48-25	90	81					
11	水槽	D05091	968	D91-48-47	D91-48-26	90	79.5					
47F						A	B	C	D	G	E	F
正西	顶横梁	D05089		D89-XN47-1	D89-X47-1							
正南2	顶横梁	D05089		D89-XN47-1	D89-N47-1							
正南2	顶横梁	D05089		D89-XN47-1	D89-N47-2							
7	顶横梁	D05089	1359	D89-XN47-1	D89-47-1	90	88	0	20	11?	150	45
7	顶横梁	D05089	1347	D89-XN47-1	D89-47-2	90	88	0	20	116	45	45

图 10 将数据整理在 world 表格中

2 总结本项目中的 BIM 技术

本项目中我司采用 BIM 技术进行深化设计指导,通过对节点的模拟,设计人员与管理人员通过模型的装配模拟、节点展示等,确认方案的可行性;将模型发给加工厂工人,使得工人对加工的产品有更深刻的理解而不仅仅局限在图纸中的想象;在工地操作模型,播放安装动画给现场施工人员看,使得施工人员不再凭自己脑海的想象施工;而这一切,我们的 BIM 组人员不一定要去到现场,通过远程的操控和播放视频,在自己的办公室就能展示给各地人员,对模型有疑问也能立即提出自己的建议。

这体现了 BIM 技术中的几个特性。

2.1 模拟性

模拟性并不是只能模拟设计出的建筑物模型,还可以模拟不能够在真实世界中进行操作的事物。在设计阶段,BIM 可以对设计上需要进行模拟的一些东西进行模拟实验,例如:日照模拟、热能传导模拟等;在招投标和施工阶段可以进行 4D 模拟(三维模型加项目的发展时间),也就是根据施工的组织设计模拟实际施工,从而来确定合理的施工方案来指导施工。同时还可以进行 5D 模拟(基于 3D 模型的造价控制),从而来实现成本控制。

2.2　可视化

从上文的图片可以发现，可视化的真正运用在建筑业的作用是非常大的，例如经常拿到的施工图纸，只是各个构件的信息在图纸上的采用线条绘制表达，但是其真正的构造形式就需要建筑业参与人员去自行想象了。对于一般简单的东西来说，这种想象也未尝不可，但是近几年建筑业的建筑形式各异，复杂造型在不断地推出，那么这种光靠人脑去想象的东西就未免有点不太现实了。所以 BIM 提供了可视化的思路，让人们将以往的线条式的构件形成一种三维的立体实物图形展示在人们的面前；建筑业也有设计方出效果图的情况，但是这种效果图是分包给专业的效果图制作团队进行识读设计制作出的线条式信息制作出来的，并不是通过构件的信息自动生成的，缺少了同构件之间的互动性和反馈性，然而 BIM 提到的可视化是一种能够同构件之间形成互动性和反馈性的可视，在 BIM 建筑信息模型中，由于整个过程都是可视化的，所以可视化的结果不仅可以用来效果图的展示及报表的生成，更重要的是，项目设计、建造、运营过程中的沟通、讨论、决策都在可视化的状态下进行。

2.3　协调性

这个方面是建筑业中的重点内容，不管是施工单位还是业主及设计单位，无不在做着协调及相配合的工作。一旦项目的实施过程中遇到了问题，就要将各有关人士组织起来开协调会，找各施工问题发生的原因，及解决办法，然后出变更，做相应补救措施等进行问题的解决。那么这个问题的协调真的就只能出现问题后再进行协调吗？在设计时，往往由于各专业设计师之间的沟通不到位，而出现各种专业之间的碰撞问题，例如暖通等专业中的管道在进行布置时，由于施工图纸是各自绘制在各自的施工图纸上的，真正施工过程中，可能在布置管线时正好在此处有结构设计的梁等构件在此妨碍着管线的布置，这种就是施工中常遇到的碰撞问题，像这样的碰撞问题的协调解决就只能在问题出现之后再进行解决吗？BIM 的协调性服务就可以帮助处理这种问题，也就是说 BIM 建筑信息模型可在建筑物建造前期对各专业的碰撞问题进行协调，生成协调数据，提供出来。

2.4　优化性

事实上整个设计、施工、运营的过程就是一个不断优化的过程，当然优化和 BIM 也不存在实质性的必然联系，但在 BIM 的基础上可以做更好的优化、更好地做优化。在本项目的异型设计中，这些内容看起来占整个建筑的比例不大，但是占投资和工作量的比例和前者相比却往往要大得多，而且通常也是施工难度比较大和施工问题比较多的地方，对这些内容的设计施工方案进行优化，可以带来显著的工期和造价改进。

2.5　可出图性

在本项目中除了 Rhino 出构件加工的图纸外，BIM 技术还能出建筑的设计图纸、模拟优化后的综合管线图、综合结构留洞图、碰撞检测报告以及修改建议方案。例如在 Revit 中，新建一个图纸导入图纸标题，将需要打印的部分通过视图隔离展示，然后从视图导入图纸中即可完成生成图纸的操作。

2.6　参数化性

本项目中除了采用的数字信息建模，还有参数化建模。通过对大面进行分析，设立多个参数，在优化的过程中通过简单的修改这些参数就能建立新的模型进行检测找出问题。目前参数化建模一般用在标准的幕墙中，而异型幕墙需要的参数过多，前期需投入大量的时间精力构筑完整的参数库来满足各种条件而得不偿失。

2.7　一体化性

基于 BIM 技术可进行从设计到施工再到运营贯穿了工程项目的全生命周期的一体化管理。BIM 的技术核心是一个由计算机三维模型所形成的数据库，不仅包含了建筑的设计信息，而且可以容纳从设计到建成使用，甚至是使用周期终结的全过程信息，也就是将 BIM 的 3D 模型中注入时间变化的信息变成一个 4D 的模型。

2.8　信息完备性

信息完备性体现在 BIM 技术可对工程对象进行 3D 几何信息和拓扑关系的描述以及完整的工程信息描述。例如在 Revit 中，可以对材料进行标识类别，像金属类型、表面处理方式、生产厂商、单重等，在后期统计中可以明确展示出来。

3　结语

综上所述，BIM 并不但是简单建模技术应用，这是一种展示建筑全生命周期的方式，BIM 可以将图纸整合在一个三维模型中，让相关的重要团队通过构建、分析、完善这个三维模型来了解这个工程，在早期能使建筑师、各专业工程师、承包商和业主通过模型在相关问题上得到交流合作，并能通过模型共享信息，在还没动工的时候已经对项目搭建一遍。这种新的技术对目前的建设流程来说是一个极大的冲击，在改变已有的模式过程中必然会有阻力。但时代在进步科技在发展，BIM 是一种趋势，一种高科技带来的不可避免的趋势，在这种背景下该坚持顺应趋势不断充实自身，才是未来立足根本。

参考文献

［1］Chuck Eastman. Building Information Modeling—What is BIM?，2009.
［2］刘爽 . 建筑信息模型（BIM）技术的应用 . 建筑学报，2008 第 2 期 .
［3］过俊，BIM 在国内建筑全生命周期的典型应用，建筑技艺，2011 年第 1 期 .
［4］刘占省，赵明，徐瑞龙 . BIM 技术在建筑设计、项目施工及管理中的应用 . 建筑技术开发，2013 年第 3 期 .

南昌万达茂幕墙工程复杂幕墙 BIM 应用

◎ 王　斌

深圳市方大建科集团有限公司　广东深圳　518057

摘　要　本文从幕墙工程实际案例出发，详细阐述该幕墙工程设计、材料加工、施工安装的流程及各环节的重点、难点，介绍了 BIM 技术在该幕墙工程中的应用。

关键词　幕墙；瓷板；单元板块；BIM 技术

1　南昌万达茂商业中心工程概况

南昌万达茂商业中心位于南昌市万达城中心位置，建筑高度 25.9m，主体建筑为局部地下一层、地上三层的文化旅游综合体。本工程幕墙面积 8 万 m^2，幕墙系统包含彩釉陶瓷板幕墙、青花铝板幕墙系统、入口玻璃幕墙系统、橱窗玻璃幕墙系统。整个外立面幕墙由 26 个造型各异的罐体组成，罐体之间相互衔接，浑然一体。每个罐体均印有青花图案，外观精美、别致，充满了浓郁的中国风（图 1）。

图 1　南昌万达茂商业中心效果图

2　陶瓷板幕墙系统设计

本工程外立面横向分格线贯通且平行于地面，间距 600mm；纵向分格线沿罐体母线，以拱高 4mm 为限将陶瓷面板分格优化为 790mm×600mm 的平板，铝板面板分格优化为 1200mm×600mm 的平板。

瓷板幕墙系统主体面板为陶瓷面板，中间为钢通次龙骨，幕墙主龙骨为钢通龙骨；设有两道防水层，外层防水层为瓷板，胶缝间打注密缝胶，内层防水层为 1mm 镀锌钢板（图 2，图 3）。

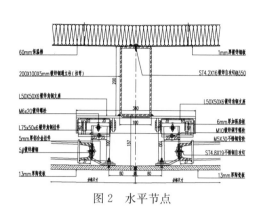

图2　水平节点

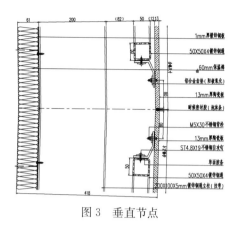

图3　垂直节点

陶瓷板单元板块设计

瓷板幕墙系统采用单元式构造，即选择9块小面板组成一个单元体，预先在工厂拼装成一个单元板块，再运到现场整体吊装，如此可大大减少现场安装的工作量，同时又提高了安装精度。

在单元板块的构造设计中，面板是预先固定在单元钢架上的，面板与钢骨架通过铝合金连接件连接，按照放样要求在加工厂先拼合单元钢架，本工程单元钢架设计成平面钢架。在钢架的四个角点预留四个连接点，上端为挂接连接，挂与幕墙主龙骨上，下端插接连接，即本单元下端与相邻下方板块的上端次龙骨插接，采用上下单元体插接，可保证板块间的平整度和整体协调下。由于立面造型为弧形，而单元钢架设计为平面钢架，因此单元板块内面板到骨架的距离是变化的，因此在构造设计上，面板与骨架的连接需具备三维可调性，构造设计如下图示（图4，图5）：第一调节位置是瓷板与单元次钢架间的铝合金连接件，此连接件为C形，正面开有条纹卡槽，靠近瓷板的短卡槽可满足瓷板水平位置调整，靠次骨架端的卡槽可满足瓷板与骨架间的进出位调节，考虑到不同板块拱高的差异，铝连接件的高度需选择适中（本工程选择可调范围0～70mm），以满足不同板块种类的调节需要；第二调节位置在次龙骨与主龙骨支座的连接处，此处连接主要是钢支座的进出位调节，在支座上开有条形孔以满足板块安装调节，待安装到位后支座满焊牢固；第三处调节位置在单元板块与主龙骨支座的挂接处，挂件依然采用角钢，此处设有高度调节螺栓，螺栓头顶在支座上，通过调节螺栓高度来调节单元板块的标高位置。

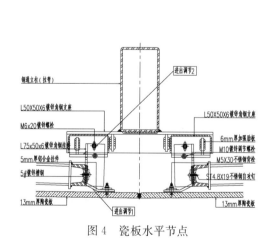

图4　瓷板水平节点

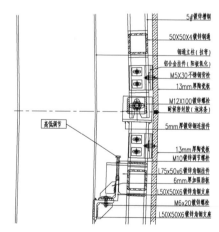

图5　瓷板垂直节点

3　铝板幕墙系统设计

铝板幕墙横向分格线与瓷板幕墙保持一致，横向间距600mm；纵向分格线为罐体母线，等间距布置，纵向间距约 1200mm，即铝板小板块分格为 1200mm×600mm。

铝板单元选用横向 2 块铝板、纵向 3 块铝板组成一个小的单元体板块，由于单个铝板横向宽度达到 1200mm，其拱高达到 7mm，因此对于单个铝板设计为弧形，而单元板块钢架按平面单元设计，高度通过特设的铝合金连接件调节。单元板块预先在加工厂拼装成成品，再运至现场整体吊装，通过板块预留的钢挂件与主体支座连接。

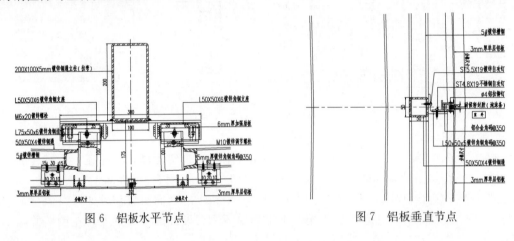

图 6　铝板水平节点　　　　　　　　图 7　铝板垂直节点

4　幕墙主龙骨设计

本工程幕墙主龙骨采用钢通龙骨，立面龙骨布置间距同单元板块分格，即纵向间距每三个板块布置一条纵向主龙骨，横向布置稳定龙骨。因各罐体形状不一，且都为弧形，综合考虑安装效果、加工及施工精度，本次纵向龙骨依各罐体形状设计为多段弧形，龙骨在结构楼层处设钢支座连接。龙骨做弯弧处理，表面做防锈、防腐处理，刷环氧富锌底漆、中间漆、面漆三道处理。

针对特殊部位龙骨设计，屋面幕墙顶部高出屋面结构较大（最高 8m），是悬挑构造，因此在设计时，我们将纵向结构设计为标准的单元钢桁架，立于屋面主体结构，沿幕墙边缘均匀布置。横向依据高度设置两道或三道连系杆，在屋面构成一个整体钢结构体系，以承担屋面及大面主龙骨传递的荷载。

对于东面主入口幕墙，此处为门厅入口，内部为通高的大厅，入口幕墙高度 10m，跨度 29.5m，而主体钢结构最低为 11.7m，再加上幕墙造型为弧形，此处幕墙龙骨设计较为复杂。为了能更清晰的反映实际情况，针对此部分进行实际建模，将整个入口龙骨作为一个整体进行受力计算。

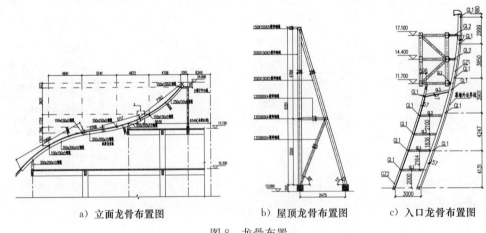

a）立面龙骨布置图　　　　b）屋顶龙骨布置图　　　　c）入口龙骨布置图

图 8　龙骨布置

5　BIM 建模设计

本幕墙工程由于造型复杂，设计和施工难度大，常规的二维图纸无法完全反映工程实际情况，因此本幕墙工程应用 BIM 技术，从最初的面板模型搭建到钢结构的设计及后期材材料加工、现场板块安装、施工都借助了 BIM 技术（图 9）。

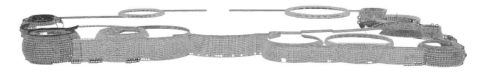

图 9　幕墙 BIM 模型

在施工图深化设计阶段，应用 BIM 模型与甲方、建筑设计进行沟通。在设计过程中将首层门洞建模后，发现周边的部分瓷板板块过小，不能满足加工要求，我们将信息反馈给甲方后，甲方马上召集幕墙、建筑、内装单位利用搭建好的模型，进行讨论，当场就确定了处理方案。在钢结构设计时，发现部分幕墙龙骨无处生根，有些位置幕墙龙骨与主体土建结构楼板干涉，我们将模型信息反馈到甲方，在甲方的协调下，结构单位增加了主体结构供龙骨生根。对于干涉部位，由于不是重要的受力位置，结构单位凿去了部分楼板。而以往这些问题可能要到施工时才会发现，而借助 BIM 模型在设计阶段就能发现，进而及早地解决了潜在的问题，大大提高了工作效率。

在加工设计方面，首先利用三维贴图技术将印花图案反映到幕墙面板上，再将面板按照胶缝偏移出各板块的边界尺寸，对面板进行优化、编号，再将数字模型转给厂家进行加工。按照深化设计图纸依次建模放样单元钢架、主体钢架、连接件，并对实体模型进行拆分，制作零件工艺图给加工中心。对于复杂部位的材料，如幕墙顶部收口圆弧铝板、罐体交界处的异形板块，其加工难度较大，这些部位都是先建立实体模型，并将模型交于加工中心进行加工制作，而不仅仅是工艺图。

在施工过程中，需复核主体结构偏差，根据偏差值调整幕墙埋件的埋设位置，对于偏差较大的位置需采取补救措施。依据模型提供钢龙骨的三维控制点，在现场放样出各定位控制点，确保龙骨安装准确。依据面板定位点，安装单元板块。

6　结语

南昌万达茂商业中心幕墙工程是一个较为复杂的曲面幕墙工程，其设计和施工难度都较大，本设计采用框架式单元板块构造，大大降低了施工难度，提高了工作效率，更有利于工程质量的控制，是一次成功的应用。借助 BIM 技术，为我们提供了一个更加直观和高效的沟通平台，促进了工程各参与方的协同性和参与度，为工程的顺利进行提供了极大的帮助。工程建成后得到业主方和社会各界高度肯定，现已成为江西中心城市南昌新的文化旅游地标性建筑。

参考文献

[1]《玻璃幕墙工程技术规范》（JGJ 102—2003）.

[2]《钢结构设计规范》（GB 50017—2003）.

[3]《机械设计手册》.

弧形采光顶彩绘图案玻璃 BIM 辅助设计技术

◎ 刘江虹　徐振宏

深圳华加日幕墙科技有限公司　广东深圳　518052

摘　要　本文探讨了弧形采光顶彩绘图案玻璃采用 BIM 辅助设计技术在实际工程案例中碰到的技术问题及对应的解决办法和达到的实际效果。

关键词　弧形；采光顶；彩绘；BIM

1　工程概况

弧形采光顶位于建筑九层屋顶，建筑标高 41.8m，下部为挑空的三层共享空间，高度达到 18m。玻璃采光顶下部为其他分包单位安装的大型钢结构。钢结构预变形不够，卸载后结构顶最大下垂约 90mm。钢结构外包铜板由内装修单位施工，铜板边缘与玻璃内表面距离只有 5mm 间隙。玻璃与玻璃之间只允许有 15mm 宽胶缝。要求玻璃的外形尺寸（包括弧面长度与对角线长度、邻边角度）与弯曲半径误差在 2mm 以内才能达到要求。现场实现建筑原设计室内外观效果和弧形采光顶的功能要求难度很大。

1.1　工程特点

弧形采光顶为南北方向布置的长度为 29.68m、半径为 11m 的半圆筒与东西向布置长度为 17.68m、半径为 11m 两个 1/4 半圆筒相交，交集产生的异形空间复合体。其外露表面采用 8＋12A＋6＋1.52PVB＋6mm 厚 LOW-E 三银中空钢化夹胶玻璃，中空玻璃内表面采用先进的 3D 打印技术彩绘出带有不同纹理三种基本色调的图案。

玻璃表面带有平面对称的彩色纹理图案，玻璃形状尺寸相同但纹理图案完全不同，甚至全部玻璃中每一块玻璃图案都是唯一的。只有采用各不相同的唯一编码，玻璃打印、玻璃深加工、玻璃安装的时候都必须按编码对号入座，才能达到建筑师给出的图案效果。

建筑师给出的只是图案的平面效果，而所有玻璃都是弧面布置，弧形在圆筒顶部的投影接近正平面投影，弧长接近平面尺寸。在圆筒接近圆心位置的投影接近于斜面到直立面的投影，弧长投影接近零。其中从 1：1 到 0 的渐变过程，同样也只能通过 BIM 软件来模拟得出。而在与弧长垂直的方向投影长度与平面尺寸比例为 1：1 始终不变。

建筑图原提供的平面图与两个垂直方向的纵剖面图如图 1、图 2、图 3 所示，弧形采光顶玻璃面颜色与图案分布如图 4 所示。

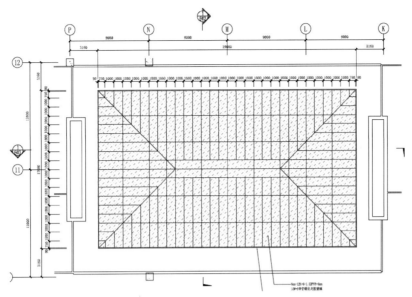

图 1　弧形采光顶平面图

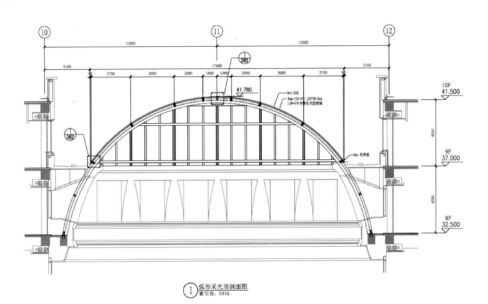

图 2　弧形采光顶东西方向纵剖面图

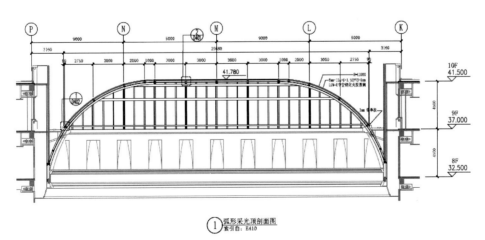

图 3　弧形采光顶南北方向纵剖面图

图 4　弧形采光顶玻璃面颜色与图案平面分布图

1.2　立体几何组成

　　南北向和东西向垂直相交的圆筒和半圆筒既是各自独立的几何圆筒体，完成后外表面又是一个标准的圆弧面，不能出现圆弧面高低不平、胶缝不直、胶缝宽度不均匀的现象存在。同时圆筒和半圆筒相交，交集处是两个直径相同的圆弧交集。交集产生的交线理论上是一个椭圆线，椭圆线短轴半径与圆筒半径相同，椭圆线长轴半径为 11m 圆筒 45°正切面投影对应长度 $11 \times \sqrt{2} = 15.556$m。异形穹顶四角交线两侧面玻璃之间的交角是一个变量，下部接近圆心位置交角接近 90°角，而顶部交角接近 180°角。交角处异形玻璃展开尺寸只能采用 BIM 软件 3D 建模后再用厚度等于胶缝宽度的假想平面去模拟切割圆筒表面才能得出每块异形玻璃的投影尺寸和曲面弧长。详见图 5、图 6、图 7。

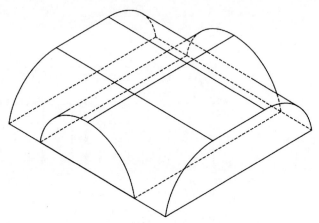

图 5　建筑剖面图对应的两个圆筒垂直相交

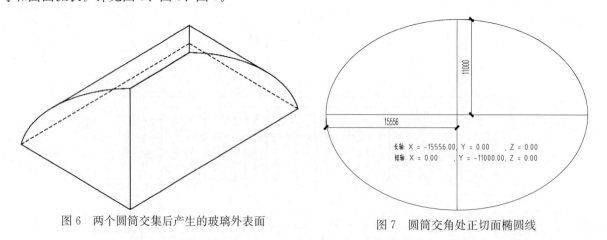

图 6　两个圆筒交集后产生的玻璃外表面　　　　图 7　圆筒交角处正切面椭圆线

1.3　彩绘图案组成

　　玻璃表面带有平面对称的彩色纹理图案，玻璃形状尺寸相同但纹理图案完全不同，甚至全部玻璃中每一块玻璃图案都是唯一的。只有采用各不相同的唯一编码，玻璃打印、玻璃深加工、玻璃安装的时候都必须按编码对号入座，才能达到建筑师给出的图案效果。详见图 8。

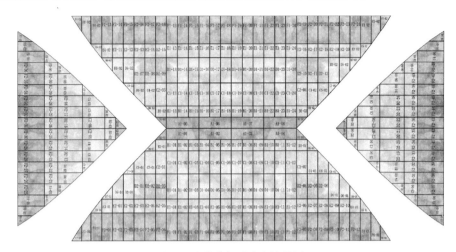

图 8　弧形采光顶玻璃编码图

建筑师给出的只是图案的平面效果，而所有玻璃都是弧面布置，弧面在圆筒顶部的投影接近正平面投影，弧长接近平面尺寸。在圆筒接近圆心位置的投影接近于斜面到直立面的投影，弧长投影接近零。其中从 1：1 到 0 的渐变过程，同样也只能通过 BIM 软件来模拟得出。而在与弧长垂直的方向投影长度与平面尺寸比例为 1：1 始终不变。详见图 9

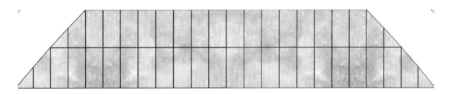

图 9　玻璃彩绘图案展开图

1.4　弧形彩绘图案展开成平面图案

在 BIM 软件 Rhinoceros 5（犀牛）按 1：1 全尺寸比例建模后用 15mm 宽度竖向平面模拟切出玻璃分格后如下图 10 所示，弧形采光顶四个角交线处纵向和横向的胶缝连接都必须连贯交汇到一点，高度完全相同。每一块异形玻璃下单的展开加工图和相应尺寸，都必须从三维建模的每一块玻璃中取出。

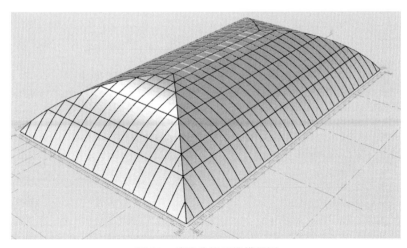

图 10　玻璃分格三维模拟图

下图是建筑师给定的颜色和纹理图案平面图按弧长展开后再贴合到三维模型中实际模拟到每块玻璃上面的纹理分布，玻璃厂家先在玻璃表面上按下图上每块玻璃上图案对应打印（彩色喷绘）后，再进行后续工艺如玻璃热弯、钢化、夹胶、中空等玻璃深加工。最后由我司用结构胶粘贴铝合金边框，在现场按编码安装到位。

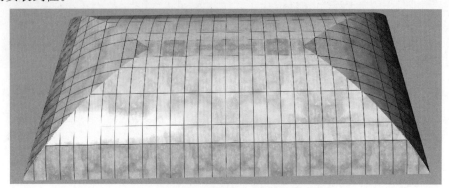

图 11　颜色与纹理图案在弧形面的展开图

1.5　交角位置异型玻璃展开

图 12、图 13、图 14 所示为四边交角处异形（梯形与三角形）弧面玻璃从 BIM 软件中提取后生成单独一块玻璃的过程，以下图交线右侧中部两块玻璃为例（红框内箭头所指玻璃）。

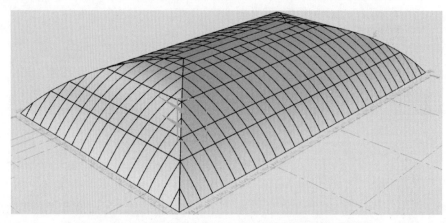

图 12　从 BIM 软件总体模型中提取两块异形玻璃单独放样

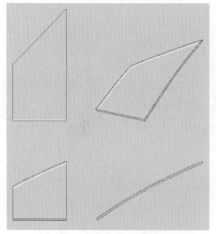

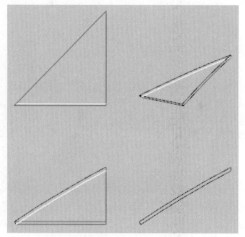

图 13　从 BIM 软件总体模型中
提取梯形玻璃放样图

图 14　从 BIM 软件总体模型中
提取三角形玻璃放样图

1.6　交角位置异型玻璃两边夹角是渐变的

图15、图16、图17所示为四边交角处顶部与底部两块对称的三角形弧面玻璃从 BIM 软件中提取后生成一对玻璃的过程，图15 交线顶部与底部红框内箭头所指玻璃为例。

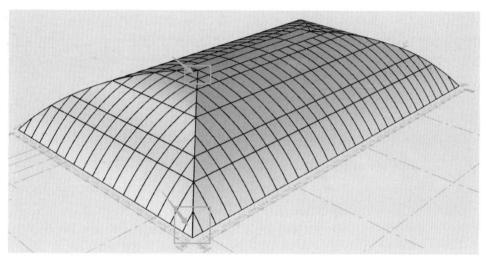

图15　从 BIM 软件总体模型中提取顶部与底部异形玻璃单独放样

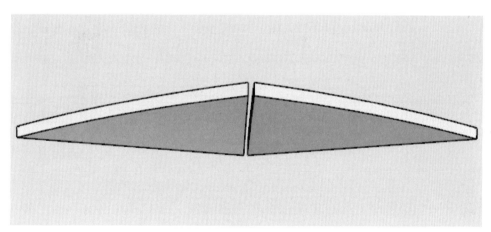

图16　顶部交角处两块异形玻璃交角接近 $180°$

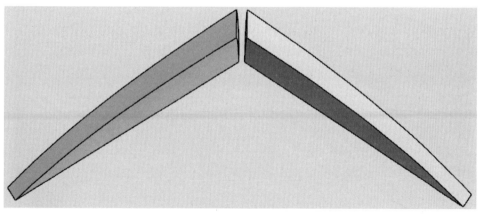

图17　顶底部交角处两块异形玻璃交角接近 $90°$

1.6 室内钢结构主次钢梁分布

图 18、图 19、图 20 是采用 BIM 软件模拟出的钢结构主钢梁与次钢梁室内观感效果图。

图 18 弧形采光顶交角处内视效果图

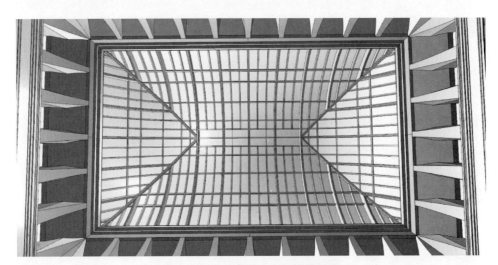

图 19 弧形采光顶室内仰视效果图

图 20 弧形采光顶室内南北方向平视效果图

1.7 室内实际完成效果

彩绘图案玻璃安装后现场拍摄对比照片如图 21、图 22、图 23 所示。

图 21　弧形采光顶实际完成后交角处局部照片

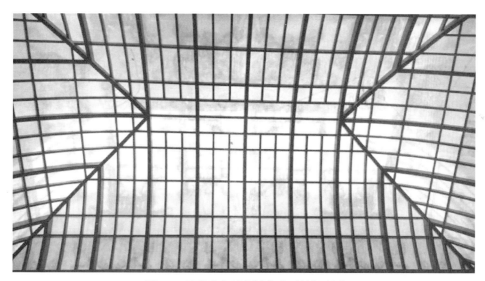

图 22　弧形采光顶实际完成后仰视照片

图 23　弧形采光顶室内南北方向平视照片

1.8 室外实际完成效果

弧形采光顶室外现场照片如图24、图25所示，可以看到纵横两个方向的玻璃分格胶缝在交角处都能对得很整齐。

图 24 弧形采光顶室外现场照片

图 25 弧形采光顶室外现场照片

2 工程重点难点

2.1 工程重点

1）整个弧形采光顶由一个半圆形筒体和两个同样半径的1/4半圆形筒体交集而成，或者说是由四个同直径1/4弧面互相垂直搭接到一起，顶点相交。其中两个对面的圆筒是拉长了的。这种弧面在空间的交汇如果还采用常规的二维的平面立面剖面三视图方法将非常困难，而且设计的准确性将难以保证，甚至在最后完成前无法检验其准确性。而采用 BIM 三维建模的设计方法，可以将空间设计变得相对简单明了，并且随时可以验证。将最复杂的曲面交集产生椭圆的过程交给电脑软件处理。

2）采用 BIM 技术建模得出的数据与图形，可以直接导出 AUTOCAD 生成二维图形，这样生成的图形可直接交给玻璃生产厂家按常规方法识图进入下一步玻璃深加工。也可以交给安装工人现场调整玻璃下面的铝合金安装支座的位置和相互关系。玻璃经工厂结构胶黏附铝框后到安装现场可直接对号入座。提高了加工和安装的准确性，缩短了制作、安装周期和降低了材料、人工成本。

3）将各种颜色带有五彩祥云图案的彩绘玻璃，用于弧形采光顶。制造工艺相当复杂，尤其是每块玻璃上不同图案的连续拼接必须确保图案是连贯的对称的，整体图案与建筑师给出的平面图完全相符，玻璃必须每块编码不同，从设计出图到玻璃彩绘、玻璃深、玻璃加工安装均必须对号入座，才能最终表面出完整的图案。其中如果有两块形状尺寸颜色相同但图案不同玻璃位置对调了，表现出来的观感都会感觉不和谐不圆满。

2.2　工程难点

1）圆筒交集产生的异形弧面玻璃只能通过 BIM 软件（如 Rhinoceros 5 犀牛）模拟生成。

2）弧面玻璃表面带有彩色纹理的图案每块均不相同，必须每块玻璃采用唯一编码，但是有很多玻璃的形状和尺寸理论上是完全相同的，不同的玻璃上彩色纹理的图案。所以玻璃编码的前半部分反应形状尺寸的编码要有规律，可以相同，而代表图案的玻璃编码不能相同。

3）彩色纹理的图案在展开的玻璃板上投影比例一个方向是固定，另一个方向是渐变的，最终打印图案需要在软件上贴图再展开。

4）穹顶位于建筑屋顶，需同时具备抗风压变形、水密和气密性能及安全性能。

5）穹顶钢结构由其他分包施工，需现场放线复核钢架安装及变形情况，在钢架某些变形无法修改的时候，幕墙需有自身调整适应的能力。

3　结语

采用常见 CAD 软件只能处理二维的图形，应对复杂曲面，常见的 CAD 软件需要设计绘图人员自身具有充分的空间想象力和丰富的实践经验。相对来说不仅设计效率不高，存在出错的可能而且不容易发现。

采用 BIM 技术，可以应对各类造型复杂曲面相交。可以预先在电脑内建立复杂曲面模型，利用电脑及专业软件的处理能力，自动计算多个复杂曲面相交后产生的曲面或曲线，只需要设计人员对照屏幕上的三维图像复核就可以了。涉及多个专业工序交叉作业项目，可以将各自建模部分导入到同一个模型中，再查看各家的模型之间是否有冲突或者脱节，有时 BIM 还能对可能存在的冲突自动提醒设计人员注意。

采用 BIM 技术建模得出数据及图形，可以完美的解决圆筒空间交集产生的玻璃分块与图案贴合问题。确保弧面彩绘玻璃图案细部准确连接形成整体图案效果，需要从弧面展开为平面彩绘，再由玻璃热弯加工才能回复到弧面，必须经过精确安装才能达到建筑师预先给出的平面效果。

本产品已通过企业内部鉴定，应用于实际项目并已完工，得到了设计院、业主、监理、顾问、总包等相关单位的高度评价。保证了项目按期完成，取得了预期的经济效益。

以下项目完成后室内室外实景照片。

图 26　弧形采光顶室内仰视现场照片

图 27　弧形采光顶室外细部照片

图 28　弧形采光顶室内仰视照片

参考文献

[1]《玻璃幕墙工程技术规范》(JGJ 102—2003).

[2]《建筑玻璃采光顶》(JG/T 231—2007).

[3]《建筑玻璃应用技术规程》(JGJ 113—2015).

[4]《玻璃幕墙光学性能》(GB/T 18091—2000).

[5]《采光顶与金属屋面技术规程》(JGJ 255—2012).

[6]《建筑遮阳工程技术规范》(JGJ 237—2011).

建筑信息模型（BIM）技术应用工程实例浅析

◎ 徐振宏

深圳华加日幕墙科技有限公司　广东深圳　518000

摘　要　本文探讨了建筑信息模型（BIM）技术在施工过程中的技术应用，以及在应对异形曲面建筑中的安装定位要点。

关键词　BIM 技术应用；弧形采光顶；异形雨棚；3D 扫描技术应用

1　引言

BIM，即建筑信息模型（Building Information Modeling）是以建筑工程项目的各项相关信息数据作为模型的基础，进行建筑模型的建立，通过数字信息仿真模拟所具有的真实信息。它具有可视化、协调性、模拟性、优化性和可出图性五大特点。

BIM 技术是一种应用于工程设计建造管理的数据化工具，通过参数模型整合各种项目的相关信息，在项目策划、运行和维护的全生命周期过程中进行共享和传递，使工程技术人员对各种建筑信息作出正确的理解和高效应对，为设计团队以及包括建筑运营单位在内的各方建设主体提供协同工作的基础，在提高生产效率、节约成本和缩短工期方面发挥重大作用。

本文将通过现有工程实例切入浅析 BIM 技术的几大特点。

2　BIM 技术应用

2.1　可视化

例如近期某工程的异形玻璃雨棚案例，设计初期只有传统 CAD 的二维线条施工图（如图 1、图 2），且该图纸上只是将各个构件的信息采用线条绘制去表达，在传统条件的约束下，只能暂时理解出一种大概的造型，很难与建筑师沟通具体的一些细节效果，也很难看出该玻璃雨棚实际的技术难度，设计优化也无从下手。但建筑信息模型（BIM）提供了可视化的思路，让以往的线条式构件形成一种三维的立体实物图形展示在面前，并能够从构件之间形成互动性和反馈性。专业团队经过一段时间的摸索以及探讨，大家一致认为使用 BIM 软件（Rhinoceros 5.0）生成三维模型表皮与建筑师确认，并施工安装。（图 3、图 4）

可视化即以"所见所得"的形式，对于整个建筑行业来说，可视化的真正运用在建筑业的作用是非常大的，例如经常拿到传统的 CAD 施工图纸，上面表达的只是各个构件的信息在图纸上采用线条绘制表达，但是其真正的构造形式就需要建筑工程师去自行想象了。对于一些常规的建筑，这种想象方式的可行性也是极高的，但是随着时代的发展，近几年建筑业的建筑形式各异，复杂造型在不断地推出，那么这种光靠人脑去想象的东西就会显得比较吃力，毕竟每个人的理解会不一样。所以 BIM 提供了可视化的思路，让传统方式的 CAD 线条式的二维表达转换成一种三维的立体实物图形展示在人们的面前，即使是非建筑专业人士，也能够快速的理解；建筑业也有设计方出效果图的需求，但是这种效果图是分包给专业的效果图制作团队进行识读传统 CAD 二维构件线条设计制作出来的，并不是通过构件的信息自动生成的，缺少了同构件之间的互动性和反馈性，然而 BIM 提到的可视化是一种能够同构件之间形成互动性和反馈性的可视，在 BIM 建筑信息模型中，由于整个过程都是可视化的，所以可视化的结果不仅可以用来效果图的展示及报表的生成，更重要的是，项目设计、建造、运营过程中的沟通、讨论、决策都在可视化的状态下进行。

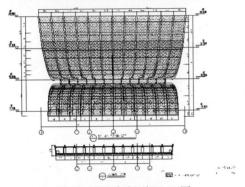

图 1　异形玻璃雨棚立面图

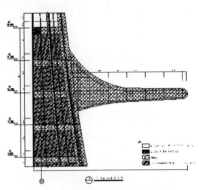

图 2　异形玻璃雨棚侧视图

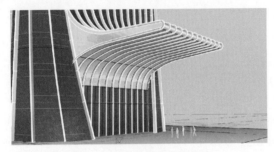

图 3　异形玻璃雨棚模型表皮

图 4　异形玻璃雨棚实景

2.2　各专业模型整合、现场定位

例如近期某工程玻璃采光顶案例。众所周知，幕墙工程的工序是在具备完整的主体结构后开始施工。在组建完本专业（幕墙设计）模型后，需与钢结构专业、精装修专业的模型进行整合调试，整合完毕后，进行碰撞检查并与各专业配合（钢结构、精装专业），协同现场结构进行理论与实际的偏差对比。根据以往经验，现场钢结构在规范中是允许有 20mm 以内的偏差，而现场实际偏差却往往存在与规范要求较大差异。在面对这些异形建筑的差异时，传统的现场复核尺寸技术已远远达不到下料施工安装的要求，此时 3D 扫描技术的优势极为突出。团队通过运用 3D 扫描技术对现场钢结构进行扫描并生成点云（如图5），并进行模型整合调试（图6）、定位（提取）关键点（如图7），且各专业共享。这不仅给我们节省了传统定位带来的不便（耗时长，误差大，人工成本高），且可以任意在点云（3D扫描生成的模型，以下简称"点云"）上编辑提取想要的定位点，从而达到非常可观的效果。

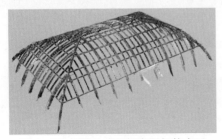

图 5　3D 扫描生成现场实际钢构点云

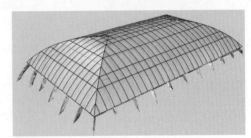

图 6　与现场实际钢构进行整合并调整

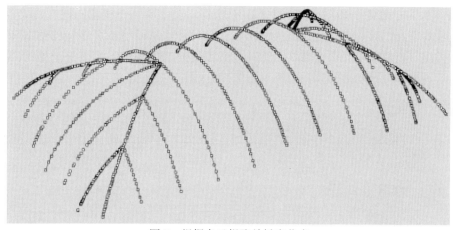

图 7　根据点云提取关键定位点

　　BIM 的工作模式是将各专业的设计资源集于一体，也就是整合在一个建筑信息模型中，按项目深化进度定义版本，更新模型实时数据，其本质应该是一个动态的构建模型或数据库的过程。各专业协调是 BIM 的基础应用和核心功能，从软件的操作上可以简单地理解为将各专业模型汇总后做碰撞检测。建筑工程的建设周期是一个复杂的过程，中间发生大量设计协调以及由此产生的过程数据，可视化的方式让项目管理者对设计问题一览无余，这将极大降低了不可预知的风险，大大减小了在施工过程中所造成的一些不必要成本。

2.3　模拟性

　　模拟性并不只是能模拟设计出建筑物的模型，还可以模拟不能够在真实世界中进行操作的事物。在设计阶段，BIM 可以对设计上需要进行模拟的一些东西进行模拟实验，例如：节能模拟、紧急疏散模拟、日照模拟、热能传导模拟等；在招投标和施工阶段可以进行 4D 模拟（三维模型加项目的发展时间），也就是根据施工的组织设计模拟实际施工，从而来确定合理的施工方案来指导施工。同时还可以进行 5D 模拟（基于 3D 模型的造价控制），从而来实现成本控制；后期运营阶段可以模拟日常紧急情况的处理方式的模拟，例如地震人员逃生模拟及消防人员疏散模拟等。（图 8）

图 8　建筑外形模拟

2.4　优化性

　　例如近期某工程玻璃采光顶案例，根据本专业（玻璃幕墙）所深化设计的施工图，运用 BIM 软件

（Rhinoceros 5.0）生成表皮并依次划分玻璃分格（图8）。运用BIM可视化的特点，从生成的表皮模型中分析该采光顶的重点、难点，并进行二次深化、优化设计，从而将不可预知的错误降到最低。从模型表皮中分析得出，该玻璃采光顶的难点在于圆弧交汇处的四条夹角，且该交汇处的四条夹角两侧的玻璃单曲展开后为扇形，该扇形的圆弧为不规则椭圆。（图9）

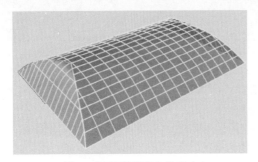
图 9 采光顶幕墙专业表皮

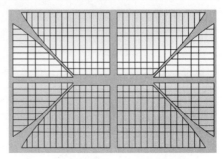
图 10 采光顶幕墙专业表皮单曲展开

事实上整个设计、施工、运营的过程就是一个不断优化的过程，当然优化和BIM也不存在实质性的必然联系，但在BIM的基础上可以做更好的优化、更好地做优化。优化受三样东西的制约：信息、复杂程度和时间。没有准确的信息做不出合理的优化结果，BIM模型提供了建筑物的实际存在的信息，包括几何信息、物理信息、规则信息，还提供了建筑物变化以后的实际存在。复杂程度高到一定程度，参与人员本身的能力无法掌握所有的信息，必须借助一定的科学技术和设备的帮助。现代建筑物的复杂程度大多超过参与人员本身的能力极限，BIM与其配套的各种优化工具提供了对复杂项目进行优化的可能。

2.5 可出图性

BIM并不是为了出大家日常多见的建筑设计院所出的建筑设计图纸，以及在加工厂的一些构件加工的图纸。而是通过对建筑物进行了可视化展示、协调、模拟、优化以后（图11、图12），可以帮助业主出如下图纸：

1）综合管线图（经过碰撞检查和设计修改，消除了相应错误以后）；

2）综合结构留洞图（预埋套管图）；

3）碰撞检查侦错报告和建议改进方案。

图 11 幕墙室内局部碰撞检查

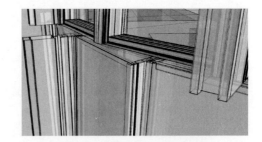
图 12 幕墙室外局部碰撞检查

3 结语

BIM设计软件不再提供只能画点、线、圆等简单元素的几何绘图工具，而是在设计过程中直接放置墙体、门、窗、梁、柱等构件图元，建立起由构件组成的信息化模型，从而达到可视化、协调性、模拟性、优化性、可出图性等特点，实现信息共享与协同工作，而且给建筑施工企业带来的不仅是一个高效的工具，更多的是提供一种建筑施工的全新理念。随着对 BIM 技术不断的深入研发应用，将更加凸显其巨大的作用，进一步提高项目管理的精细化水平，逐步实现项目管理信息化。随着时代潮流的变革，我们有理由相信 BIM 技术在复杂建筑建造中的地位越来越重。

参考文献

［1］杨文洪 . 浅谈 BIM 技术在建设各阶段的应用 .

［2］建筑信息模型施工应用标准（GB/T 51235—2017）.

第二部分

建筑工业化技术

BIM 技术助力建筑幕墙的工业化生产

◎ 刘晓烽　闭思廉

深圳中航幕墙工程有限公司　广东深圳　518109

摘　要　本文通过对幕墙工业生产需求方面的分析入手，探讨了 BIM 技术在解决幕墙个性化、波动化生产中所起的重大作用，并阐述了其对幕墙工业化推进的重要意义。

关键词　BIM；幕墙工业化；共线生产；信息流；工艺仿真

1　引言

长久以来，幕墙行业与工业化之间一直存在不小的距离。即便是在"建筑工业化"口号响起的今天，仍然有人质疑幕墙工业化的道路到底能不能走通。很多人在心底有一个疑问，幕墙产品的生产附加价值很低，工业化生产的价值在哪里？

这个问题还真不好回答。以我们现在的幕墙建造模式来看，工厂化的生产与现场加工相比，无论从生产效率、生产成本上讲都没有明显的优势，这就是残酷的现实。不过，传统的幕墙建造模式就要走到头了。如今，建筑工业化已是大势所趋。在政策的引导下，越来越多的装配式建筑开始出现，幕墙产品也从构件式为主流逐步过渡到单元式为主流。所以幕墙企业首先要面对会不会掉队、能不能生存的问题。至于工业化生产的价值，看看汽车工业就知道了。

2　BIM 技术与幕墙工业化的关系

传统的幕墙生产在面对个性化市场需求的情况下一直是比较被动的。由于建筑设计的个性化需求，几乎每个项目的幕墙都不一样。这就造成一方面企业要以大量的人力资源去应付设计、生产、施工技术问题，另一方面却不能像工业产品那样通过反复试制样机来改进和消除技术缺陷，很难再进一步地提高效率和质量。很早就有人期望通过标准化产品来解决问题，在个性化市场的需求面前，这些尝试也都没有达到理想的效果。但 BIM 技术出现后，这扇大门就打开了。

"BIM"技术的前身实际上是一个用于建筑三维建模的设计工具。后来在三维模型上携带了更多信息，可以贯穿项目的设计、建造及运营管理全过程，使得不同专业之间的数据共享变得更加容易和简单，就成为了今天所说的 BIM。

就幕墙行业而言，"BIM"技术最初是用于解决复杂幕墙立面的工艺设计问题。事实上诸如"上海中心"、"凤凰传媒"、"凌空 SOHO"等一系列立面造型异常复杂的项目，无一不是利用 BIM 技术来解决大量异型零件的生产问题。利用 BIM 模型和二次开发的专用软件自动生成幕墙生产所需的加工图及相关工艺文件，甚至还可以链接到 CAM 软件形成自动化设备的加工数据，直接用于生产加工。

当然，这只是 BIM 应用于幕墙生产方面最基础的一个应用。事实上以三维模型为载体的信息流也很适合与工厂生产管理无缝链接在一起，有效地解决了因幕墙施工不确定性因素太多造成生产环节持续性差、生产节奏不稳定的问题。而这个作用其实才是 BIM 技术在幕墙行业工业化转型中最大的用途。这与现在流行的"工业 4.0"在本质上如出一辙，都是利用信息化、智能化来解决个性化工业生产的问题。

3 BIM 技术在幕墙工业化生产中的应用

工业化生产追求的核心就是效率和质量两大要素。在这个中心思想的指导下，标志化的动作就是自动化和流水线。幕墙产品的生产环节比较特殊，因为其种类繁多，而每种规格的批量又很小，且幕墙的施工过程影响因素很多，常常是计划没有变化快，所以自动化生产在幕墙行业中的应用程度是很低的，而所谓的幕墙流水生产线也没比作加工坊强到哪儿去。

那么，BIM 技术在幕墙产品的工业化生产中又能干点什么呢？

3.1　BIM 技术与幕墙共线生产

开始接触到幕墙生产线的时候就觉得非常奇怪，明显感觉是形似而实不至。无论是工序设计、工位布置还是工装设备的使用都很随意，与正规机械行业的工厂化生产相差很远！但时间长了就发现幕墙生产有其特殊的情况。以单元式幕墙板块的生产需求为例，一般一条线的日生产量设定在 30～50 块左右。这是因为现场的施工安装速度也大致是这个范围，工厂做的太多了也没用，占用资金还占用地方。

如果仔细计算一下这种生产配置条件下的效益，就会发现其单位生产面积创造的产值实际上是特别的低。想想看，随便一条单元式幕墙板块的生产线至少 110m 长，20m 宽，加上辅助面积总共需要 3000m² 以上，但一天的产值只有 2 万～3 万，那这样的工厂还有什么投资价值呢？

考虑到这种行业特点，幕墙的加工生产就必须走"共线生产"的路子。所谓的共线生产就是在一条生产线中，按照一定的时间间隔，生产不同项目的单元板块。在相同的生产环境下，最大幅度地提高单线日生产量。

对于幕墙产品来说，不同项目的共线生产难度在于各个项目的出货需求极不稳定。施工项目因为业主指令、相关单位阻碍甚至是天气变化等因素会随意地调整生产计划。这对现场加工或作坊式的工厂生产来说也不算什么，反正总能找到事儿干；但对于共线生产来讲简直就是灾难！一个项目生产调整就会影响该条生产线上的其他项目。这是因为一般不同项目之间的尺寸不同、材料不同，甚至连加工工艺都不同。就目前行业的普遍水准来看，从材料投料开始到第一批单元板块组装完成通常都要 3～5 天的时间。这是因为单元板块中各种零件的加工是以批量方式进行的，零件加工永远比板块组装领先一个批次。所以在没有充分准备下的生产线换线必定要经过一段效率很低的混乱期和适应期，这对共线生产来说，是绝对不能接受的。

BIM 技术中对幕墙加工生产最直接的帮助是"信息流"对生产组织的引领。由于云端技术已经非常成熟，所以在幕墙工程的施工过程中，项目部将即时更新的 BIM 模型放在云端，即可为公司各个部门所共享。项目部的月计划、周计划乃至日计划均在 BIM 模型中予以体现。而通过预设的逻辑和流程，在幕墙的生产端就可以即时形成对应的日生产计划：利用模型信息可以自动统计出需要生产的板块型号、规格、数量以及供货时间。这些数据自动导入工艺设计系统中，生成相关的工艺文件。不同项目的信息汇总后，导入生管系统中，就可以自动生成详细到每一工位工作内容的日生产计划。在此基础上引入自动化程度高的生产设备，就可以将单元板块中零件每个批次的生产间隔从 3～5 天缩短至 3～5 小时，使得每天调整生产计划的需求变得现实起来。

在这种生产模式中，核心的内容是"信息流"：

在材料组织方面，由于云端的 BIM 模型是即时更新的，所以在材料的组织筹划上就能做很多文章：比如可以精确统计所需的材料以及材料的供应时间需求，通过预测分析加大材料采购批次，有效减少材料的周转时间，降低单个项目的材料仓储需求；再如，还可以通过云端 BIM 模型展开施工现场与生产工厂之间的信息互动，通过统筹优化，确定每日的施工安排和工厂发货安排，规划高效率的制成品的智能仓储及物流方案，以提高场地利用效率，解决产量提高后辅助区域不足的问题。

在零件生产方面，可以利用云端的 BIM 模型所携带的信息解决按日为单位制订生产计划的问题。由于 BIM 模型与工艺设计可以实现无缝连接，完全可以做到按照日计划自动生成当天的工艺文件。以下料为例，每批次材料的工艺单及优化表传输至双头锯，只要人工按照提示协助上料和卸料就行了，双头锯会按照预定的程序完成所有的套料切割任务（图 1）。

图 1　工艺文件传输至双头锯

这样每个加工工位的原材料或在制品只要依照预设的顺序照图生产就行了，根本不需要理会它们是哪个项目的材料。事实上结合二维码或 NFC 标签，完全可以搭建自动化的生产线，做到所有的零件自动分拣配送，极大地提高生产效率和生产柔性。

在板块组装方面，常规的单元板块生产中，组装工作所花费的时间更多，自动化生产的价值也更大。比较麻烦的是不同产品共线生产时，生产线中的工位及其负责的内容有可能不同。但对整个单元板块组装过程分解后发现，组框和打胶这两个工位相对固定，耗时也较多。所以这两处的自动化改造价值就比较高，可以用传送带和机器人构成无人化的作业站。中间的工位仍可采用以人工为主的方式，设计成带有缓冲作业点的弹性连接段。与以往不同的是，所有人工工位的位置是不固定的，其取决于 AGV（自动引导搬运车）将组装材料送至什么位置。而通过 AGV 确定的工位位置，其实是后台的生管系统通过 BIM 模型的信息计算出来。这样，共线生产中不同项目之间的工位变化的问题也就迎刃而解了。图 2 为自动化生产线局布区域。图 3 为柔性组装生产线。

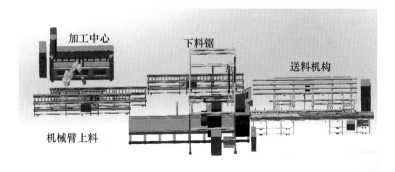

图 2　自动化生产线的局部区域

根据这种思路，幕墙单元板块的柔性生产在硬件布置上是完全可能的。当然，要维系这条柔性生产线的持续运行，还要解决众多零件的管理、分拣、配送等问题，又要涉及大量的信息传输和处理。不过 BIM 技术的核心就是以数字模型为载体携带大量信息，因而最基础的幕墙零件三维模型也具备这一特点，也就极大地方便了后续的信息使用和管理工作。

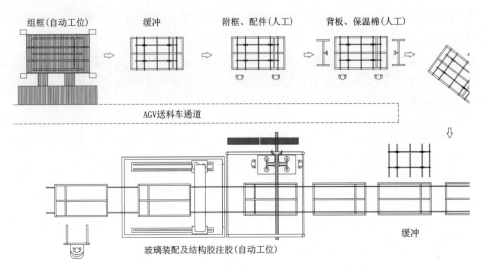

图 3　围绕自动化工站组成的柔性组装生产线

3.2　BIM 技术与幕墙的三维设计和工艺仿真

有人说建筑是遗憾的艺术，因为不是定型产品，又没办法做样件，会有很多遗憾和不足，发现的时候木已成舟、楼已盖好，为时晚矣。其实，幕墙也是差不多的情况。幕墙也很难拿一套定型产品到处使用。所以，虽然有机会做样件，但仍然不能像别的工业产品，可以来回试验、反复推敲，直至最终拿出一个完美的产品。

"工艺仿真"是一个解决这类问题的有效手段。利用三维模型进行模拟加工和模拟拼装，就可以提前发现许多工艺设计缺陷。这种"工艺仿真"技术其实在机械设计领域已经非常成熟了，但在幕墙产品的设计及生产过程中还不多见。这主要是和幕墙设计仍然停留在二维设计阶段有很大的关系。BIM 技术的推广应用，对幕墙设计而言，提供了从二维向三维转换的机会。由于需要利用 BIM 模型里的数据来驱动幕墙零件的尺寸参数，所以幕墙的零件设计就必须采用三维设计的方式，也就形成了"数字化仿真"技术应用的基础条件。幕墙在断面设计的过程中就可以同步进行零件设计，利用"工艺仿真"来模拟加工和组装的过程，从而可以进行加工工艺的优化以及发现工艺设计的缺陷。在必要的时候，还可以利用 3D 打印来制造拼接样件进行工艺验证。这个过程的成本很低，而且时间消耗也很少。可以让设计者从容地修改断面或改进拼接工艺，以达到消除工艺缺陷的目的。

3.3　BIM 技术与生产信息模型

必须承认，实际上并没有生产信息模型这个专有名词。但幕墙产品的工业化生产存在着个性化强、生产周期短、生产节奏极不稳定等一系列问题，所以信息的传递是其最需要倚重的核心要素。况且在车间也需要利用数字信息模型来实现制造过程的现场数据收集工作，所以我们姑且将这些需求称之为生产信息模型。

生产信息模型的主体是幕墙的零件数字模型。这个模型在生产过程中起以下几个作用：

第一，每个零件数字模型中包含了该零件的加工方法、工艺及工装要求、标准工时、检验标准及检验方法等内容。当从 BIM 模型中导出数据驱动幕墙零件的数字模型时，零件模型所携带的数据就会汇总，从而使生产计划的自动编排成为可能。

第二，幕墙零件在生产过程中，每个工位都可以通过零件编码触发该数字模型所指向的图纸、三维视图、加工质量标准等内容，有利于工人提高对生产任务的认知，从而提高生产效率和加工质量。

第三，生产过程中的加工信息也将记录在该零件的数字模型中，这包括原材料的厂家和批次、每个工位的生产人员、检验人员、出厂日期等。幕墙交付后，这些数据汇总形成数据库，可以通过 BIM 模型中的板块信息进行一一对应的查询，为目墙使用过程中的运维管理提供帮助和支持。

4　结语

这些年，BIM 技术在建筑行业中的推广应用速度很快。从趋势上看，上有政府支持，下有开发商积极尝试，相信用不了多长时间绝大多数建设项目都会采用这项技术。但在最基础的生产和施工层面，却还没有找到与这项技术的契合点，BIM 技术也只是看上去很美。所以这一段时间，BIM 如何"落地"便成了大家关注的重点。

随着建筑工业化的进程快速推进，幕墙行业也迎来的工业化转型的大好时机。而 BIM 技术的特点与幕墙产品柔性生产的需求契合度很高，完全可以在这一领域率先取得突破，从而改变幕墙行业的生产方式，完成工业化的升级改造。相信这一天很快就会到来。

参考文献

［1］清华大学 BIM 课题组 . 中国建筑信息模型标准框架研究［M］. 北京：中国建筑工业出版社，2011.

［2］刘延林 . 柔性制造自动化概论［M］. 武汉：华中科技大学出版社，2001.

［3］崔继耀 . 单元生产方式［M］. 广州：广东经济出版社，2005.

幕墙单元化在深圳中海两馆异型双曲面幕墙中的应用

◎ 于洪君

深圳市方大建科集团有限公司　广东深圳　518057

摘　要　对深圳中海当代艺术馆与城市规划展览馆幕墙进行了工程概述，重点介绍了造型复杂且无规律的双曲装饰面（本工程其外层为 3mm 穿孔不锈钢板＋内层钢化 Low-E 中空夹胶玻璃的双层幕墙系统）的钢骨架整体吊装设计、钢支撑调整设计、转角位处理及安装的顺序等，为异型双层幕墙设计提供一个思路。

关键词　双层幕墙整体吊装；穿孔不锈钢板；排水槽；钢支座

1　工程概述

本项目由深圳中海地产有限公司开发，是福田中心区最后一个重大公共建筑项目。其南临市民中心，北靠市少年宫，西向深圳书城。

本工程为政府用地。基地地块方正，东西长约 169.5m，南北长约 177.5m，建筑用地面积 29688m² ，规定容积率为 2.02，地下设有 2 层主要功能为停车、展览中转区和设备用房。建筑地上五层，地下二层，包括当代艺术馆、城市规划展览馆、公共服务区、地下展品中转区、设备用房、地下车库及其他配套设施。建筑最高点 47.7m。

本工程幕墙形式有：外层穿孔不锈钢板＋内层玻璃幕墙系统、玻璃幕墙系统、大面开缝石材幕墙系统、屋面石材幕墙＋直立锁边系统、金属屋面＋直立锁边系统、金属屋面＋内层玻璃幕墙系统、屋顶钢格栅系统、屋顶直立锁边系统、主入口曲面幕墙系统、主入口雨篷、主入口框架幕墙和门斗、勺子幕墙等（图 1）。

图 1　中海当代艺术馆与城市规划展览馆效果图

2　外层穿孔不锈钢板＋内层玻璃幕墙系统设计

1）面板材料的选择及形状规律

本双层幕墙系统所处立面为倾斜面，有不规则的双曲面，有内倾斜，也有外倾斜，特别是西面有双曲雨篷等结构相贯通，建筑采用平面三角形进行过渡。内层采用 8mm＋2.28PVB＋8mm＋12A＋8mm 双银钢化 Low-E 中空夹胶玻璃，外层采用 3mm 厚穿孔不锈钢。遮阳穿孔不锈钢板被设计成能最大限度地捕捉漫射日光的模式，保护外部玻璃表面免受日光的直接照射，来满足建筑节能的要求。

建筑中三角形玻璃胶缝选择规律如下（图2）：（1）三角形水平线的选择。从 0 标高开始，以高度方向为 1250 的距离的水平面对建筑面进行切割，与装饰面相交形成一条曲线或是直线；（2）三角形斜线的选择。如果是平面，直接选择与转角平行的线。如果是曲面，则是利用一条曲面的母线，最接近直线或是直线的线，作为三角形的另一条线；（3）三角形的形成。通过已选择的两条线，把图形分割成有四个点组成的一个个小区域，沿两直线连接交点，再连接一个对角点（也就是最近的点连接）形成三角形平面。这样内层玻璃整个建筑形体就基本完成。其中一条边采用明框幕墙。其余两条为隐框幕墙。

外层不锈钢穿孔板所在的面与玻璃所在的面法线距离为 1000。其分格方式与玻璃相似。但要求水平分格与玻璃分格在同一水平面，分格交点与玻璃分格交点连线必须在水平面内（分格的划分见图2示意）。

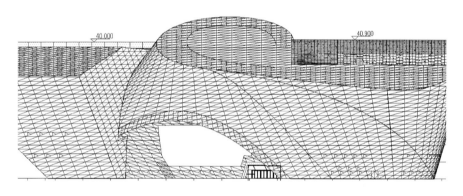

图2　中海当代艺术馆与城市规划展览馆西立面

选择玻璃时要考虑安全要求为，防止因脱落破损而造成对下部行走人员的伤害，夹层玻璃需要按倾斜方向设置。向内倾斜，要求保护室内人员，夹胶层在室内侧，反之夹胶层在室外侧。

幕墙面板三角形分格有的达到长边 4160mm×短边 1525mm 尺寸，不同位置尺寸不同。

2）幕墙结构的设计

（1）标准钢骨架的设计（防水层及装饰层的龙骨）

按主体钢结构的变形建模计算，钢结构支座间必须可以相对移动，释放约束。对于支座之间连接的钢架需设置断点，断点位置采用钢插芯连接（见图四），一端焊接，另一端自由，可以实现钢结构支座之间的变形。

风荷载标准值是对比风洞试验报告及依据《建筑结构荷载规范》（GB 50009—2012）来选取，不锈钢的穿孔率是按 50%。建模如图3，计算过程本文不深入讨论，最后经计算能满足规范及建筑要求。选用杆件截面如下：（除特别说明外，材质均为 Q235B）

玻璃立柱/横梁　　　　150mm×100mm×4mm 钢通
金属板立柱/横梁　　　100mm×100mm×4mm 钢通

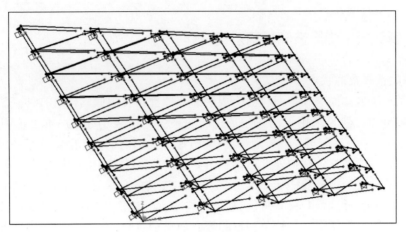

图 3　模型的建立

　　钢构件之间的连接除了插芯连接就是焊接。工地的焊接，精度很难保证。同时，四周是交通重要枢纽，工地场地小，没有操作空间，因此钢架整体吊装是最好的选择。

　　由于幕墙形状复杂，又是双层幕墙，必须解决安装的次序及工厂、工地焊接的每一步，同时要满足规范及安全的各项要求，否则整体吊装的方案就不可行。通过对安装、运输的各个环节进行分析，最后确定整体吊装的方案可行。

　　基本单元钢架的划分，采用四个三角形为一个整体尺寸在 5000×5000 左右（图 4 双线位置），容易运输。伸缩位置断点采用的钢插芯和螺栓固定（图 5），另一边插芯焊接。螺栓是临时固定，安装后拆除重复利用。由于外层不锈钢是开缝幕墙，其上孔洞安装后打胶密封，伸缩位置安装后也要打胶密封。所有连接的螺纹孔都要密封。

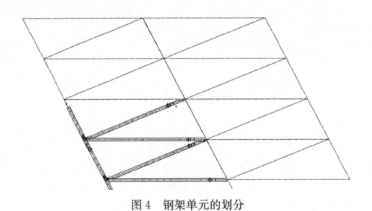

图 4　钢架单元的划分

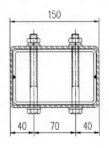

图 5　钢架伸缩连接节点

2）钢支座节点设计（结构支撑设计）

内层为玻璃幕墙与外层为不锈钢幕墙是通过钢支座组件连接的。工程中所有的钢支座轴线都是水平的，其与玻璃及不锈钢幕墙位置关系见图6，其组成工艺加工图见图7。其分布位置为三角形幕墙的一条明框斜边上，也是三角形的交点上。

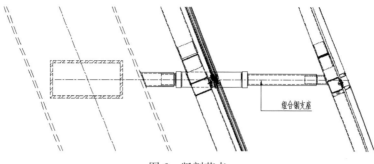

图 6　竖剖节点

组合钢支座具体工艺见图7，制作时对支座进行编号，以便于工地查找安装。支座组件选择依次为：件一（$\phi114mm\times8mm$ 钢管）；件二（为 $\phi95\times8mm$ 钢管与 $\phi120mm\times40mm$ 的钢板组合件）；组件三（为 $120mm\times40mm$ 厚钢板、$\phi120\times40mm$ 的钢板及 $\phi89mm\times8mm$ 圆管组合）；件四（为 $\phi70mm\times6mm$ 钢管）。

经过了建模计算钢支座强度刚度能满规范及建筑要求，在此计算不再详细讨论。

转接件安装过程为：把组合件3的40mm厚钢板插入玻璃的组合钢架（图4、图6）对应的方孔中按设计尺寸位置关系要求进行焊接（该步骤可以在工厂焊接，但运输不方便），在本工程的实际过程中是在工地按设计尺寸要求进行焊接；再把组合件2与组合件3焊接，再把钢架在立面上临时定位；把件2插入件1与主体位置调整好后进行焊接，插接的作用就是前后调整保证钢架的位置，便于安装；外部钢架的安装是在立面上定好位置后，通过件4与件3焊接固定。

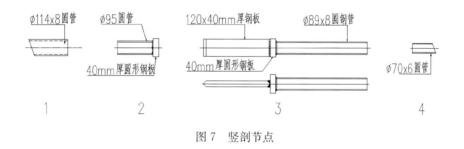

图 7　竖剖节点

3）内层玻璃幕墙的节点设计（防水层设计）。

玻璃的三个边其中一条边为明框（图8、图9，几字形型材是通长的），另两条边为隐框幕墙（图10几字形型材是100mm长）。这样组成了一个混合幕墙。

双曲的装饰面导致幕墙面板间角度不同，三角形的面板（玻璃或是不锈钢）夹角变化范围约为161°～186°，典型节点见图8、图9。考虑到面板角度的变化及安装的调节，结合了胶条的软硬合适的材料性质，采用铝型材和胶条结合的方式过渡，附框上开一个槽口，穿上实心的半圆胶条（采用实心的胶条有一定的硬度，采用半圆可以与钢结构形成线接触能进行一定的旋转角度，适应钢结构的变化，也能适应钢结构焊接时产生的误差，可以适应面板间的小角度变化），同时解决了钢铝接触需要的绝缘作用。

本工程有外倾斜的幕墙，硅酮结构密封胶承受永久荷载能力低，考虑安全设置了几字扣件，每个隐框边上设置了3个，为了统一效果，内倾及竖直的玻璃幕墙也设置了几字形扣件（图10）。

部分玻璃尖角小于25°，其玻璃尖角钢化成材率很低，因此采用切掉尖角，形成一个30°的一个小边，玻璃组框时打胶封堵。

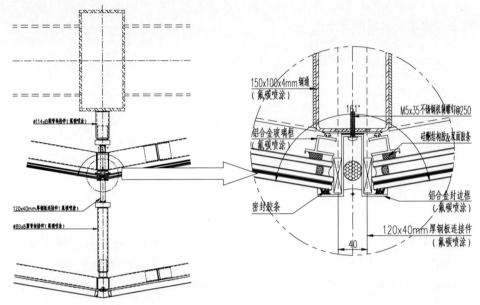

图8 （双层幕墙面板夹角161°节点图）

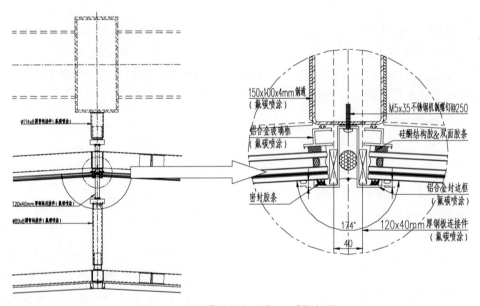

图9 （双层幕墙面板夹角186°节点图）

4）外层穿孔不锈钢节点设计（外层装饰遮阳层）

不锈钢板采用穿孔设计，孔直径尺寸为φ6，相邻孔间距为8mm，相邻孔中心连线为等边三角形。穿孔率达到50％，不锈钢板间采用了开缝处理，这层不防水，有遮阳作用。

不锈钢穿孔板结构设计的原理与玻璃的基本一致（图8、图9、图10），由于材料的性质不同，他们的连接方式不同。玻璃采用的是结构胶与铝合金附框连接起来，而不锈钢采用的是用沉头钉把不锈钢板与铝合金附框连接起来，而钉孔刚好采用板的孔倒角处理。组好的不锈钢板通过铝合金压块、托块及不锈钢钉连接到组合钢架上。钉孔带胶拧入，防止雨水进入钢通内部。

不锈钢穿孔板室内侧增加了铝合金加强筋，也是通过沉头钉与不锈钢连接，这样加强筋在室外侧也能看到，要求在室外侧看到的各板的加强筋必须在一条线上，这样才能保证外观效果，在出工艺时要在三维图中确定该位置，图 11 为实际工程的相片。

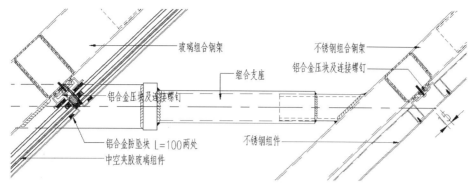

图 10 隐框位置增加几字防坠块

图 11 实际工程现场

另外由于有部分超宽不锈钢，这样就需要拼接，要求拼接的缝隙在同一条线上，这些按照建筑师要求设计。

5）转角位置的节点设计

转角的位置有两种。

第一种是斜竖向由一个 Y 字形的支座，支座分部在三角形明框的一条边上，安装先后次序与标准位置相同（图 12 左图），钢支座一和支座二在相交位置与另一钢组件焊接。由于钢支座无法穿透玻璃，所以钢支座穿过位置要设置胶缝，让钢支座可以通过。而两玻璃之间采用 V 字形的铝板相接，铝板内设置保温棉及隔音棉。

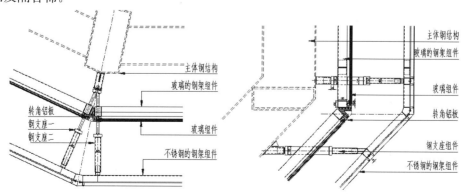

图 12 转角节点

第二种是横向角部没有钢支座的边（图12右图），由于这个位置没有钢支座穿过，处理比较容易，直接采用铝板连接即可，铝板内设置保温棉及隔音棉。

6）排水槽的设计

本工程西侧的造型材复杂，其设置了排水系统。排水槽的设计见图13。扭曲的水槽采用铝板，其分格在1m左右，逐渐扭曲过渡，铝板之间间隙为20mm，保证水槽之间的伸缩。如果用不锈钢通长水槽，水槽比较长，再加上钢结构变形等因素影响，虽然水槽本身防水没有问题，但不锈钢与玻璃之前的胶缝会撕裂，存在漏隐患。因此本工程采用了铝板相接的水槽。水槽中的水通过虹吸把水排走。

7）开启窗的设计

开启扇为三角形的，位置的选择必须是三角形的上边为水平旋转轴，否则实现困难。

本工程开启扇尺寸达到了上边超过4000mm，三角形高达到1500mm，又是中空平胶玻璃比较重，实际选择电动开启（图14）。

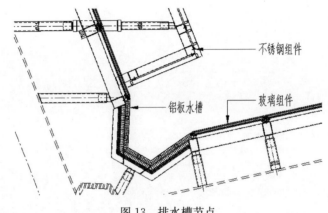

图13 排水槽节点

开启扇的组成：由于扇框无法组角，因此采用铝合金附框与玻璃先用结构胶粘接，再用勾子盖住（图14）。

由于开启所在平面与水平面最大约为60°夹角，所以设计时要考虑框料的排水问题（图14右侧图）。框与扇之间的水能通过开的槽口排出室外。开启扇挂在装在钢结构的外框上（图14左图）。

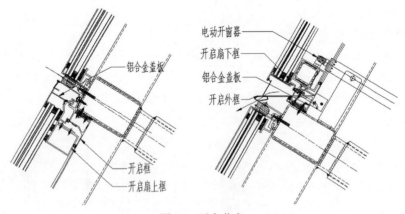

图14 开启节点

8）不锈钢板的安全设计

不锈钢穿孔之后周边形成很多尖锐的小角，由于不锈钢幕墙是开缝的，缝隙为15mm，可能伤到伸入缝隙的手指，因此该位置需要设置保护措施，本工程采用1.2mm厚不锈钢折成槽后，点焊在不锈钢板周边（图15）。位置分布为距地最下面的四个三角分格。

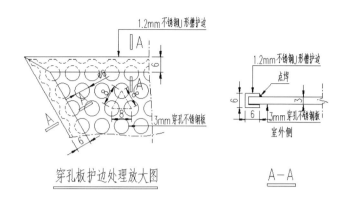

穿孔板护边处理放大图　　　　A—A

图 15　不锈钢板设计

3　工厂加工及工地安装的要求

以下针对立面玻璃幕墙和穿孔不锈钢板幕墙，钢支座及钢骨架加工和安装的注意事项。内层为玻璃幕墙钢架，外层为穿孔不锈钢板钢架。均采用单元式方式设计及安装，每4个面板分格为一个钢架单元，划分位置正对主体钢结构的网格。保证钢支座有支撑位置，同时作好钢架加工工艺图及编号。

钢架加工

内层钢架为 150mm×100mm×4mm 矩形钢通，钢通断开处用 140mm×90mm×4mm 钢插芯连接（外层钢架为 100mm×100mm×4mm 方钢通，钢通断开处用 90mm×90mm×4mm 方钢通插芯连接。）钢插芯截面尺寸应取负公差，如图 16 所示为内层钢架的插芯。钢通断开处，钢插芯一端焊接固定，焊高为 4mm；另一端用两个 M12 螺栓临时固定，该螺栓在钢架焊接到主体结构上后，须拆除。钢通上的螺栓孔须用耐候胶封堵，平整，刷漆，使得看不出穿过孔的痕迹。卸下的螺栓运回工厂重复使用。有外层穿孔不锈钢板的部分，支座 120mm×40mm 钢板穿过内层钢通中心，孔位置和大小以三维建模为准。钢架加工须保证尺寸准确，平整度好，角度无误差。（具体参见上述标准钢骨架设计）

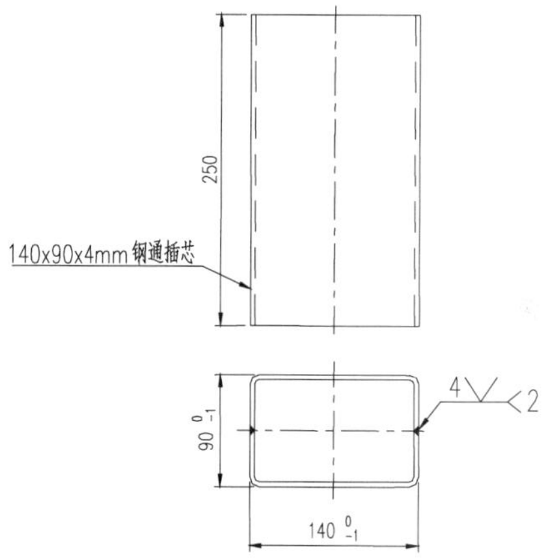

图 16　钢插芯工艺

支座及钢架安装

如图 17 所示，支座分为 4 个部分，支座一、支座二、支座四为工地现场焊接，支座三为工厂加工后无需焊到内层钢架上，由现场焊接，焊高如图所示。先装内层钢架，再装玻璃组件，再装外层钢架，最后装不锈钢板（钢支座的顺序详钢支座节点设计）。

钢架及支座表面处理

钢架与支座的表面处理是一样的，先工厂喷砂除锈 Sa2.5 级及环氧富锌底漆 $80\mu m$，后续现场完成环氧云铁中间漆 $160\mu m$ 和氟碳面漆 $45\mu m$，颜色具体见甲方封样。

穿孔不锈钢板加工安装注意事项

在安装外层组合钢架不锈钢板施工时应注意以下两点问题：1）为了防止施工时产生划伤以及污染物附着，贴膜状态下进行不锈钢施工。但是随着时间的延长，粘贴液的残留按照贴膜使用期限，施工以后除掉贴膜时应进行表面洗涤，并使用专用不锈钢工具，与一般钢清洁公用工具时，为了不让铁屑粘着应进行清扫。2）应注意不让具有很强腐蚀性的物质接触到不锈钢表面，若接触时应立即进行洗涤。施工建设结束后应用中性洗涤剂以及水洗涤表面附着的水泥、粉灰等。

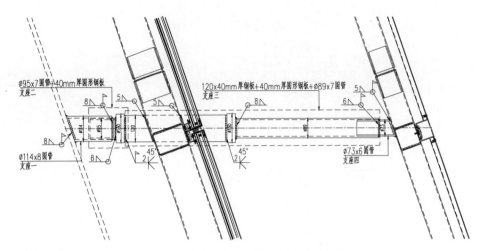

图 17　玻璃＋穿孔不锈钢板支座及钢架

安装过程及整体吊装的优势特点

总体安装过程是先安装内层组合钢架和支座（图 18 及 19），接下来安装玻璃组件（图 20），再安装外层组合钢架（图 20），最后安装不锈钢组（图 20）件。

图 18　钢架整体吊装

图 19　内层钢架及支座的安装

图 20　玻璃安装后外层钢架安装再不锈钢安装

整体吊装钢架有如下优点

1）缩短工期

由于采用了单元幕墙的特性，大量的焊接加工组装定位工作由工地转移到工厂完成，特别中海北立面和西立面的双曲面，如果采用单件现场施工，对安装人员要求高，工期长。中海两馆 2014 年 12 月中标，2015 年 3 月第一榀钢架吊装，2015 年 9 月断水，2016 年 1 月竣工验收，总工期 13 个月，对于造价 1.55 亿的复杂工程还是比较成功的，除了施工组织有力外，构造设计也起到了重要作用。

2）保证对安装质量的控制

由于该工程周期短，造型复杂，通过单元整体吊装，大部分工作在工厂制作，质量容易保证。如果采用杆件式，全部在工地焊接，在立面上进行大量的焊接安装，质量很难保证。

4　结语

建筑的外装饰效果通过建筑师的精心设计，完美地展现在人们的视野里。现代建筑的发展历程中，复杂的建筑造型给幕墙行业给我们带来了巨大的挑战和机遇，图 21 为中海两馆完成的实景照片。

图 21　中海两馆实景

通过对该工程的复杂造型的双层幕墙单元化设计，总结以下几点：

1）构造设计：设计异性幕墙结构时，在遇到幕墙角度无规律变化，角度变化范围不大的曲面或是双曲面，通过简单的几何造型简化结构，让面接触变成线接触。本工程采用三角形的面板模拟出曲面，通过胶条的半圆设计让面接触变成线接触，适应角度的变化。

2）安全方面：设计主体结构形式为钢结构的幕墙钢构时，应考虑主体结构变形及温度效应对幕墙钢结构的影响，通过构造措施如设置伸缩缝等，避免因主体结构变形和温差的变化引起附加的应力。

3）使用的防护方面：要考虑到使用中的安全，夹胶面的内外的选择，不锈钢在人可以碰到的地方的防止割伤人手，特别是儿童出入位置的安全。

参考文献

[1]《玻璃幕墙工程技术规范》（JGJ 102—2003）.
[2]《建筑结构荷载规范》（GB 50009—2012）.

杂化 STPE 密封胶在工业化住宅中的应用

◎ 李义博　肖　珍

广州集泰化工股份有限公司　广东广州　510520

摘　要　结合杂化 STPE 密封胶 AT-352 性能，探讨了工业化住宅用密封胶的性能要求，结果表明 AT-352 施工性能优异，力学性能、耐候性能够满足工业化住宅外墙接缝密封的性能要求。

关键词　STPE；工业化住宅；耐候性

1　引言

工业化住宅是近些年兴起的一种新型建筑。从最初的简单预制件，到工厂标准化预制件，装配式内墙，到免抹灰内外墙，工业化住宅技术已经日益成熟。研究表明，相比传统的浇筑式混凝土建筑，工业化住宅技术能够大幅度缩短建设工期，降低能耗、用水量、混凝土和钢材用量，同时减少了工地噪音和灰尘污染。

外墙防水密封是工业化住宅的一个重要课题。工业化住宅主要由水泥预制板构件装配而成，预制板的水平拼缝和垂直拼缝的密封直接关系到住宅的防水效果。工业化住宅用密封胶需要对预制板具有很好的粘接性，同时需要具备具有较好的施工性、抗位移能力、力学性能、耐候性、可涂刷性[1]。

2　工业化住宅用密封胶的选择

目前工业化住宅用密封胶主要有聚氨酯密封胶、改性硅烷密封胶、硅酮密封胶。现有的工业化住宅厂商选择密封胶主要参考标准有 JC/T 881—2001《混凝土建筑接缝用密封胶》标准、JC/T 482—2003《聚氨酯建筑密封胶》标准、GB/T 14683—2003《硅酮建筑密封胶》标准。这些标准对工业化住宅用密封胶的选用提出一些具体的要求，主要涉及指标有施工性能、力学性能以及耐候性，同时可涂饰性和基材污染性也应该作为考察的重点。相比改性硅烷密封胶和聚氨酯密封胶，硅酮胶主要的有点在于优异的耐候性，但是其不可涂刷、不耐污性的缺陷严重制约了其在工业化住宅上的应用。

密封胶的位移能力是衡量密封胶性能的重要指标。密封胶位移能力的选择与建筑接缝设计相关。密封胶的位移能力计算公式为 $\varepsilon > L \cdot \alpha \cdot \triangle T / (W-\delta)$[2]，其中 L 为混凝土构件长度（一般为 3m），α 为混凝土膨胀系数（一般为 $11 \times 10^{-6}℃^{-1}$），$\triangle T$ 为温度变化（一般为 80℃）、W 为接缝宽度（15mm～35mm），δ 为装配误差（一般为 2mm），若接缝宽度为 15mm，则密封胶位移能力 $\varepsilon > 3000 \times 80 \times 11 \times 10^{-6} / (15-2) = 20.3\%$。根据计算结果，位移能力 25 级及 25 级以上的密封胶才能满足接缝的密封要求，对于超过 3m 的混凝土构件，其接缝设计应该参考密封胶的位移能力，适当的控制接缝的接缝大小。

杂化 STPE 密封胶是一类新型硅烷改性类密封胶，针对工业化住宅用密封胶的性能要求，本文将对杂化 STPE 密封胶 AT-352 的施工性能、力学性能、耐候性进行了研究，并选取了一款市面上常见的一款聚氨酯密封胶 PU♯1 进行了性能对比。

3 杂化STPE密封胶性能研究

3.1 施工性能

挤出性是密封胶施工性能的重要指标，特别是低温挤出性。密封胶的施工温度一般为5℃～40℃，如图1所示，采用GB 13477.4—2005测试了AT-352与聚氨酯密封胶PU♯1挤出性，聚氨酯密封胶PU♯1在30℃条件下挤出性良好，但是随着温度的降低挤出性会明显变差，5℃条件下施工困难，而杂化STPE密封胶AT-352挤出性随温度的降低变化程度较小。主要是因为相比STPE树脂，聚氨酯具有更多的极性基团。低温条件下，聚氨酯内部表现出更强的分子间作用力，导致挤出性明显变差。

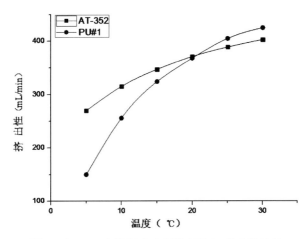

图1 AT-352与聚氨酯密封胶PU♯1挤出性比较

3.2 力学性能

参考标准JC/T 881—2001《混凝土建筑接缝用密封胶》测试了AT-352的力学性能（表1）。测试基材为预制混凝土。预制混凝土是工业化住宅内外墙主要的材质，该材料是一种碱性、多孔性材料，相比硅酮密封胶和聚酯密封胶，杂化STPE密封胶对混凝土具有更强的粘结性，且不会对混凝土造成污染。

表1 AT-352 力学性能测试

检测项目		标准 JC/T 881—2001	AT-352
位移能力		25LM	25LM
弹性回复率		≥80%	86
拉伸模量	23℃	≤0.4MPa	0.3
	−20℃	≤0.6MPa	0.4
定伸粘结性		无破坏	无破坏
浸水定伸粘结性		无破坏	无破坏
热压冷拉后粘结性		无破坏	无破坏

表1列出了单组分STPE密封胶AT-352的部分力学性能。测试结果表明，在无底涂情况下，对AT-352混凝土具有较好的粘结性，在浸水条件下，未出现粘结破坏的情况。AT-352为一种25级低模量密封胶，同时具有较高的弹性回复率，可以在接缝在发生伸缩位移时保持优异的密封效果。

3.3 耐候性

目前国内关于工业化住宅用密封胶的使用寿命无明确规定，我国普通建筑的设计使用寿命为50年，市场上现有的聚氨酯密封胶和 MS 密封胶的使用寿命一般为 10 年[3]。参考 GB/T 18244—2000《建筑防水材料老化测试方法》-人工气候加速老化氙弧灯法，对 AT-352 和聚氨酯密封胶 PU♯1 进行了 1000h 老化测试对比，测试结果如图 2 所示。

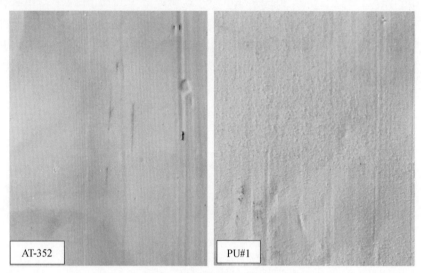

图 2 1000h 氙灯老化对比

氙灯老化测试条件为温度 65℃，相对湿度：65%，喷水时间：18min，两次喷水之间的间隔：102min。如图 3 所示，聚氨酯密封胶 PU♯1 有表面出现了粉化。而 AT-352 仅出现了轻微的褪色，对比结果显示 AT-352 具有更好的耐候性。杂化 STPE 密封胶具有表面可涂刷的特点，表面进一步涂刷涂料，密封胶的使用寿命将会进一步得到提升。

4 结语

密封胶是工业化住宅外墙防水密封非常重要的一个环节。测试结果表明，杂化 STPE 密封胶 AT-352 具有较好的施工性能，力学性能够满足 JC/T 881—2001《混凝土建筑接缝用密封胶》25 级低模量密封胶标准，具有比聚氨酯更加优越的耐候性，能够满足工业化住宅防水密封的要求。

参考文献

[1] 中华人民共和国住房与城乡建设部. JGJ 1—2014 装配式混凝土结构技术规程 [S].
[2] 杨霞. 预制装配式建筑混凝土板接缝用密封胶性能研究 [J]. 中国建筑防水，2012，9：11-14.
[3] 傅申森. 浅议装配式外墙板接缝密封胶的选用 [J]. 中国住宅设施，2015，4：109-1113.

作者简介

李义博（Li Yibo），男，硕士学位，研发工程师，主要从事建筑密封胶、工业密封胶的研究和开发。

第三部分
新材料与新技术应用

建筑新材料及其应用

◎ 窦铁波 包 毅 杜继予

深圳市新山幕墙技术咨询有限公司 广东深圳 518057

摘 要 新型建筑材料的发展和应用是推动建筑幕墙创新发展的基础之一，没有新型建筑材料的发展，也就难以形成新的建筑幕墙技术和新的建筑幕墙产品。本文介绍了近年来国内外部分应用于建筑幕墙的新型建筑材料的发展及其品种、性能和适应范围，以及在建筑上的应用实例。

关键词 新型建材建筑幕墙；工程应用

0 引言

近年来，随着我国绿色建筑的发展及绿色新型建材认证工作的推广，我国新型建材正朝着节约资源、节省能源、健康、安全、环保的方向迅猛发展。作为建筑幕墙主要材料的幕墙面板材料，也在向着轻质、高强、节能、耐火、环保和集成化的方向发展，新型建材已成为建筑幕墙现代化不可缺少的环节。当前，我国建筑幕墙面板和构件材料的选用，已从原先简单的玻璃、石材、金属板材发展到各种各样的人造板材、高性能复合材料和集成构件等，对材料的各种性能要求都有了全面的提高。下面将重点介绍几种新型的幕墙材料。

1 金属复合板

1.1 不燃级铝复合板

铝塑复合板具有轻质高强、装饰多样、加工方便、耐久环保等优异性能，在金属幕墙装饰材料中占据着重要地位，目前我国已经成为世界上最大的铝塑复合板生产国和出口国。铝塑复合板芯材主要为 PE 材料，其燃烧性能等级较低，耐火性能制约并限制了铝塑板的发展和应用。特别是近年发生多起外墙火灾后，公安部陆续出台的系列文件更是限制了包括铝塑复合板等产品在幕墙装饰工程中的使用。国内企业通过材料和工艺创新，陆续研制开发了无卤阻燃改性聚乙烯芯料、无机矿物质类不燃芯料，生产出 B1 级铝塑复合板和建筑装饰用不燃级铝复合板。建筑装饰用不燃级铝塑复合板的突出特性是燃烧性能达到 GB8624—2012 规定的 A2 级，可以不受建筑高度的限制从而应用于建筑幕墙等外墙装饰装修工程。

不燃级铝塑复合板放弃传统无卤阻燃改性聚乙烯料取代纯低密度聚乙烯作为芯材的方法，采用碳酸钙、硅微粉、石英砂、珍珠岩、丙纶短纤维、氢氧化铝、钼酸锌、丙烯酸胶等原料组成的无机混合物作为芯材，芯材热值达到 GB 8624—2012 要求的不大于 3MJ/kg，产品满足标准 A2 级的要求。不燃级铝复合板的行业标准正在制定中。图 1 为上海虹桥国家会展中心所采用的约 10 万 m^2 的铝塑防火板幕墙。

1.2 钛、铜、不锈钢复合板

钛、铜、不锈钢有着独特的金属质感和不同的耐候特性，一直受到建筑师的喜爱，特别是在欧洲建筑上使用和流传较早。近年来在我国也开始大量采用钛锌板、铜板和不锈钢板作为建筑外围护结构的材料，以突出建筑的特性及满足耐候性的要求。钛、铜、不锈钢虽不属于贵金属，但相比铝合金材料在建筑上的应用，就显现了昂贵的一面。所以在建筑外墙面上采用钛、铜、不锈钢板时，很少采用实心单板，通常采用小于1mm的薄板。由于面板较薄，使得建筑表面平整度无法得到有效的控制和保证，同时受限于较小的承载能力，面板尺寸一般较小，影响了建筑立面的装饰效果。由此而产生的钛锌复合板、铜复合板和不锈钢复合板等，可为建筑的外墙提供更多的新型材料和选择途径。钛、铜、不锈钢复合板可制成PU芯材复合板、耐火性芯材复合板和铝蜂窝芯材复合板，其产品的性能及加工安装工艺都非常成熟。图2为应用于宁波海洋博物馆的钛复合板幕墙。

图1   图2

1.3 双金属复合板

双金属复合板是由两种或同种材料不同金属状态的板材经各种不同连接方法复合而形成的一种新型板材。双金属复合板具有单层金属材料所不具有的物理、化学性能以及力学特性，能兼顾和满足金属表面装饰、强度、刚度、耐久性等性能的要求，可节省稀贵材料，降低成本，目前已广泛应用于化工、电力、机械、船舶、航空等领域并将进入建筑幕墙行业。目前适用于建筑幕墙的双金属复合板有不锈钢复合板、铜铝复合板、钛钢复合板等。

2 非金属板

2.1 免烧瓷质饰面再生骨料板

再生骨料板是一种全无机、无毒、无味、节能环保、内部致密性高、力学性能和理化性能好的新型建筑用产品。它具有节能环保、再生循环利用率高等优越性。其生产工艺与传统人造板材相比有着其独特的优势，无需经过高温烧制，也无需经过高压压制，在常温常压下以建筑物固体废弃物（含量30%～70%，可选取建筑废弃物中的混凝土块、硬质石块、废砖废瓷块、玻璃碎块，还可选用工业矿渣、粉煤灰等）为主要原料通过化学反应即可成型，节省了大量的能源。同时生产过程中也不会排放粉尘、二氧化碳等污染物，基本上实现零排放生产。

瓷质饰面再生骨料板在技术特征上具有以下特点：

（1）由于采用无机材料，其耐候性、耐酸碱性表现优异；

（2）放射性达到国家建材 A 类标准；

（3）莫氏硬度 4～7 级，抗压抗折性能优异；

（4）采用专利制花技术，使得每一块板材质感不一，自然大气。

其主要理化力学性能见表 1。

表 1　瓷质饰面再生骨料板主要理化力学性能

项目		单位	技术指标	
			挂板	地面铺装板
体积密度		g/cm³	≥2.0	
吸水率		%	≤5.0	≤10.0
压缩强度	干燥	MPa	≥30.0	
	水饱和			
弯曲强度	干燥	MPa	≥10.0	≥4.0
	水饱和			
耐磨性		mm³	—	≤184
摩擦系数		—	—	提供试验报告
湿胀率		%	≤0.06	
抗冻性		—	经冻融循环后，板面、饰面均不应出现开裂、分层，水饱和弯曲强度≥8.0MPa	经冻融循环后，板面、饰面均不应出现开裂、分层，水饱和弯曲强度≥3.4MPa
抗冲击性		—	无裂纹、剥落及明显变形	
耐污染性		—	最低 3 级	最低 4 级
耐碱性		—	无异常	

目前瓷质饰面再生骨料板的研发和生产工艺已经成熟，产品已在建筑中推广和应用。产品主要用于工业与民用建筑工程内外墙面干挂饰面和景观地面铺装，并将作为外墙板在装配式建筑中起到一定的作用。图 3 为安装在深圳前海万科项目的瓷质饰面再生骨料板。

2.2　轻质高强陶瓷板

轻质高强陶瓷板是一种全球首创，具有轻质、高强、保温、高仿真等优异功能的新型建筑装饰材料。产品通过在原料配方里面添加碳化硅（SiC）材料和陶瓷废固物，使新型陶瓷板在烧制过程中不像普通陶瓷一样产生收缩，反而是膨胀的，从而使新型陶瓷板在同等板厚的条件下，具有更小的质强比，在尺寸和厚度上比传统陶瓷板更加容易做到大板面和大厚度。板面尺寸可大于 1200mm×600mm，板材标准厚度可达 18～22mm（个别订制产品厚度可到 25mm）。

新型陶瓷板的表现密度在 1.65～1.95g/cm³ 之间，虽然材料表现密度降低了，但仍然保持了较高的抗弯强度值，其最小值 $R≥28.0N/mm^2$，远高于花岗岩的强度值。通过降低板材表现密度、增加板材厚度、保持较高的抗弯强度，使得新型陶瓷板降低了玻化程度和脆性，在韧性和抗震等安全性能方面有极大的提高，为扩大产品的适用范围提供了可靠的性能和质量保证。同时新型陶瓷板还具有减轻建筑负载，方便施工，节约安装成本等优点。

由于产品配方中引入的大量陶瓷废固物（废固物占比 15%～50%），从而使新型陶瓷板具有绿色环保的特点。通过采用 3D 打印技术，可使板面仿真各种不同的石材、陶板等。图 4 为仿砂岩系列产品样板。

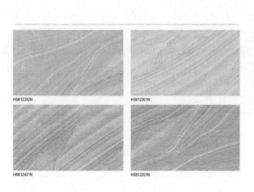

图 4   图 3

2.3　人造石面板

该产品是最近几年出现的一种可应用于建筑幕墙的新型板材，其前身是用于台面的实体面材，后经技术发展、抗老化和阻燃配方处理后，可用于建筑幕墙，在欧洲率先使用，国内也开始试用。

产品以氢氧化铝为主要填充体，以经过耐老化和阻燃处理后的树脂为结合体，生产的板材有一定的玉石质感，色彩丰富，可以进行造型，因此颇具现代风采，在低层的商业建筑中颇受欢迎。图 5 为深圳宝安中洲大厦商业裙楼采用的人造石装饰线条，外表造型可做到任意扭曲和连续无接口。

图 5

2.4　超高性能混凝土板（UHPC）

超高性能混凝土板（UHPC）是一种新型高强度、高韧性、低孔隙率的水泥基材料。它通过在材料中混入有机纤维或金属纤维、提高组分的细度与活性和使用细骨料等方法，使材料内部的孔隙与微裂缝减到最少，以获得超高强度与高耐久性。

超高性能混凝土板具有极高的强度、超高的耐久性、耐化学腐蚀性、抗冲击、耐疲劳、防火等优良特性和不必二次装饰的整洁美观的外表效果。同时还具有一定的自愈能力，通过独立实验室的试验验证，当板材出现微裂缝时，可利用空气中的湿度进行水化反应从而对微裂缝进行自我弥合。超高性能混凝土板主要物理力学性能指标见表 2。

表 2　超高性能混凝土板主要物理力学性能

项目	指标值
密度（kg/m³）	2200～2400
抗压强度（MPa）	≥120
抗折强度（MPa）	≥15
抗拉强度（MPa）	≥7
弹性模量（GPa）	45
耐久性（300 次冻融循环试验）	没变化
耐磨性（相对体积损耗指数）	≤1.7
疲劳循环 120 万次（施加 10%～90% 的弹性极限荷载）	无裂纹扩展

超高性能混凝土板具有良好的力学性能、耐久性能和装饰效果，目前开始在我国的建筑幕墙工程项目上应用。图6为深圳深业上城UHPC幕墙工程，幕墙由2833mm（高）×1640mm（宽）的UHPC格栅标准单元和3333mm（高）×750mm（宽）×20mm（厚）最大UHP板等单元构成。

UHPC格栅标准单元由L型边框、8根扭曲变截面的竖向格栅、2根40×50的横杆构成，见图7。

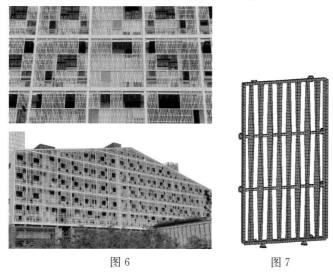

图6　　　　　　　　　　图7

3　饰面涂料

3.1　免烧釉面涂料

几千年来，釉作为陶瓷制品的饰面，一直沿用着高温焙烧的生产工艺。在建筑装饰中大量采用釉面陶瓷制品的当今，高温焙烧时所消耗的大量能耗，与现当代倡导节能环保的基本国策显现出巨大的不和谐和冲突。为此，产生了具有传统釉面装饰效果，同时又能大量减少能耗，可涂覆在不同的建筑材料表面并形成各式各样釉面装饰效果的免烧釉面制品的涂料，并将广泛地应用于建筑室内外装饰。

在常温非烧结条件下，将免烧釉面涂料施加在纤维水泥板、玻璃、天然石板或铝板等板材表面，经化学反应固化可在板材表面形成具有釉面装饰效果及满足使用性能的釉面饰面层。采用免烧釉面的装饰板可适用于建筑墙面和地面的室内外装饰装修，产品的建筑行业标准《建筑用免烧釉面装饰板》已通过了专家审查并将发布实施。表3为免烧釉面铝板釉面的理化力学性能指标。图8为免烧釉面装饰板的视觉效果。

表3　免烧釉面铝板釉面的理化力学性能

项目	技术指标
耐污染性（级）	≤3
耐化学腐蚀性	无明显损伤
抗落球冲击性（J）	≥2.0
莫氏硬度（级）	≥3
耐划痕性	无明显划痕
抗釉裂性	表面无裂纹或剥落
柔韧性	面板挠度为1/100时，表面无裂纹
耐干湿循环性	无破坏，无明显变色
釉面粘结强度（MPa）	≥1.5

项目	技术指标
耐水性（MPa）	外观无破坏，釉面粘结强度≥1.2
抗冻融性（MPa）	外观无破坏，釉面粘结强度≥1.2
耐温差性（MPa）	外观无破坏，釉面粘结强度≥1.2
耐人工气候老化性（2000h）	无裂纹、鼓泡、剥落、粉化，变色≤2级
耐盐雾性（2000h）（级）	1

3.2 水性纳米烤瓷涂料

水性纳米烤（陶）瓷涂料是具有绿色环保、无毒健康的新一代涂料，它不产生任何有毒气味、气体和对环境及人体有害的物质。它由纳米氧化物、着色颜料、无机硅固化剂及助剂等组成，是无机硅单体和无机纳米氧化物在原子或分子状态通过缩合反应成为水性无机的纳米结合物。将水性纳米烤（陶）瓷涂料涂覆于铝合金板面，经低温烘烤（180℃）可形成具有超耐候性、抗划伤、防火不燃、自清洁等特点的低温釉，其寿命可达30年以上。目前水性纳米烤（陶）瓷涂料

图8

已用于铝板幕墙和室内装饰用铝单板、铝蜂窝板等金属装饰材料的涂装。表4和表5为报批中的国家建材行业标准《建筑装饰用烤瓷铝板》对采用水性纳米烤（陶）瓷涂料的烤瓷铝板提出的性能要求。图9为采用水性纳米烤瓷铝板的天津地铁轨道6号线。

表4 烤瓷铝板性能

项目		性能要求	
		建筑内用	建筑外用
膜厚		最小局部膜厚≥25μm	
光泽度偏差	光泽度＜30	±5	
	30≤光泽度＜70	±7	
	光泽度≥70	±10	
涂层附着力	干式	划格法1级	
	湿式	划格法1级	
	沸水煮	划格法1级	
铅笔硬度		6H无划伤	≥4H
耐化学腐蚀性	耐酸性	耐盐酸	无变化
	耐硝酸	无起泡等变化，色差ΔE≤5.0	
	耐碱性	无变化	
	耐溶剂性	无露底	
耐磨性		≤0.05g	≥5L/μm
耐冲击性		涂层无脱落和裂纹	—
燃烧性能等级		A（A1）级	—

表5 加速耐候性能要求

项目	试验时间	性能要求
耐盐雾性	4000h	1级
耐人工候加速老化	4000h	色差 $\Delta E \leqslant 3.0$
		光泽保持率≥70%
		其他老化性能不次于0级
耐湿热性	4000h	1级

图9

4 无机防火保温一体化板

无机防火保温一体化板是一种由无机矿物经特殊工艺加工而成的新型防火保温板，它集防火、保温、吸声、隔声、节能、环保等综合性能于一体，广泛地应用于建筑用防火门、各种建筑防火封堵构造和建筑室内节能保温装修等。新型防火保温板主要性能见表6。

表6 新型防火保温板主要性能

项目	性能要求
耐火温度	≥1200℃
耐火时间	≥2.5h
导热系数	≤0.064W/（m·K）
燃烧性能	A1
甲醛释放量	未检出
内照射指数（Ira）	0.351
外照射指数（Ira）	0.384
烟毒气等级	AQ1级
环保等级	E0级
空气隔声量	≥39DB
抗压强度（纵向）（MPa）	2.5
抗拉强度（MPa）	0.72
拉弯强度（MPa）	4.2
螺丝拔出力（N/mm）	23.5
抗冲击性能（次）	10；无裂纹
抗弯破坏荷载（板自重倍数）	27.1

当采用该板材构建建筑幕墙层间防火封堵构造时，其构造形式简单可靠、安装工艺简便易行、施工质量易于控制，且具有极高的防火性能。通过实体火灾实验对该形式的建筑幕墙层间防火系统的防

火性能进行了测试，在火源功率为 1.5MW 和 3MW 的单元式玻璃幕墙实体火灾实验和火源功率为 1.5MW 和 2MW 的构件式玻璃幕墙实体火灾实验中，建筑幕墙层间防火系统能够有效地阻止火焰从燃烧室沿幕墙与外墙之间的空腔以及破损幕墙的外侧向观测楼层蔓延，能够对幕墙框架的关键部位起到保护作用，并且能够有效阻止火灾高温从燃烧室沿幕墙与外墙之间的空腔和破损幕墙的外侧向上层建筑蔓延，避免火场高温破坏上层建筑物结构和引燃上层建筑物内的可燃物。图 10 为安装完毕的梁底和楼面状况，层间封板为无机防火保温一体化板。图 11 为燃烧过程中和燃烧后的结果，其下层幕墙的主梁已完全烧毁，而梁底的封堵板依旧保持原有状态。图 12 为单元式幕墙在火源功率为 3MW 实验的温度曲线，当燃烧室温度约为 1200℃时，观测层（燃烧室上层）仍然处于较低的温度。

图 10

图 11

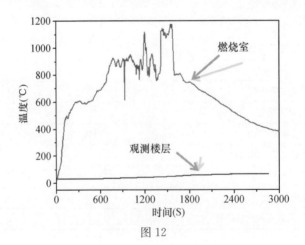

图 12

5　陶瓷太阳能集热板

陶瓷太阳能集热板是一种集幕墙板功能与太阳能收集功能为一体的新型陶瓷板。陶瓷板将吸收的太阳能转变为热能,加热板中流过的水。被初步加热的水进入下一块陶瓷板继续加热,如此通过多块陶瓷板加热到足够温度的水被储存在蓄热水箱中储存起来,作为供暖或供热水使用。

它整体为陶瓷材质,表面采用能吸收太阳能的面层,太阳能吸收比可高达93%,日得热量可达8.6MJ/m²,内部为通水管网,可承受0.1MPa的管内使用压力,管壁为不渗水的釉面层,每块陶瓷板各设一个进出水接口。

该产品的最大特点就是将白天被浪费的太阳能以热水的形式储存起来,可以极大地节约建筑能源消耗,同时陶瓷产品的超长寿命又为这种节能工程提供了长期寿命。陶瓷太阳能集热板典型工程应用见图13。

图13

该产品在必要时还需在水箱中配套适当的辅助加热装置,使用中需要注意的是不能在充水的情况下受冻,否则会造成陶瓷板的爆裂。

6　柔性超薄遮阳隔热材料

柔性超薄遮阳隔热材料(图14)由具有萘环结构聚酯类高分子材料制成的微米级薄膜基材(柔软性和卷曲性)、采用金属氧化物材料制成的纳米级透明导电层(柔性导电、定型、隔热)和绝缘聚氨酯类材料制成的微米级油墨层(色彩定制、隔热)复合而成,薄膜具有极高的机械性能、柔性导电、色彩定制、遮阳隔热功能等多项优异性能。在常温状态下,薄膜的反复卷曲耐久性测试开关可达25万次,相当于30年开关使用寿命;太阳能总透射比可达0.006,比较国内太阳能总透射比一般在0.15～0.8之间的取值,性能指标优于最低值25倍,其隔热节能效果可达双银LOW-E的6倍,普通中空玻璃的20倍。

图14

柔性超薄遮阳隔热材料可制成内置遮阳中空玻璃，也可单独制成遮阳卷帘，广泛适用于住宅和公共建筑等民用建筑。由柔性超薄遮阳隔热材料制成的内置遮阳中空遮阳玻璃与其他传统遮阳产品比较，具有较好的耐久性和可维修性（表7）。

表 7　柔性超薄卷帘与传统遮阳产品对比

项目	普通电动卷帘	电动百叶帘	柔性超薄卷帘
噪声	大	大	静音
太阳光热能透过量	高	中	可控
质量	中	重	极轻
中空间隔尺寸	大	大	小
私密性	一般	一般	优
造型	异形不适合	异形不适合	适合异形
装饰性	良好	一般	美观
寿命	电机的寿命一般是 4000 次左右		>30 年
后期维护	成本高		易维护

7　结语

随着我国经济发展转型的需要，我国建筑业也在不断地发生新的变化，如近年来大力推广发展的装配式建筑，将对我国的建筑设计、施工和材料发展产生巨大的影响，更多的环保、可再生新型建筑材料值得我们更好地去研究、开发和推广。

人造板材及应用

◎ 窦铁波[1]　陈　勇[2]　包　毅[1]　杜继予[1]

1　深圳市新山幕墙技术咨询有限公司　广东深圳　518057
2　深圳市科源建设集团有限公司　广东深圳　518031

摘　要　根据新型建材在建筑幕墙工程应用中存在的设计、加工和安装问题，结合我国《人造板材幕墙工程技术规范》（JGJ 336—2016）和《点挂外墙板装饰工程技术规程》（JGJ 321—2014）的实施及其相关规定，有针对性地对包括材料性能及参数、设计计算、节点构造、加工环节和安装要点等内容及处理方法进行了阐述，特别是对石材蜂窝板、高压热固化木纤维板和陶板在建筑幕墙应用和设计过程中存在的常见问题进行了探讨。

关键词　人造板材；石材蜂窝板；木纤维板；陶板；陶瓷板

1　引言

人造板材在《人造板材幕墙工程技术规范》（JGJ 336—2016）中涵盖了瓷板、陶板、微晶玻璃板、石材蜂窝板、木纤维板和纤维水泥板六种建筑外墙用板。其中瓷板和微晶玻璃板在建筑幕墙工程中用量较少，工程设计比较成熟，故本文将重点探讨石材蜂窝板、木纤维板和陶板在人造板幕墙中的设计及应用，以及新型轻质高强陶瓷板在点挂外墙中的设计及应用。

1　石材蜂窝板

1.1　产品结构及特点

石材蜂窝板是由天然石材薄板与蜂窝板经胶粘剂粘结复合而成的高科技产品。其饰面石材薄板几乎可以是任何品种的石材，如花岗岩、大理石、砂岩和石灰石等。蜂窝板主要包括了采用铝蜂窝作为芯材的铝蜂窝板、钢蜂窝板、玻纤蜂窝板等。石材蜂窝板的结构见图1和图2：

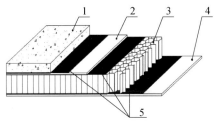

1—石材；

2—蜂窝板面板（铝板、镀铝锌钢板或玻纤板）；

3—铝蜂窝芯；

4—蜂窝板面板（铝板、镀铝锌钢板或玻纤板）；

5—胶粘剂层

图1　石材蜂窝板示意图

图2　石材玻纤蜂窝板

目前，石材蜂窝板基本可分为石材铝蜂窝板、石材钢蜂窝板、石材玻纤蜂窝板等。石材蜂窝板的饰面石材厚度，亚光面和镜面板一般为3～5mm，粗面板一般为5～8mm。蜂窝板的厚度可根据不同的用途和设计要求确定。用作外墙板时，厚度通常在15mm以上。由于饰面石材厚度的减薄，加上蜂窝板结构自身具有质量轻、强度高、刚度好等优点，使得石材蜂窝板既具有石材的表面效果，又具有一般石材不可能具有的性能。它和传统的石材相比，具有下列优点：

（1）质量轻：石材蜂窝板的平均质量约为16kg/m²，几乎比相当厚度的实心石材轻80％。此质量的减轻可以极大地减少建筑物的质量荷载，降低劳动强度，节省建设成本。

（2）强度高：平面抗拉、层间抗剪、弯曲刚度等力学性能指标值高，抗变形、抗冲击，20mm的石材蜂窝板的抗冲击强度约为30mm厚石材的10倍以上。

（3）安全性好：受强力冲击或超荷载的弯曲变形后，石材表面只是局部破裂，不会产生辐射性裂纹，更不会整体破裂、脱落。

（4）加工简便：可使用普通加工工具在现场对需要修整的成型产品进行切割、安装。能制成各种不同类型的造型，线条流畅、美观大方。

（5）经济美观：可以根据建筑需要，选择国内外任意的石材面料，特别是对强度低、品种稀缺的石材进行复合，既能保持天然石材的主要性能指标，提高耐用年限，又可大大提高石材的利用率，节约天然资源。

6. 节能环保：普通实心石材导热系数为1.3～3.5W/（m·K），而石材铝蜂窝板导热系数为0.104～0.130W/（m·K），由此可见，石材铝蜂窝板是一种隔热节能的材料，同时还具有隔声降噪的性能。

1.2 工程应用

石材蜂窝板在我国以及世界各地的建筑外墙上得到应用，作为一种新型的建筑材料，在应用中需对以下问题加以关注。如防止胶粘剂老化对产品耐久性的影响、不同材料间热膨胀系数对板材变形的影响、可靠的安装连接方法、不对称复合板饰面石材的弯曲强度计算以及石材蜂窝板的主要性能要求和质量控制等。

1. 产品耐久性

石材蜂窝板通常采用改性环氧树脂作为胶粘剂，其耐久性是可靠的。我国首座采用石材蜂窝板作为幕墙外装饰材料的超高层建筑陕西电信网管大厦（图3），完工于2001年，经过17年的使用，从现场拆卸的板块依旧保持完整和良好的性能，见表1和图4。

图3　陕西电信网管大厦

表1　从陕西电信网管大厦现场拆卸的板块的性能

检测项目	2001年4月	2017年5月
弯曲强度（MPa）	18.5	63.6
粘结强度（MPa）	1.32	1.34
剪切强度（MPa）	0.83	0.72
预埋螺母抗拉力（KN）	3.9	5.0

注：1. 花岗岩饰面石材厚度5mm，铝蜂窝板厚度20mm，总厚度25mm。

2. 2017年5月的检测数据由于检测方法有误，所以不是实际的弯曲强度值。

胶粘剂作为高分子材料，在自然环境中使用，其老化是不可避免的事实，在使用过程中如何避免或减缓产品性能的衰减，是工程设计中需要考虑的问题。影响胶粘剂性能老化有两方面的主要因素，最大的影响是紫外线的照射，其次是高温湿热的环境。根据石材蜂窝板的使用状况，紫外线照射对石材

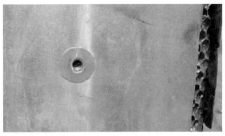

图4　陕西电信网管大厦现场拆卸的板块

蜂窝板的使用耐久性并不会产生影响，因为胶粘剂并不暴露在日光下，产生影响的主要因素是长期高温湿热的环境。所以在产品的使用中，防止外部雨水直接浸泡胶粘剂成为主要的因素。因此，石材蜂窝板幕墙宜采用封闭式系统进行设计。当采用开放式系统时，石材蜂窝板周边应采用封边处理。同时，要根据板面尺寸、不同饰面石材的性能、风荷载及其他作用的大小，控制好板面的变形，确保板面不因弯曲变形过大而导致饰面石材产生细小裂纹，使得雨水渗透到粘结层，从而影响石材蜂窝板的耐久性能。

2. 承载能力的判定和计算

1）为防止石材蜂窝板饰面石材在风荷载和其他作用的作用下产生细小裂纹或断裂而影响石材蜂窝板的耐久性能，在判定和计算石材蜂窝板面板承载力时，应将饰面石材开始产生细小裂缝时的承载值作为石材蜂窝板弯曲破坏的极限承载值，而不是将整板所能承受的最大值作为石材蜂窝板弯曲破坏的极限承载值。尽管饰面石材断裂后石材蜂窝板整体并未产生任何安全问题，且蜂窝板仍然可继续承受更大的荷载直到蜂窝芯产生失稳或整板断裂等。

2）对试验验证采用简支梁支承的石材蜂窝板，饰面石材的弯曲应力可采用以下公式计算：

$$\sigma = \frac{plEy_0}{4D} \tag{1}$$

式中　σ——弯曲应力（MPa）；

p——最大荷载（N）；

l——支点间距（mm）；

E——石材弹性模量（MPa）；

y_0——中性轴到石材面板的距离（mm）；

D——石材蜂窝板弯曲刚度（N·mm²）。

采用公式（1）进行计算时，石材蜂窝板弯曲刚度（D）可根据《夹层结构弯曲性能试验方法》（GB/T 1456—2005）中9.4条所规定的方法经试验取得，也可通过公式（2）计算取得。

$$D = \frac{E_1 t_1^3}{12} + E_1 t_1 \left[t_3 + t_2 + \frac{t_1}{2} + h_c - y_0 \right]^2 + \frac{E_2 t_2^3}{12} + E_2 t_2 \left[t_3 + h_c + \frac{t_2}{2} - y_0 \right]^2$$
$$+ \frac{E_3 t_3^3}{12} + E_3 t_3 \left[\frac{t_3}{2} - y_0 \right]^2 \tag{2}$$

公式中石材蜂窝板层间各代号含义见图5。

根据产品的弯曲刚度（D）检测结果与计算结果的比对表明（表2），石材蜂窝板的弯曲刚度（D）检测值通常小于计算值。这是由于公式（2）基于石材蜂窝板弯曲变形时横截面保持平面，复合层之间不产生相对移动的假设，在计算过程中忽略了层间剪切应力的影响。所以将公式（2）计算出的弯曲刚度值代入公式（1）计算出的饰面石材弯曲应力有可能要小于实际弯曲应力。从使用安全的角度出发，同时考虑到不同材料的组合，以及不同生产工艺和过程对产品质量的影响，在工程设计和应用中宜采用实测的弯曲刚度（D）对饰面石材的弯曲应力进行验算。由于石材蜂窝板弯曲刚度实测值受到较多因素的影响，其检测结果离散型较大，为了提高石材蜂窝板的安全度和耐久性，在进行面板承载力设计计算时，也可忽略饰面石材的作用，直接采用铝蜂窝板的弯曲刚度进行计算。

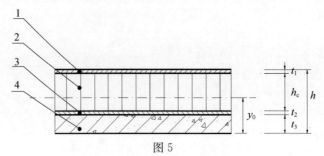

图 5

1—背板外面板，厚度为 t_1，弹性模量 E_1；

2—铝蜂窝芯，厚度为 h_c，弹性模量 E_C；

3—与石材面板粘接的背板内面板，厚度为 t_2，弹性模量 E_2；

4—饰面石材，厚度为 t_3，弹性模量 E_3。

表 2 产品的弯曲刚度检测结果与计算结果对比

石材蜂窝板规格	检测值（N·mm）	计算值（N·mm）
5mm 花岗岩，15mm 铝蜂窝板，蜂窝芯（0.5＋6×0.05×13＋0.5）	$1.4541×10^7$	$1.8473×10^7$
5mm 花岗岩，15mm 钢蜂窝板，蜂窝芯（0.35＋6×0.05×14.3＋0.35）	$2.0000×10^7$	$3.2010×10^7$
5mm 花岗岩，15mm 玻钎蜂窝板，蜂窝芯（0.5＋6×0.05×13＋0.5）	$1.7201×10^6$	$5.9780×10^6$

3）在风荷载或垂直于板面方向地震作用下，四点支承石材蜂窝板石材面板的抗弯设计应符合下列规定：

（1）确定石材面板的最大弯曲应力时，应对正、负风荷载作用下产生的弯曲应力分别进行计算；

（2）四点支承的矩形石材蜂窝板石材面板最大弯曲应力标准值可采用下列公式计算：

$$\sigma_{wk}=\frac{mw_kb_0^2}{w_e} \tag{3}$$

$$\sigma_{Ek}=\frac{mq_{Ek}b_0^2}{w_e} \tag{4}$$

$$w_e=\frac{D_e}{El} \tag{5}$$

式中 σ_{wk}、σ_{Ek}——分别为垂直于面板的风荷载和地震作用下产生的最大弯曲应力标准值（N/mm²）；

w_k、q_{Ek}——分别为垂直于面板方向的风荷载和地震作用标准值（N/mm²）；

a_0、b_0——四点支承面板支承点（预置螺母中心线）之间的距离（mm），$a_0≤b_0$；

m——四点支承面板在均布荷载作用下的最大弯矩系数，可根据支承点间的距离比 a_0/b_0 和材料的泊松比 ν，按《人造板材幕墙工程技术规范》（JGJ 336—2016）表 6.2.1 查取。

w_e——石材蜂窝板的等效截面模量（mm²）；

D_e——石材蜂窝板的等效弯曲刚度（N·mm），由整板的弯曲性能试验所得，也可按《人造板材幕墙工程技术规范》（JGJ 336—2016）附录 A 的计算方法确定；

E——石材面板的弹性模量（N/mm²）；

l——石材蜂窝板中性轴距石材面板表面的距离（mm），计算方法见《人造板材幕墙工程技术规范》（JGJ 336—2016）附录 A。

（3）石材面板中由各种荷载和作用产生的最大弯曲应力标准值应按《人造板材幕墙工程技术规范》（JGJ 336—2016）第 5.4.1 条的规定进行组合，所得的最大弯曲应力设计值不应超过石材面板的抗弯强度设计值 f。

4）石材蜂窝板在垂直于面板的风荷载标准值作用下的挠度应符合下列规定：

（1）四点支承的矩形石材蜂窝板的挠度可按下列公式计算：

$$d_{\mathrm{f}}=\frac{\mu w_{\mathrm{k}}b_0^4}{D_{\mathrm{e}}}\qquad(6)$$

式中　d_{f}——在风荷载标准值作用下的最大挠度值（mm）；

　　　μ——挠度系数，可按《人造板材幕墙工程技术规范》（JGJ 336—2016）表 6.5.4-1 选用；

（2）在风荷载标准值作用下，石材蜂窝板的挠度限值 $d_{\mathrm{f,lim}}$（mm）不宜大于表 3 的规定。

表 3　石材蜂窝板的挠度限值

背部衬板类别	铝蜂窝板	钢蜂窝板	玻纤蜂窝板
相对挠度值 $d_{\mathrm{f,lim}}$	$L/120$	$L/180$	—

注：L 为板的长边长度。

（3）安装连接

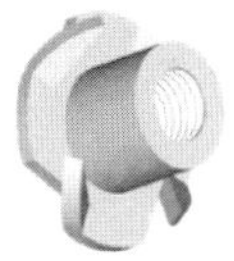

石材蜂窝板通常采用背面四点支承的安装连接方法。安装连接件为特制的异形螺母（图 6），并通过胶粘剂固化于石材蜂窝板中。通过国家建材检测中心对单个异形螺母的抗拉极限承载能力的检测，当铝蜂窝芯厚度为 14mm，两边铝合金板厚度为 0.5mm 时，其最大抗拉拔力为 4.263kN，最小抗拉拔力为 3.400kN，平均抗拉拔力为 3.706kN；当铝蜂窝芯厚度为 19mm，两边铝合金板厚度为 0.5mm 时，其平均抗拉拔力为 6.250kN。

图 6

由于安装连接件的承载能力是石材蜂窝板安全应用的关键之一，所以安装连接件的加工和固定均应在工厂中按照一定的工艺要求和质量控制程序来完成，不得在现场临时埋设，出厂前还应经过产品出厂检验方可使用。在工程设计时，还应对采用产品进行抗拉承载能力的检测，并以此作为工程设计验算的依据。

（4）板面变形控制

随着建筑装饰发展的需要，石材蜂窝板的应用越来越趋向于大板块发展，板块面积为 2.5m² 以上的大板在工程中已常有应用。但石材蜂窝板是由多种材料经胶粘剂粘结而成，它们之间的材料线膨胀系数（α）（表 4）互有差异，在环境温度变化较大的情况下，特别是在极端寒冷气候环境条件下，板块可能由于各种材料的不同变形量而导致石材面板产生整板凹凸的变形现象，影响到建筑的美观。同时也会在石材面板与蜂窝板的粘结层间形成附加的剪切应力，影响石材蜂窝板的正常使用。为防止上述现象的产生，在工程设计和使用中应控制板块单边长度和最大面积。通常板块单边长度不宜大于 2.0m，最大面积不宜大于 2.0m²。

表 4　石材蜂窝板中材料线膨胀系数

材料	α（1/℃）
钢材	1.20×10^{-5}
铝合金型材	2.35×10^{-5}
玻璃纤维板	0.846×10^{-5}
花岗石板	0.80×10^{-5}
胶粘剂	$(6.0\sim10.0)\times10^{-5}$

玻璃纤维板与石材板块的热膨胀系数非常接近，同时具有很好的力学性能，其模压板的弯曲强度可达 740MPa 以上。因此，采用玻璃纤维蜂窝板与石材复合而成的石材蜂窝板可有效地防止板块的变形问题，并已在国外建筑上得到推广应用，如图 7 为美国纽约曼哈顿金融中心区的巴克利大厦。同时它将有可能成为今后石材铝蜂窝板的一个发展方向。但由于玻纤蜂窝板相对铝蜂窝板和钢蜂窝板的脆性较大，弯曲刚度较小，受载时产生的变形较大，所以在确定其面板尺寸的大小时应更加慎重。

（5）应用和设计

石材蜂窝板在幕墙工程的应用和设计中，应根据石材蜂窝板的特点，合理、正确地确定石材蜂窝板的使用范围和饰面石材厚度与铝蜂窝板厚度的搭配关系。

图 7

① 由于石材蜂窝板石材使用量少，同时通过复合铝蜂窝板，可以大大提高石材的抗弯能力，对于造价昂贵的石材，或弯曲强度低的石材，如砂岩、石灰石等，可考虑采用石材蜂窝板来降低工程造价和扩大低性能石材的使用范围。

② 比较天然石材板材，石材蜂窝板更具有安全性和质量轻的优势，在建筑的吊顶和倾斜部位，或大面积采用石材幕墙的建筑，可考虑采用石材蜂窝板来提高建筑的使用安全和降低建筑的整体质量。

③ 在设计饰面石材厚度与铝蜂窝板厚度和选用石材蜂窝板板厚时，应着重考虑石材的各项性能指标，包括弯曲强度、密度、吸水率和抗冻等。通常光面（如镜面）饰面石材的厚度不宜大于 5mm，粗面（如火烧面）饰面石材的厚度不宜大于 8mm。对于材质较好的石材，吊顶用时可将石材厚度降低到 3mm。铝蜂窝板在整体复合板中起到承载和连接支承的作用，所以在石材铝蜂窝板厚度的设计计算时，要严格考虑铝蜂窝板两侧边铝板厚度和铝蜂窝芯的芯格及壁厚尺寸对石材蜂窝板整体力学性能的影响。从安全的角度出发，设计计算石材蜂窝板幕墙的面板时，可忽略饰面石材的抗力作用。

④ 石材蜂窝板饰面石材表面应进行防护处理，以提高石材的耐酸、耐碱能力，同时降低石材吸水率。

2　木纤维板

2.1　产品性能及特点

建筑幕墙用木纤维板（HPL，高压热固化木纤维板）是由 30％～40％树脂（或阻燃型树脂）与 60％～70％木质纤维（或牛皮纸）经充分浸渍混合组成，板材单面或双面复合有特定颜色或设计纹路的装饰性面层，面层上面有一层透明涂层，透明涂层经电子束固化技术处理以加强产品长期耐候性能或耐光腐蚀性能，上述成分在高温（≥ 150°C／≥ 302°F）和高压（＞ 7MPa）环境下经压制后生成了一种高密度无孔匀质板材。其表面是已经与基材整体化的装饰面层，板材厚度在 6mm 或以上，采用阻燃型树脂的板材具有一定的耐火性能。

建筑幕墙用高压热固化木纤维板具有良好的理化和力学性能，表 5 为板材的理化力学性能要求，抗湾强度高、冲击抗力高、耐热冲击、耐老化和耐腐蚀是板材的显著特点。

表 5　板材的理化力学性能

项目	单位	要求
密度	kg/m³	≥1300
吸水率	％	≤1.0
弹性模量	MPa	≥9000
弯曲强度	MPa	≥80
湿循环性能	MPa	弯曲强度≥80
	％	吸水厚度膨胀率≤0.5
	—	表面无裂纹、无鼓包、无龟裂，颜色及光泽无变化

续表

项目		单位	要求
表面耐划痕性能		—	≥1.0 N，表面无整圈划痕
尺寸稳定性		mm/m	≤5
表面耐污染腐蚀性能		—	表面无污染、无腐蚀
抗冲击性能	表面状况	—	表面无裂纹、无龟裂
	压痕直径	mm	单个值≤6
人工气候老化性能（氙弧灯）[a]			暴露表面无裂纹、无鼓包、无龟裂，色泽、光泽均匀；与存放样品对比，颜色无明显变化
抗气候激变性能[b]	表面质量	—	试件表面无裂纹、无鼓包和分层
	弯曲强度	MPa	经试验后试件的弯曲强度应不小于存放样品的95%，且应不小于76MPa

注：a. 适合年累计辐照能不超过6000MJ/m²的地区；

　　b. 抗气候激变性能仅适用于建筑气候严寒地区和寒冷地区。

板材备有多种装饰色彩、不同的纹理和不同材质的观感，如木材、陶瓷和金属等，见图8。

图8

面板加工方便，可自由切割到所需的尺寸和造型，以适合使用的要求，见图9。

图9

2.2　工程应用

1. 面板支承连接形式

高压热固化木纤维板幕墙的面板支承连接形式分为两种：一是穿透支承连接，二是背支承连接。由于高压热固化木纤维板的线膨胀系数较大，数值为 2.20×10^5（1/℃），在应用中通常板面面积较大，支承连接点较多，一般超过四个连接点，所以在面板设计的时候，除了要考虑面板的承载能力，还要考虑适合面板变形的连接设计。

1）穿透支承连接

（1）连接件

穿透支承连接（图10）的木纤维板和纤维水泥板面板应采用不锈钢螺钉、螺栓、不锈钢开口型平圆头抽芯铆钉或钉芯材为不锈钢的开口型平圆头抽芯铆钉固定。螺栓、螺钉和抽芯铆钉的直径不应小于5mm。

（2）连接件的位置布置

① 支承连接点应分为紧固点和滑动点，紧固点和滑动点的设置应满足板材变形的要求，见图11；

② 木纤维板幕墙面板的连接点到板边的距离（c）不宜小于20mm，也不宜超过80mm或10倍板厚；

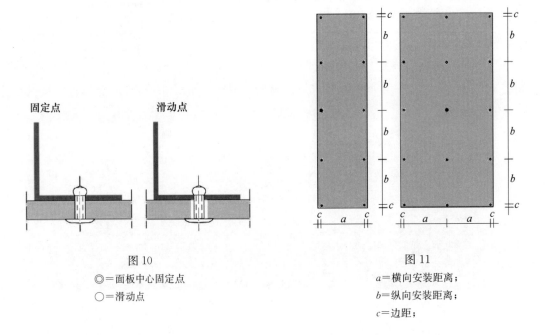

图10

◎＝面板中心固定点

○＝滑动点

图11

a＝横向安装距离；

b＝纵向安装距离；

c＝边距；

③ 连接点间的最大间距应符合表6的规定。

表6　连接点间的最大间距要求

板厚度（mm）	6	8	10	13
同方向有2个连接点	450	600	750	950
同方向有3个及以上连接点	550	750	900	1200

注：1. 当用于挑檐底面时，该最大安装距离须再乘以0.75；

　　2. 表内列出的最大允许安装距离已经考虑了600N/m² 的最大风荷载并满足规范规定的挠度变形。当风荷载大于该值时须按照相关规范进行力学计算。

（3）面板安装

高压热固化木纤维板面板安装时，应满足以下要求：

① 每块面板必须在面板中心位置有一个固定点，其他所有安装点均应为滑动点；

② 连接件与面板连接孔间应留有间隙，当连接件直径为5mm时，面板中的固定点孔径为5.1mm，滑动点孔径为10mm；

③ 连接件的头部与面板接触位置的周边搭接尺寸不小于3mm，该部位的剪切应力和挤压应力应小

于面板的抗剪和抗压强度设计值。当连接件直径为5mm时，其头部直径不应小于16mm；

④ 应采用专用辅助工具使连接件头部与面板的接触位置离开面板表面0.3mm，各连接件必须始终处于面板孔洞中心。

2）背支承连接

（1）面板厚度

背面支承连接（图12）的木纤维板的板厚不应小于8mm。

（2）连接件

背面支承连接的木纤维板宜采用螺钉支承连接，也可采用背栓支承连接。连接螺钉的末端型式应符合现行国家标准《紧固件 外螺纹零件末端》（GB/T 2—2016）中末端为"刮削端（SC）"的规定，钢的组别和性能等级应符合现行国家标准《紧固件机械性能 不锈钢螺栓、螺钉和螺柱》（GB/T 3098.6—2014）中A4-70的规定。背栓应符《人造板材幕墙工程技术规范》JGJ 336—2016第3.5.6条的有关规定。

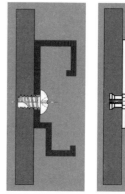

图12

3）连接件的位置布置

① 支承连接点应分为紧固点、滑动点和调节点，紧固点和调节点应置于板的最上端，安装滑动点的下方支架，其高度方向的安装位置应按照2.5mm/m的变形量进行设置，确保板材向下移动时有足够的高度，见图13；

② 支承连接点到板边的距离不宜小于80mm，也不宜超过10倍板厚；

③ 支承连接点之间的最大间距应符合《人造板材幕墙工程技术规范》JGJ 336—2016表6.6.2的规定。

（4）面板安装

① 每块板应有两个可调节点。为保持板块的位置，在调节完板的位置后应在固定点位置使用自攻螺丝（或类似的其他方法）将连接挂钩固定在水平龙骨上；

② 每个连接挂钩应使用不少于两个不锈钢背栓或螺丝固定在面板背面；

③ 面板背面的预制螺钉孔或背栓孔的形状和深度应根据锚固件规格及设计要求确定，钻孔深度宜比板厚小2.5mm，其最大有效锚固长度为板材总厚度减去3mm。

2. 幕墙基本构造

（1）穿透支承式高压热固化木纤维板幕墙，见图14。

（2）背支承式高压热固化木纤维板幕墙，见图15。

（3）面板板缝形式见图16。

3. 面板连接及支承设计计算

1）面板抗弯计算

在风荷载或垂直于板面方向地震作用下，木纤维板的抗弯设计应符合下列规定：

（1）木纤维板面板的最大弯曲应力标准值，宜采用有限元方法分析计算。四点对称布置的矩形面板，也可按下列公式计算：

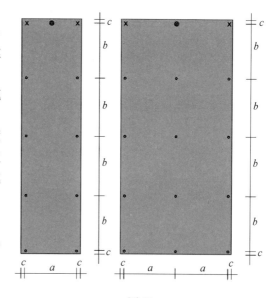

图13

a—横向安装距离；

b—纵向安装距离；

c—边距；

×—调节点；

◎—面板中心固定点；

○—滑动点

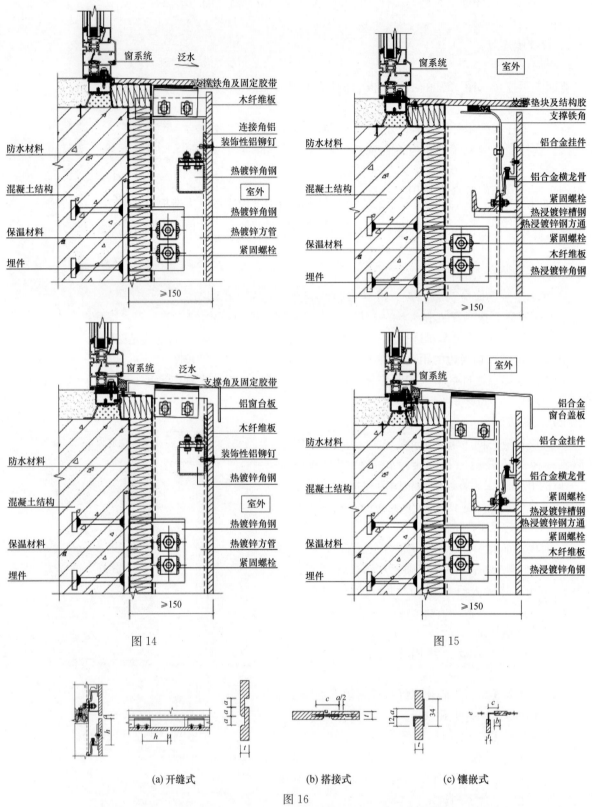

图 14　　　　　　　　　　　　　　　　图 15

(a) 开缝式　　　　　　(b) 搭接式　　　　　　(c) 镶嵌式

图 16

尺寸标注说明：$a \geqslant 10$mm；$b \geqslant 15$mm；$c \geqslant 30$mm；d 铝合金 $\geqslant 2.2$mm/木纤维板 $\geqslant 3.2$mm；e 铝合金 $\geqslant 2$mm/木纤维板 $\geqslant 3$mm；h 最小为 80mm，最大为 10 倍板厚；t 板厚，8mm/10mm/13mm。

$$\sigma_{wk}=\frac{6mw_kb_0^2}{t_e^2}\eta \tag{7}$$

$$\sigma_{Ek}=\frac{6mq_{Ek}b_0^2}{t_e^2}\eta \tag{8}$$

$$\vartheta=\frac{w_kb_0^4}{Et_e^4}或\vartheta=\frac{(w_k+0.5q_{Ek})\,b_0^4}{Et_e^4} \tag{9}$$

式中 t_e——面板的计算厚度（mm）。按《人造板材幕墙工程技术规范》（JGJ 336—2016）中第 6.1.7 条规定确定（按板材的公称厚度采用）；

　　　ϑ——参数；

　　　η——折减系数，木纤维板可由参数 ϑ 按《人造板材幕墙工程技术规范》JG336—2016 中表 6.6.3 采用。

　　2）面板中由各种荷载和作用产生的最大弯曲应力标准值应按《人造板材幕墙工程技术规范》（JGJ 336—2016）中第 5.4.1 条的规定进行组合。组合后的弯曲应力设计值不应超过面板材料的抗弯强度设计值 f。

　　2）面板挠度计算

在垂直于面板的风荷载标准值作用下，木纤维板和纤维水泥板面板的挠度应符合下列规定：

（1）木纤维板面板产生的挠度，宜采用有限元方法分析计算。四点对称布置穿透支承连接的矩形面板，也可按下列公式计算；

$$d_f=\frac{\mu w_k b^4}{D}\eta \tag{10}$$

$$D=\frac{Et_e^3}{12\,(1-\nu^2)} \tag{11}$$

式中 b——支承点间面板的长边边长（mm）；

　　　μ——挠度系数，可由支承点间面板短边与长边边长之比 a_0/b_0 查表：木纤维板按《人造板材幕墙工程技术规范》（JGJ 336—2016）表 6.6.4 采用；

　　　ν——泊松比，可按《人造板材幕墙工程技术规范》（JGJ 336—2016）中第 5.2.11 条采用（0.30）；

　　　D——面板的刚度。

（2）在风荷载标准值作用下，四点支承木纤维板的挠度限值 $d_{f,lim}$ 宜按其支承点间长边边长的 1/60 采用。

　　3）连接点抗拉设计

木纤维板连接的抗拉设计应符合下列规定：

（1）在垂直于面板平面的风荷载或地震作用下，单个连接点的拉力标准值宜采用有限元方法分析计算。按周边对称布置的矩形面板，也可按下列公式计算：

$$N_{wk}=\frac{w_kab\beta}{n} \tag{12}$$

$$N_{Ek}=\frac{q_{Ek}ab\beta}{n} \tag{13}$$

式中 N_{wk}——垂直于面板的风荷载作用下单个连接点的拉力标准值（N）；

　　　N_{Ek}——垂直于面板的地震作用下单个连接点的拉力标准值（N）；

　　　n——连接点数量；

　　a、b——分别为矩形面板短边和长边的边长；

　　　β——应力调整系数，可按《人造板材幕墙工程技术规范》（JGJ 336—2016）中表 6.6.5 采用。

（2）连接的拉力标准值应按《人造板幕墙工程技术规范》JG336—2016中5.4.1条规定进行组合，组合的拉力设计值不应大于连接的受拉承载力设计值。

（3）接点的受拉承载力应经试验确定，并符合下式要求：

$$N \leqslant \frac{P}{g_R} \tag{14}$$

式中　N——按《人造板材幕墙工程技术规范》（JGJ 336—2016）中第6.6.5条规定计算得到的单个连接点的拉力设计值（N）；

　　　P——实测所得单个连接点的受拉破坏力最小值（N）；

　　　g_R——穿透连接受拉承载力分项系数，可取2.15。

（4）适用范围

1. 阻燃型高压热固化木纤维板在外墙应用中的适用高度不大于50m。

3　陶板

3.1　产品性能及特点

陶板是属于陶瓷产品中的一种产品，大规模地在我国建筑幕墙上应用，特别是近十多年间在超高层建筑外墙上得到广泛应用。目前国内应用陶板最高的建筑为广州东塔，其高度达到530m，且为竖向装饰线条，见图17。陶板的主要分类可依据陶板的吸水率和横截面构造加以区分，不同的吸水率和横截面构造的陶板具有不同的物理和力学性能，极大地影响了不同种类陶板的设计与应用。表7为陶板的各项性能指标值。

图17

表7　陶板的各项性能指标

项目		技术指标		
		A I 类	A II a 类	A II b 类
吸水率（E）平均值（%）		$E \leqslant 3$	$3 < E \leqslant 6$	$6 < E \leqslant 10$
弯曲强度（MPa）	平均值	$\geqslant 23$	$\geqslant 13$	$\geqslant 9$
	最小值	$\geqslant 18$	$\geqslant 11$	$\geqslant 8$
弹性模量（GPa）		$\geqslant 20$		
泊松比		$\geqslant 0.13$		
抗冻性		无破坏		
抗热震性		无破坏		
耐污染性		无明显污染痕迹		
抗釉裂性[a]		无龟裂		
线性热膨胀系数（℃$^{-1}$）		$\leqslant 7 \times 10^{-6}$		
湿膨胀系数（%）		$\leqslant 0.06$		
耐化学腐蚀性		无明显变化		

注：a. 只适用于釉面陶板。

从表中我们可以看到，不同吸水率的陶板，其弯曲强度是不一样的，其表现密度也不一样，其重力密度通常在20.0～24.0kN/m³之间，而且表中数值仅为横截面构造为实心的陶板。表8为除石材蜂窝板外的人造板材的强度设计值，从中可以看到，陶板在抗弯承载方面能力是较差的一种材料。

表 8　人造板材的强度设计值（除石材蜂窝板外）

材料种类	抗弯强度设计值 f			抗剪强度设计值 f_v		
瓷板	15.0			7.5		
陶板	A I 类	A II a 类	A II b 类	A I 类	A II a 类	A II b 类
	10.0	6.2	4.5	2.0	1.2	0.9
微晶玻璃	16.0			3.2		
木纤维板	56.0			—		
纤维水泥板	11.5			2.3		

3.2　工程应用

1. 陶板幕墙面板连接构造

陶板幕墙的面板连接，常规的可分为短挂件连接和通长挂件连接。短挂件连接在空心板的应用较多，常用的安装方式可分为挂钩挂装［图 18（a）、图 18（b）］、上插接下挂钩挂装［图 18（c）］和侧边挂装［图 18（d）］三种基本方法。

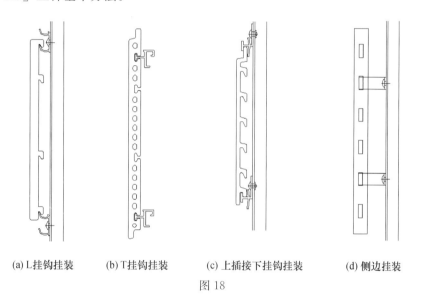

(a) L挂钩挂装　　(b) T挂钩挂装　　(c) 上插接下挂钩挂装　　(d) 侧边挂装

图 18

2. 陶板面板挂装构造

（1）陶板挂钩的入槽深度和在板中的位置，是陶板面板挂装构造的主要参数，关联到陶板幕墙的安全性。挂件插入陶板槽口的搭接深度不宜小于 6mm，考虑到不同的挂装方式，槽中尚需留有一定的安装间隙，以及防止板块跳动和便于安装的因素，入槽深度通常大于这一最低要求。短挂件在板块中的位置，通常置于短挂件中心线与面板边缘为板长的 1/5 距离处，且不宜小于 50mm。

（2）当挂件为 L 形且其固定挂装点在陶板的上部挂钩处时［图 18（a）］，陶板安装固定后处于悬挂的工作状态，在板块沿水平方向意外断裂时，上部板块处于悬挂的整体，不易产生下坠的危险。当挂件为上插接下挂装时［图 18（c）］，且陶板意外断裂时，由于上部陶板在下方失去了支承，极容易产生陶板下坠的危险，所以在设计时要采用防断裂下坠的措施，在上部挂件处通常采用胶粘接法将挂件与陶板固定粘结，或其他确实可行的防坠落措施，如在板槽中嵌入金属构件等。

（3）陶板属于硬质的脆性材料，在频遇风荷载、地震、温度变化以及主体结构变形等作用的影响下，陶板面板会产生前后颤动、左右滑移和上下跳动，不仅影响外观，还存在噪声，并容易导致板块在挂装处产生破碎、脱落等不安全因素。在挂件与面板之间的空隙采用胶粘剂和弹性垫片进行充填，可有效地防止挂件与面板刚性接触，同时避免挂件与面板在频遇风荷载作用下产生碰撞导致陶板破裂的危险。还可有效限制板块的移位，特别是当板块发生意外断裂时，可将板块固定在原有的安装位置。

（4）非侧边挂装的陶板，应在陶板的两端采用弹性定位片，防止陶板侧向移动。

3. 陶板面板抗弯承载能力

（1）对于实心陶板，在风荷载或垂直于板面方向地震力作用下，面板的最大弯曲应力标准值可采用有限元方法分析计算，两对边对称连接的四点支承矩形面板，可按《人造板幕墙工程技术规范》（JGJ 336—2016）公式（6.2.1-1）和（6.2.1-2）计算，所得的最大弯曲应力标准值经折算后的最大弯曲应力设计值不应超过表 8 的面板材料抗弯强度设计值 f。

（2）空心陶板的截面形状相当复杂，不可直接采用《人造板材幕墙工程技术规范》（JGJ 336—2016）公式（6.2.1-1）和（6.2.1-2）实心陶板的计算方法计算面板的最大弯曲应力值，因为公式中所指的面板厚度为实心板的有效厚度截面部分，这为很多陶板幕墙设计者所误解。对于空心陶板在风荷载或垂直于板面方向地震作用下，面板的最大弯曲应力标准值，宜采用有限元方法分析计算。最直接的方法可通过均布静态荷载弯曲试验确定其受弯承载能力，并符合下式要求：

$$q \leqslant \frac{Q}{\gamma_r} \tag{15}$$

式中　Q——空心陶板均布静态荷载弯曲试验的最小破坏荷载（N/mm²）；

　　　q——垂直于空心陶板板面方向的风荷载标准值和地震作用标准值按照《人造板材幕墙工程技术规范》（JGJ 336—2016）5.4.1 条规定进行组合后所得面板承受的荷载设计值（N/mm²）；

　　　γ_r——陶板的材料性能分项系数，可取 1.8。

均布静态荷载弯曲试验可参照现行国家标准《天然饰面石材试验方法 第 8 部分：用均匀静态压差检测石材挂装系统结构强度试验方法》（GB/T 9966.8—2008）的规定进行面板弯曲试验，确定陶板的受弯承载能力。

4　轻质高强陶瓷板

4.1　产品性能及特点

陶瓷产品作为一种传统的建筑装饰材料，早已广泛地应用于我国民用建筑室内外装饰。早期的陶瓷产品，由于施工技术和产品自身质量的限制，在建筑上多采用湿贴工艺进行室内外装饰施工。但室外湿贴施工方式的陶瓷产品在风雨侵蚀、温度、地震等作用的影响下，易产生泛碱、松动和脱落现象，表面污损严重，严重情况下可造成大量的财物损失和人员伤亡，因而其安装高度和使用的范围极其有限，通常用于建筑的裙楼较多，大部分为室内装饰用。

随着干挂施工技术的出现、陶瓷生产工艺的提高，以瓷板为代表的陶瓷产品在我国建筑幕墙上逐步得以应用。瓷板产品具有较高的抗弯（抗折）性能，平均弯曲强度（R）$\geqslant 30.0$ N/mm²，最小值 $R_{min} \geqslant 27.0$ N/mm²，远大于一般花岗岩板材约 8N/mm² 的弯曲强度；吸水率低，平均值 $\varepsilon \leqslant 0.5\%$，远小于花岗岩板材的吸水率；同时瓷板表面的色彩、图案和质感可人为控制，特别是在仿石效果方面，更为显著。由于具有上述特点，瓷板产品替代石材在建筑幕墙上的应用引起了广泛的关注，为此住建部专门编制了《建筑幕墙用瓷板》（JG/T 217—2007）来规范幕墙用瓷板产品的生产和质量控制，在2016 年 12 月 1 号实施的《人造板材幕墙工程技术规范》（JGJ 336—2016）也将瓷板幕墙的设计纳入了其中，以加强和规范瓷板材料在建筑幕墙中的应用，并严格规定瓷板幕墙用瓷板板厚实际厚度不得小于 12mm。

由于受瓷板加工工艺和配方的限制，现有瓷板产品的厚度难以做到很厚，大多在 12～15mm 之间，板面尺寸幅度较小，瓷板产品玻化程度较高，脆性较大。由于板厚较薄，在板材的挂装位置，加工后的挂装板厚有的不到4mm，在使用过程中容易产生断裂，造成板块脱落下坠的危险，从而限制了瓷板在建筑幕墙的广泛应用。

与现有建筑幕墙用瓷板相比，轻质高强陶瓷板具有较多的优点，具有更广的应用范围，也更安全。表9为轻质高强陶瓷板与相关幕墙用板的主要性能指标的比较。从表9中可以分析并得到以下结论：

（1）轻质高强陶瓷板的弯曲强度介于天然石材和瓷板之间，从力学性能的角度分析，完全可取代天然石材，特别是砂岩和洞石之类的天然石材，同时材料力学性能离散性小，更适合安全应用。

表9 各幕墙用板的主要性能

项目	花岗岩	幕墙瓷板	轻质高强陶瓷板（外墙用）
厚度（mm）	≥25	12～15	22～25
吸水率（%）	>1	≤0.5	0.3～1.0
弯曲强度（MPa）	≥8.0	≥30（平均值） ≥27（最小值）	≥28（最小值）
表观密度	2.5～2.8g/cm³	≈2.45g/cm³	1.65～1.95g/cm³
连接方式	开槽，背栓	开槽，背栓	开槽，背栓

（2）比较瓷板，弯曲强度基本相同，但其脆性较低，同时由于采用的板厚较厚，耐撞击性和抗震性能更好，使用更趋于安全。图19为采用轻质高强陶瓷板、楼高为100m的四川眉山心脑血管病医院。该项目陶瓷板幕墙经过国家建筑工程质量监督检验中心抗震试验台的检测，当振动台台面输入人工波加速度半峰值达到0.62g时，幕墙系统未出现任何损坏。

图19

4.2 工程应用

（1）建筑幕墙系统

轻质高强陶瓷板在建筑幕墙中的应用可按照《金属与石材幕墙工程技术规范（附条文说明）》（JGJ 133—2001）进行工程设计和计算。由于轻质高强陶瓷板具有多种表面装饰效果，如仿石材、仿陶板等，故采用轻质高强陶瓷板设计的建筑幕墙完全可以达到瓷板幕墙、石材幕墙和陶板幕墙的效果和性能。

（2）点挂外墙板装饰系统

轻质高强陶瓷板由于具有质轻、高强和厚板的特点，很适用于面板通过挂件直接与建筑外墙结构点式连接的外墙装饰系统［《点挂外墙板装饰工程技术规程》（JGJ 321—2014）］。点挂外墙板装饰系统是一种有别于建筑幕墙系统的外墙装饰形式（图20），它省却了石材幕墙的金属支承连接构件，在确保工程安全和质量的条件下，可较大幅度地降低工程造价。由于点挂外墙板装饰系统将外墙板直接固定于外墙上，所以点挂外墙板装饰系统面板位置可调性较差，墙面平整度调整较难。与幕墙系统的面板比较，点挂外墙板装饰系统面板可能存在较大的由于安装调整不到位所产生的应力。因此点挂外墙板装饰系统对其面板的强度、厚度和脆性有更高的要求，这正是轻质高强陶瓷板适合于点挂外墙板装饰系统的最主要原因。同时，在采用点挂外墙板装饰系统时，应严格控制用于面板安装的外墙面基体的结构形式，通常应为钢筋混凝土剪力墙、钢筋混凝土梁柱，或经加强处理的实心砖砌体构造。

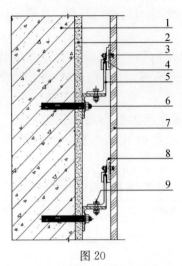

图 20

1—基体；2—找平层；3—背栓；4—高度调节螺钉；5—连接件；

6—锚栓；7—面板；8—挂件；9—连接螺栓

5 结语

本文所述的几种人造板材是近十几年来在我国开始应用的新型板材，其产品性能和要求在《人造板材幕墙工程技术规范》（JGJ 336—2016）的编制过程中，通过材料性能的试验验证不断地进行补充，为《人造板材幕墙工程技术规范》（JGJ 336—2016）的编制提供了科学的依据。《人造板材幕墙工程技术规范》（JGJ 336—2016）作为我国第一部人造板材幕墙的工程技术规范，在编制过程中也还有很多问题需要通过工程的实践去验证和解决，如适用高度 100m 的问题等，为下一步的规范修编积累更多的可靠的技术依据。

新规范下的防火玻璃应用

◎ 郦江东　徐松辉　杨永华

中山市中佳新材料有限公司　广东中山　528437

摘　要　本文简述了（GB 50016—2014）建筑防火规范出台背景，详细阐述了新规范对防火玻璃墙耐火完整性的要求，指出在新规范下防火玻璃的耐火完整性不低于 1.00h，简述了防火玻璃的定义，并对其进行了分类，重点阐述了干法复合防火玻璃及湿法防火玻璃的性能特点，并根据各自特点，提出新规范下的防火玻璃应用前景。

关键词　建筑防火规范；玻璃防火墙；耐火完整性；新型隔热复合防火玻璃

1　引言

随着经济高速发展，生活水平的不断提高，人们日益意识到建筑安全、环保的重要性，
建筑规范也越来越完善。绿色、环保、安全成为新的建筑标签。人们迫切需要对建筑规范进行修订。

2　GB 50016—2014 建筑防火规范简述

新版国家标准《建筑设计防火规范》（GB 50016—2014）（以下简称《建规》）是由原《建规》（GB 50016—2006）和《高层民用建筑设计防火规范》（GB 50045—97）（2005 年版）（以下简称《高规》）整合修订而成。原《建规》、《高规》自颁布实施以来，对于保障建筑消防安全，服务国家经济社会发展，保护人身财产安全，引导相关防火规范的制修订都发挥了极其重要的作用。

但是，随着我国经济社会和城市建设的快速发展，两部规范也面临许多挑战：一是各类用火、用电、用油、用气场所大量增加，引发火灾，导致火灾蔓延扩大的不安全因素越来越多，各类建筑火灾事故相继发生，在对这些火灾事故进行多层面的分析研究中发现，火灾防范和灭火救援等技术对策还有待进一步完善或加强，而修订完善防火规范则是在工程建设中落实这些对策措施的重要途径；二是各类高层超高层建筑、大规模大体量建筑、结构功能复杂建筑、地下建筑、大型石化生产储存等工程建设项目大量涌现，新技术、新产品、新材料不断研发应用，原有规范已涵盖不了新的发展情况，急需补充完善相关内容，使规范适应新情况、新技术的发展需要；三是近年来建筑防火领域开展了大量科学试验研究，对建筑火灾规律、火灾防控理念和对策措施的认识有了进一步提升，取得了一批科研成果，原有规范也需要通过调整不相适应的内容，使这些新成果、新理念能够在工程建设中得到推广应用；四是原《建规》《高规》之间以及两部规范与其他防火设计规范之间在工程实践中还反映中一些不协调、不明确的问题，需要通过修订规范加以解决。新版《建规》集中体现了建筑火灾防控领域的实践经验和理论成果，将两部规范合二为一，实现了建筑防火领域基础性、通用性要求的统一，这在我国建筑防火标准发展史上具有里程碑式的意义。新版《建规》的发布实施对于提升建筑物抗御火灾

的能力，从源头上消除火灾隐患，预防和减少火灾事故具有十分重要的意义。

3 新规范对防火玻璃墙耐火完整性的要求

3.1 中庭防火玻璃墙及建筑外墙上门、窗耐火完整性的要求

新规范的5.3.2中要求，与周围连通空间应进行防火分隔：采用防火隔墙时，其耐火极限不应低于1.00h；采用防火玻璃墙时，其耐火隔热性和耐火完整性不应低于1.00h，采用耐火完整性不低于1.00h的非隔热性防火玻璃墙时，应设置自动喷水灭火系统进行保护；采用防火卷帘时，其耐火极限不应低于3.00h，并应符合本规范第6.5.3条的规定；与中庭相连通的门、窗，应采用火灾时能自行关闭的甲级防火门、窗。

3.2 有顶棚的步行街耐火完整性的要求

新规范的5.3.6中要求，餐饮、商店等商业设施通过有顶棚的步行街连接，且步行街两侧的建筑需利用步行街进行安全疏散时，应符合下列规定：

步行街两侧建筑的商铺，其面向步行街一侧的围护构件的耐火极限不应低于1.00h，宜采用实体墙，其门、窗应采用乙级防火门、窗；当采用防火玻璃墙（包括门、窗）时，其耐火隔热性和耐火完整性不应低于1.00h；当采用耐火完整性不低于1.00h的非隔热性防火玻璃墙（包括门窗）时，应设置闭式自动喷水灭火系统进行保护。相邻商铺之间面向步行街一侧应设置宽度不小于1.0m、耐火极限不低于1.00h的实体墙。

3.3 挑檐耐火完整性的要求

新规范的6.2.5中要求，当上、下层开口之间设置实体墙确有困难时，可设置防火玻璃墙，但高层建筑的防火玻璃墙的耐火完整性不应低于1.00h，单、多层建筑的防火玻璃墙的耐火完整性不应低于0.50h。外窗的耐火完整性不应低于防火玻璃墙的耐火完整性要求。

3.4 建筑外墙上门、窗的耐火完整性的要求

新规范的6.7.7中要求，除本规范第6.7.3条规定的情况外，当建筑的外墙外保温系统按本规范第6.7节规定采用燃烧性能为B1、B2级的保温材料时，应符合下列规定：

3.4.1 除采用B1级保温材料且建筑高度不大于24m的公共建筑或采用B1级保温材料且建筑高度不大于27m的住宅建筑外，建筑外墙上门、窗的耐火完整性不应低于0.50h；

3.4.2 建筑高度大于54m的住宅建筑，每户应有一间房间符合下列规定：内、外墙体的耐火极限不应低于1.00h，该房间的门应具有防烟性能，其耐火完整性不宜低于1.00h，窗的耐火完整性不宜低于1.00h。

3.5 小结

新规范无论是对防火玻璃墙还是对建筑上门、窗的耐火完整性都提出了更高的要求，这要求防火玻璃的耐火完整性不低于1.00h。

4 防火玻璃及其分类

4.1 防火玻璃定义

防火玻璃属于安全玻璃的一种，是采用物理与化学方法对浮法玻璃进行处理而得到的，在火灾情

况下，能在一定时间内保持玻璃的耐火完整性和隔热性。因具有透光性好、强度高、能阻挡和控制热辐射、烟雾及防止火灾火焰蔓延等特点，被大量用于各类高层建筑、大空间建筑的幕墙、防火隔墙、防火隔断、防火窗、防火门等方面。

4.2　防火玻璃分类

根据 GB15763.1—2009《建筑用安全玻璃防火玻璃》的规定，建筑用防火玻璃可按照产品结构分类：

1）单片防火玻璃（DFB）：由单层玻璃构成，并满足相应耐火等级要求的特种玻璃。市场上常见产品有硼硅酸盐防火玻璃、铝硅酸盐防火玻璃、微晶防火玻璃、单片铯钾防火玻璃、低辐射镀膜防火玻璃等。

2）复合防火玻璃（FFB）：由 2 层或 2 层以上玻璃复合而成或由 1 层玻璃和有机材料复合而成，并满足相应耐火等级要求的特种玻璃。主要有复合型防火玻璃、灌注型防火玻璃、夹丝防火玻璃、中空防火玻璃等。

按照耐火性能分类：

1）A 类隔热型防火玻璃：能同时满足耐火完整性和耐火隔热性要求的玻璃，按其耐火极限分为五级，对应的耐火时间分别为 0.50h、1.00h、1.50h、2.00h、2.50h、3.00h；

2）C 类非隔热型防火玻璃：能满足耐火完整性要求的玻璃，按其耐火极限分为五级，对应的耐火时间分别为 0.50h、1.00h、1.50h、2.00h、2.50h、3.00h。

4.3　各类防火玻璃性能比较

近年来国内厂家较多地关注单片防火玻璃，其耐候性好，美观、轻便等特点，却忽略了复合防火玻璃优异的隔热性能，火灾发生时能避免热辐射灼伤人体，保证背火面人员的安全逃生。而目前的复合防火玻璃复合型（干法）防火玻璃由于工艺配方陈旧，导致夹层材料耐候性差，使产品在使用一段时间后透明性降低，产品应用受限；而灌浆型防火玻璃多以聚丙烯酰胺作为夹层材料，此类凝胶材料除自身具有易起泡、长期使用后会发黄甚至失透等缺点外，夹层中残留的丙烯酰胺单体还易在防火玻璃的制造和使用过程中对人体和环境造成伤害。

因此，提升复合防火玻璃的耐候性及降低复合防火玻璃自重，开发满足 GB 50016—2014 建筑防火规范的新型隔热复合防火玻璃势在必行。

5　新型隔热复合防火玻璃

通过对防火玻璃防火胶的成分进行调整，分别采用干法和湿法开发新型隔热复合防火玻璃。

5.1　干法隔热复合防火玻璃

采用干法生产 5mm 钢化玻璃＋1mm 防火胶＋3mm 浮法玻璃＋9A＋5mm 钢化玻璃组成的铝合金耐火窗经国家建筑工程质量监督检验中心根据 GB/T 12513—2006 检验，由的耐火完整性：≥61min。

距试件背火面 1 米处热流计测得的试验数据见表 1。

表 1　背火面热通量数据（kW/m²）

时间（min）	热通量（kW/m²）	时间（min）	热通量（kW/m²）
10	0.16	49	5.49
20	1.93	50	4.8
30	2.63	60	7.22
40	4.33	61	7.47

温升曲线及距试件背火面1m处热通量曲线及炉顶压力（图1和图2）。

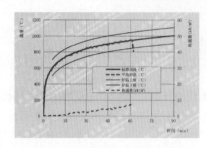 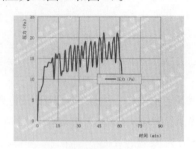

图1　温升曲线及热通量曲线　　　　　　图2　压力曲线

试件照片如图3～图7所示。

图3　试验前向火面　　　　　　　　图4　试验前背火面

图5　试验30min背火面　　　　　　图6　试验61min背火面

图7　试验后向火面

上述结果表明，新型干法生产的复合防火玻璃满足耐火完整性1.00h的要求，符合GB50016—2014建筑防火规范。

5.2　湿法隔热复合防火玻璃

新型湿法隔热防火玻璃由两层玻璃原片（特殊需要也可用三层玻璃原片），四周以特制阻燃胶条密封，中间灌注单层或多层新型防火硅，经固化后为透明胶冻状与玻璃粘接成一体。单层防火硅制成的隔热防火玻璃耐火完整性可达1.00h，双层或多层防火硅制成的隔热防火玻璃的耐火完整可达1.50h。

5.2.1　单层防火硅隔热复合防火玻璃

该单层防火硅隔热复合防火玻璃采用6mm钢化单片玻璃＋10mm防火硅＋6mm钢化单片玻璃，该产品经国家固定灭火系统和耐火构件质量监督检验中心检验，耐火试验进行到60min时，未丧失完整性：试件背火面最高平均温升63.7℃，最高单点温升70.1℃，未丧失隔热性（图9、图10、图11）。

耐火隔热性大于1.00h；

耐火完整性大于1.00h。

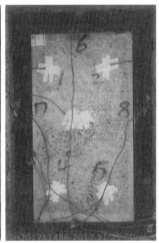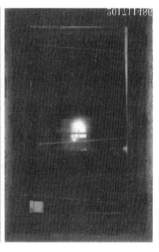

图9　试验前（0min）　　　图10　试验后（60min）　　　图11　样品实物

5.2.2　双层防火硅隔热复合防火玻璃

该双层防火硅隔热复合防火玻璃采用5mm钢化单片玻璃＋7mm防火硅＋5mm钢化单片玻璃＋7mm防火硅＋5mm钢化单片玻璃，该产品经国家固定灭火系统和耐火构件质量监督检验中心检验，耐火试验进行到90min时，未丧失完整性：试件背火面最高平均温升64.7℃，最高单点温升80.1℃，未丧失隔热性（图12、图13、图14）。

耐火隔热性大于1.50h；

耐火完整性大于1.50h。

图12　试验前（0min）　　　图13　试验后（90min）　　　图14　样品实物

6 结语

近年来国内厂家较多地关注单片防火玻璃耐候性好，美观、轻便等特点，却忽略了复合防火玻璃优异的隔热性能，火灾发生时能避免热辐射灼伤人体，保证背火面人员的安全逃生。尤其是新规范 GB50016—2014 建筑防火规范的实施，对耐火完整性及耐热完整性提出了更高的要求，新型隔热复合防火玻璃将大有所为。

作者简介

郦江东（Li Jiangdong），男，高级工程师，数十年玻璃深加工行业高管从业经验。工作单位：中山市中佳新材料有限公司；地址：广东省中山市火炬开发区小引村工业大街 6 号。

幕墙可开启板块及其设备简述

◎ 何锦星

艾勒泰设计咨询（深圳）有限公司 　广东深圳 　518000

摘　要　幕墙可开启板块，即可移动式幕墙系统。随着世界经济的不断进步以及科学不断的进步促使现代幕墙设计的方法和理念越来越先进及科学，建筑幕墙要提供美观的建筑装饰艺术效果同时幕墙结构也需要设计地更加科学合理。随着现代建筑对功能性与艺术性需求的增加，幕墙开启系统的应用越来越普遍。高层或超高层建筑的设备通道、综合体的通风排烟口以及艺术中心的外立面造型等，都需要运用幕墙开启系统。本文探讨了幕墙可开启板块的开启过程及其设备的工作原理用于超高层的实际案例。对可开启板块的各项性能要求，如物理性能、抗风性能、抗震性能、质量控制、使用要求、保养维护等进行简述。从而在外观上符合建筑师之设计理念及使用功能，达到天然采光，增强视觉效果的目的。

关键词　幕墙；开启板块；安全性；移动设备

1　工程概况

苏州国际金融中心，简称广州国金，位于江苏省苏州市美丽的金鸡湖旁边，工业园区 271 号地块。该项目地下 5 层，地上 98 层，整体高达 450m，主体结构形式为框架＋核心筒，地面粗糙度类型为 C 类，抗震设防为重点设防（乙类），抗震设防烈度为 7 度，建成后将成为江苏第一高楼。为实现建筑效果和建筑功能，该项目于 L4、L78、L90M、L92、L95 五处楼层设置了不同情况的可开启幕墙板块及移动设备。现选取 L4、L78 及 L95 作为典型案例介绍。

2　工程特点

L4 层的开启设备最为轻巧，人手轻松完成打开和关闭 90° 的功能，可开启的板块分为左右两扇（图 1）。幕墙板块四周设置连接码件及螺栓固定在可移动的钢架上，采用工字钢造成轨道及钢架，钢架两侧固定在混凝土主体结构上，最后通过上下钢插销对板块锁紧关闭（图 2）[1]。钢结构轨道的受力分析时，移门有两种工作状态，即开启状态和关闭状态。关闭时，钢架同时承受幕墙块的重力荷载、水平地震荷载及最大风荷载[1]（图 3）。开启时，主要考虑幕墙板块在轨道上行走过程中所处不同位置时受重力荷载的最不利情况（图 4）。

---

① 　参考上海嘉特纳在该项目中的施工图及计算书

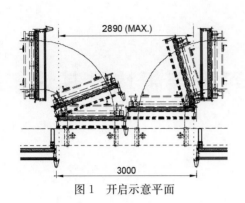

图 1　开启示意平面

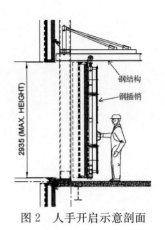

图 2　人手开启示意剖面

图 3　关闭时轨道钢架受
重力荷载及风荷载

图 4　开启时轨道钢架受重力
荷载时的最不利情况

所有钢型材的等级为 Q235，根据 GB50017—2003[2] 表 3.4.1-1 所查得的钢材的强度设计值为 215MPa。关闭时得出的应力设计值为 39.7MPa，开启时得出的应力设计值为 136.4MPa，均小于 215MPa，强度满足要求。关闭时的最大挠度值为 2.07mm，开启时的最大挠度值为 2.75mm，移门上方钢梁的长度为 L=3050mm，根据 GB50017—2003 表 A.1.1 查得允许挠值为 L/400=3050mm/400=7.63mm，挠度验算满足要求。最后需提供钢架的支座反力给设计院复核混凝土主体结构的受力情况。L78 层的系统是一套电动控制的幕墙开启设备，该设备可打开 4080mm×4702mm 的窗口，满足擦窗机臂伸出室外工作的要求（图 5）。关闭时为非工作状态，承受水平风荷载、地震荷载和自重，此为工况一；电动幕墙板块需要开启时，将板块上的插销打开，回退运动电机工作，幕墙板块向室内回退 1200mm（图 6），到达极限位置后，幕墙板块与行走框架锁死固定，回退运动电机停止工作。行走电机开始工作，整台电动幕墙移动设备沿着行走轨道运动，到达极限位置后停止（图 7）。开启的过程及移动的过程为工作状态，幕墙板块从后退，至停放位置，此为工况二，钢架只承受幕墙板块在不同位置处的重力荷载。最后将与擦窗机轨道交叉的水平轨道抬起，让擦窗机驶出；待擦窗机回到室内后，按照开启相反的顺序，关闭幕墙板块（图 8）。

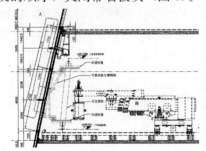

图 5　可开启板块尺寸满足 BMU 的要求

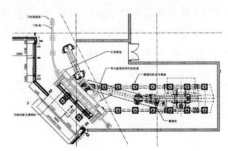

图 6　幕墙板块向室内回退

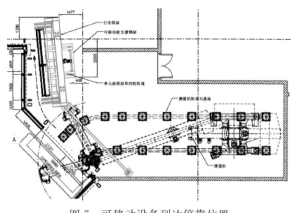

图7　可移动设备到达停靠位置　　　　　　　　图8　三维图展示

对整体钢架进行结构计算分析。所有钢型材的等级为 Q235，根据 GB50017—2003[1] 表 3.4.1-1 所查得的钢材的强度设计值为 215MPa。关闭时得出的应力设计值为 160.8MPa，开启时得出的应力设计值为 141MPa，均小于 215MPa，强度满足要求。最后需提供钢架的支座反力给设计院复核混凝土主体结构的受力情况。

L95 层的系统是一套电动式可移动设备，其系统共分为六片，其中两片固定，四片为可移动，编号为 1，2，3，4。开启时分别打开 1～4 号幕墙板块上的插销，分别操作四组设备上的平移机构，使各板块降至最低位置，启动驱动装置使 1～4 号幕墙板块沿斜轨道上升到停靠的位置。关闭时按照开启的相反顺序进行操作，最后通过钢插销对板块锁紧关闭（图9、图10）。从而打开 2150mm×10000mm 的洞口，以满足擦窗机伸出窗外工作的要求。钢结构轨道的受力分析时，移门有两种工作状态，即开启状态和关闭状态（图11）。关闭时，钢架同时承受幕墙块的重力荷载、水平地震荷载及最大风荷载[1]（图12）。开启时，主要考虑幕墙板块在轨道上行走过程中所处不同位置时受重力荷载的最不利情况（图13）。

所有钢型材的等级为 Q235，根据 GB50017—2003[2] 表 3.4.1-1 所查得的钢材的强度设计值为 215MPa。关闭时得出的应力设计值为 5.47MPa，开启时得出的应力设计值为 2.78MPa，均小于 215MPa。最后需提供钢架的支座反力给设计院复核混凝土主体结构的受力情况。

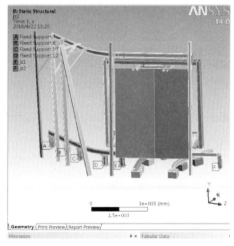
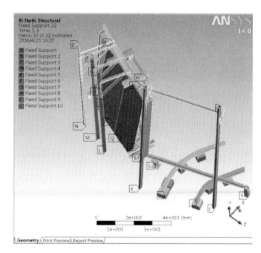

图9　计算工况一，幕墙板块　　　　　　　图10　计算工况二，幕墙板块开启
　　处于关闭状态　　　　　　　　　　　　　　　过程中计算最不利情况

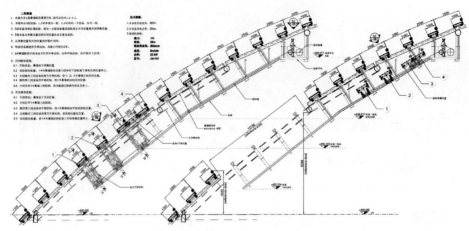

图 11   开启及关闭示意剖面

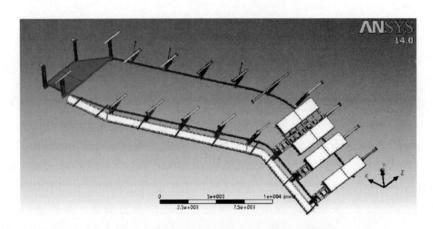

图 12   关闭时轨道钢架受重力荷载及风荷载

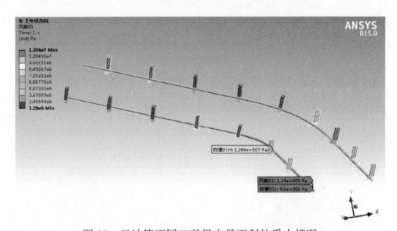

图 13   经计算不同工况得出最不利的受力情况

3   幕墙板块开启处的防水处理

由于可开启的幕墙板块一般位于机电层或屋面层开放性的位置，针对幕墙板块在关闭的常规状态下，即非工作状态，其水密性能比标准位置的幕墙要低，但也需要求起到庇水的作用。因此，利用标准的框料在开启处设计成胶条及挡边，把大部分的水挡在外面，也经由标准的排水系统进行排水（如图 14 及图 15）。

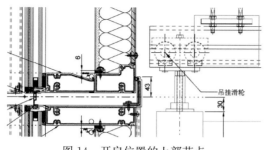
图 14 开启位置的上部节点

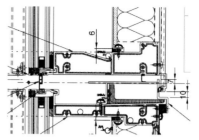
图 15 开启位置的下部节点

4 设备形式的选择①

可开启及移动的设备的选择受建筑效果、建筑功能、开启位置、幕墙板块条件、建筑内部空间条件、移动走向、存储位置等多方面因素决定，必须时刻保持与甲方、建筑师、设计院、机电、总包及各分包的有效沟通，从而选择合理的系统和设备。目前可行的设备方式有剪叉机构回退式（本文 L95 层的系统）、电动或手动推杆回退式（本文 L4 层的系统）、齿轮齿条加轨道回退式、电机驱动加轨道式（本文 L78 层的系统）、链条转动式等各种形式。

5 设备的生产、组装、调试及验收

按照现场实际的情况设计、开料后，于工厂内完成钢架的生产和相关配套部件的组装，并且必须与幕墙板块进行试装及设备的调试运行，免除在工地现场可能出现的风险。工地现场完成安装后须对各处的紧固连接、各种的电气电线电路、各种信号和警示、运行的路径和速度、停靠和回退的位置等各方面进行详细的调试并记录。目前我国现行还没有针对可移动设备实施验收的标准和认证，需符合设计要求、受力分析要求[1]、机械要求[3]、电气要求[5]、钢结构设计[2]、焊接要求[4]等进行各方面的参数性能要求。

6 保养及维护

为保证机械设备经常处于良好的工作状态，随时可以投入运行，减小故障和机械磨损，使用的安全性，延长机械使用寿命，降低机械运行和维护成本，开启板块及整套可移动设备必须贯彻"养修并重，预防为主"的保养原则，坚持以清洁、润滑、调整和紧固为主要内容，严格按照使用说明书及手册中规定的周期检查和保养项目进行。

参考文献

[1] GB 50009—2012《建筑结构荷载规范》.
[2] GB 50017—2003《钢结构设计规范》.
[3] GB/T 15706—2012《机械安全设计通则》.
[4] JG/T 5082.1—1996《建筑机械与设备焊接通用技术条件》.
[5] GB 5226.1—2008《机械电气安全》.

---

① 设备上的相关资料参考上海迦倍机电科技有限公司的产品手册

石材幕墙背栓的性能评估方法

◎ 陈家晖

喜利得公司　上海　200032

摘　要　背栓是连接石材幕墙面板和金属挂件的重要锚固体，其安全设计与产品性能的选择显得尤为重要。本文介绍了欧盟标准《幕墙用背栓》（EAD 330030）的相关测试方法与评估标准，并结合幕墙背栓非结构构件的抗震性能要求，给广大幕墙设计人员对背栓的耐久性和可靠性评估有明晰的认知。

关键词　背栓；石材幕墙；耐久性；可靠性；抗震

Abstract　Undercut anchor is key component for the connection of stone curtain wall and metal bracket. Its safety design and product selection are important. This paper introduces the European Standard EAD 330030 of Fastener of External Wall Claddings for the performance of stone undercut anchor, together the seismic requirement of curtain wall non-structural component. Those information are beneficial for designers who could understand the selection criteria and durability of stone undercut anchors.

Keywords　Stone undercut anchor　stone curtain wall　durability　reliability　seismic

1　引言

近年来高层建筑幕墙高速发展，其中石材面板由于其美观性、耐久性和高强度性，已被大量应用于博物馆、酒店、办公楼等建筑。石材幕墙背栓式连接是在石材面板背面扩孔，将背栓敲击入孔内，安装钢连接件，用钢连接件与幕墙结构体系连接，形成幕墙的外围结构。由此可知，背栓的正确设计与安装显得尤为重要。

本文将介绍欧洲的背栓设计标准《幕墙用背栓》（EAD 330330），并结合国内标准对非结构构件的抗震性能要求做出详解。

2　设计标准

目前国内对幕墙用背栓的性能评估方法及标准还在编制中，相关的背栓设计与安装要求都参照厂家所提供的指导书作为施工依据。因此通过介绍欧洲新颁布的《幕墙用背栓》（EAD 330030）给设计师提供一个学习国外先进标准的机会。

2.1　产品

1）背栓是一种不锈钢的特殊锚栓，应安装在石材面板的预钻扩底孔中，锚固变形是通过机械锁紧力进行控制。

2）背栓产品用来固定石材面板，每一块幕墙面板固定时应当采用至少4个背栓，背栓应布置成矩形，每一个背栓均使用单独的连接件，保证幕墙面板在固定时能实现无应力突变。背栓的设计使用寿命为50年。

3）幕墙面板可采用的材料为：天然石材、人造石材、陶瓷板、高密度纤维板等。

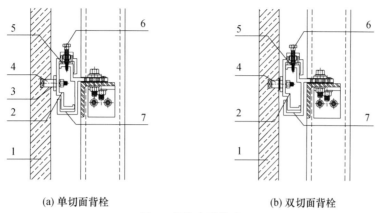

(a) 单切面背栓　　　　　　　　　(b) 双切面背栓

图1　背栓支承构造

1—石材面板；2—铝合金挂件；3—注胶；4—背栓；
5—限位块；6—调节螺栓；7—铝合金托板

2.2　设计

在满足下列要求的情况下，背栓可以认定为符合预定的设计用途：

1）对应每一个工程项目，应对天然石材面板的抗弯强度、背栓的极限承载力和石材面板耐候性的抗弯强度进行测试或评估，样品数量不应小于10个。图1为背栓支承结构。

2）幕墙由面板、背栓和机场结构组成，幕墙的设计和施工单位应具备相关的经验和资质。

3）应当有设计计算书和图纸，计算书中要明确背栓的设计荷载，图纸中要标明背栓的具体位置。

4）用于幕墙的石材应注明其抗弯强度、背栓的抗拉荷载、石材的耐冻融能力、耐稳定变化能力等。

5）石材不应承受冲击荷载或传递冲击荷载。

2.3　施工

在满足下列安装或施工要求的工况下，背栓可以认定为符合预定的设计用途：

1）石材面板背面的背栓钻孔是在工厂进行，仅仅个别钻孔是在工地现场的操作间进行加工。

2）当有个别钻孔不合格时，应当在改孔附近重新开孔，新开孔与不合格孔的最小间距为锚固深度的2倍。

3）背栓的安装应当由有经验的操作工人来实施，并且在有资质的现场工程师的监督下进行。

4）安装背栓应当遵循供应商的指导手册和图纸，并使用指定的专门开孔工具、测量工具和安装工具。

5）应当根据供应商提供的指导手册对背栓开孔的尺寸偏差进行检测，检测数量为1%。

2.4　测试

按规范要求，背栓的设计寿命为50年，因此需要对其进行可靠性或耐久性的测试与评估。测试范围包含：

1）不正确安装性能

在没有正确安装的背栓上进行拉力测试，至少测试下列三种情况：

（1）背栓锚固深度没有达到要求。

（2）背栓没有达到应用的膨胀程度。

（3）背栓承受不同的预紧扭矩。

2）反复荷载性能

测试时背栓应当承受至少10000个荷载循环，反复荷载的频率为2HZ-6HZ，荷载上限和荷载下限应当进行适当的选择。在每一个荷载循环中，荷载应当按正弦曲线变化。测试过程中，应当记录1、10、100、1000、10000次循环时的位移变化。在完成以上循环加载后，背栓应当卸载，然后进行常规拉力试验。

3）长期荷载下的性能

应按照设计的使用寿命来测试背栓和配套石材的长期性能。在整个使用寿命期间，背栓应当能够承受设计荷载，且不发生明显的位移增量。测试时背栓上应当给予一个恒定的荷载，该荷载应当根据使用条件来确定，比如幕墙石材面板的恒载。除非可以证明位移量已经提前进入稳定状态，否则测试一般应持续6个月。测试最短周期为3个月，测试过程中应持续记录位移变化。完成测试后，背栓应当卸载，然后进行常规拉力测试。

4）冻融循环后的性能

冻融循环的次数可参照石材的原产地供应商指导意见，也可按25次或50次进行冻融循环。测试样品应先浸入水中，然后进行冻融循环。完成后进行常规拉力试验。

5）浸水试验后的性能

测试样品应当先浸入水中，直到100％的饱和状态。然后进行常规拉力试验。

6）温度变化后的性能

测试应当在－20℃、＋20℃、＋80℃进行。然后进行常规拉力试验。

7）防腐性能

防锈的测试或评估方法主要基于背栓的材料和具体用途。如果背栓的金属部分在防锈措施上符合下列要求，则不需要进行防锈方面的测试：

1）如果背栓的应用是暴露于外部环境中（包括工业环境和海水环境）或永久潮湿的内部环境中，背栓的金属部分必须是不锈钢材质。

2）如果背栓的使用是暴露于外部环境中，或永久潮湿的内部环境中，或特别恶劣的条件下，比如永久性地或间隙性地浸泡于海水中，或海边的海浪冲刷区，室内游泳池的高氯环境，或严重的化学污染环境（比如脱硫工厂、采用化冰盐的道理隧道等），背栓的金属部分必须是高抗腐蚀材质。

2.5 承载力评估方法

背栓极限承载力的5％分位值是在一系列测试中按照统计方法在75％置信度下，采用对数正态分布而求得的，如公式（1）所示。

$$F_{in5\%} = F_{Ru,m.in(x)} - k_s \cdot s_{in(x)} \tag{1}$$

其中：n＝5个样品数量，k_s＝2.47

n＝10个样品数量，k_s＝2.11

n＝20个样品数量，k_s＝1.94

$F_{in5\%}$＝根据对数测试值得到的极限承载力的5％分位值

$F_{Ru,m.in(x)}$＝根据对数测试值得到的极限承载力的平均值

k_s＝统计计算的系数

$s_{in(x)}$＝对数测试值求得的标准方差

3 新产品

3.1 技术要点

喜利得公司推出的新一代波浪型背栓采用独一无二的安装标识：螺杆带红色标识线，保证安装敲击到位，安全可靠（图2和图3）。外套筒波浪型设计及导向肋的配置，可在安装时底部扩孔膨胀均匀受力，保证扩底充分（图4）；校准尺可确保钻孔的直孔直径和切底直径符合规范的公差范围（图5）；检孔尺的自检功能则保证扩孔形状和深度的完整性（图6）。新一代波浪型背栓已根据最新欧洲技术评估文件 EAD 33030 获得欧洲权威技术评估 ETA（European Technical Assessment）报告。

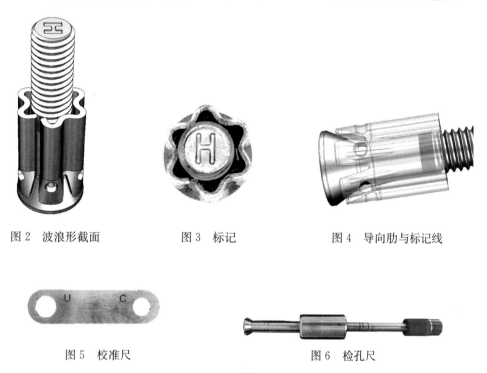

图2 波浪形截面   图3 标记   图4 导向肋与标记线

图5 校准尺   图6 检孔尺

3.2 抗震测试

建筑幕墙是建筑物的外维护结构，主要承受自重、风荷载及地震作用。我国是多地震国家，绝大多数的城市需要进行抗震设防。由于地震作用具有的动力特性，对幕墙的支承结构、挂装结构和饰面材料有较大的影响，可能引起建筑幕墙的损坏，甚至脱落。因此对建筑幕墙，特别是石材幕墙进行抗震性能试验很有必要。

喜利得公司委托国家建筑工程质量监督检验中心，按照现行规范《建筑抗震设计规范》GB50011—2010，《金属与石材幕墙工程技术规范》JGJ133—2010，《建筑幕墙》GB/T21086—2007 对新一代 HSU-R 背栓系统（直径 M6 与 M8）进行了抗震试验（图7）。

检验的内容包括面板材料是否破损或脱落；幕墙饰面材料与挂件的连接、挂件与幕墙立柱横梁的连接、立柱横梁间的连接以及立柱横梁与假象主体结构连接等部位的可靠性、观察立柱横梁的变形情况、面板间隙缝变化情况以及面板间相互错动的情况等（图8）。

幕墙石材面板样品有石灰岩（limestone）、花岗岩（Granite）、砂岩（Sandstone）和大理石（Marble）。样品分别在峰值加速度 100gal（7度设防）、200gal（8度设防）、300gl（8.5度设防）、400gal（8度罕遇）、510gal（8.5度罕遇）、620gal（9度罕遇）的"El-Centro"地震波和人工地震波中检验锚固性能。试验结束后无发生任何面板、节点的损坏或脱落。

图 7　幕墙主体外立面

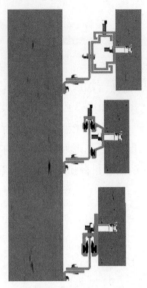

图 8　背栓节点

4　结语

1）背栓是连接石材面板和金属挂件的一种扩底型机械锚栓，其安全性设计应值得重视。

2）背栓的耐久性和可靠性应按相关标准执行，欧盟标准《幕墙用背栓》（EAD 3300330）提供了详细的测试方法与评估标准。

3）石材幕墙的抗震性能应在设计中重视，并应校核背栓的抗震锚固性能。

参考文献

［1］金属与石材幕墙工程技术规范（JGJ 133—2001）［S］.北京：中国建筑工业出版社，2001.

［2］European Assessment Document，EAD 330030，2014.

［3］建筑幕墙工程技术规范（DGJ-56—2012）［S］.上海，2012.

第四部分

理论研究与技术分析

建筑幕墙索结构概念设计及要点分析

◎ 花定兴

深圳市三鑫科技发展有限公司 广东深圳 518057

摘 要 本文通过结构概念设计思想分析了玻璃幕墙索结构的力学原理和主体结构关系，指出了索结构边界条件及其主体结构的重要性，并且分析了索结构设计要点。

关键词 玻璃幕墙；索结构；概念设计；边界条件

1 引言

建筑幕墙索结构是近年来在国内外应用较为广泛的一种新型幕墙结构型式。特别是这种结构的玻璃幕墙给人们带来轻盈通透的视觉，主要适用于大型机场航站楼、会展中心、体育馆、城市综合体、超高层等公共建筑中。众所周知，索结构承担玻璃幕墙的抗风支承结构的主要功能。它是一种特殊的结构，由于它的平面外刚度较差，风荷载作用下会产生大挠度变形，表现出较明显的几何非线性特征。这种幕墙新结构体系以其特有的简洁美观、构造简单、施工方便、成本低廉、不占室内空间等众多优点而备受业内外人士的青睐。由于玻璃幕墙索结构仅仅是主体建筑的外围护结构，只有依赖主体结构具备边界条件作为索结构的支承关系才能成立，在外荷载作用下，索的拉力非常大，给主体结构带来较大的不利作用。这种由围护结构分体系和主体建筑总结构体系的相互关系复杂，必须依靠结构设计师运用结构概念设计知识来作结构设计合理判断。所谓概念设计一般指不经详细计算，尤其在一些难以作出精确理性分析或在规范中难以规定的问题中，依据主体结构体系和幕墙索结构体系之间的力学关系、结构破坏机理、工程经验所获得的基本设计原则和设计思想，从整体的角度来确定幕墙结构的总体布置和细部构造措施的宏观控制。

2 索结构的概念设计分析

2.1 索结构力学原理

索结构抗风的力学原理和特点，可以用直线拉索抗风的力学原理和特点来代表。众所周知，直线拉索施加了一定的预拉力后，就具备了一定的侧向刚度，但这种刚度是很差的，风荷作用下会产生大挠度变形，如图1所示。

索挠度 f 与索截面 A，索拉力 H 外荷载 q_w 之间均为非线性相关，必须用非线性理论进行计算分析。将直线拉索与常规的梁式结构作一比较，梁的抗风能力是由梁的截面弯矩 M，剪力 Q 和支座反力 R 提供的，如图2所示。

当外荷载和梁的跨度确定后，这些 M、Q、R 也都确定了。当需要调整截面尺寸时，只有梁的挠度 f 发生变化，而这些内力参数是不会改变的，梁的强度控制和挠度控制可以独立进行。对直线拉索来说，其抗风能力是由索拉力 N，挠度 f，支座反力 R、索拉力 H 等提供的，当荷载和跨度确定后，

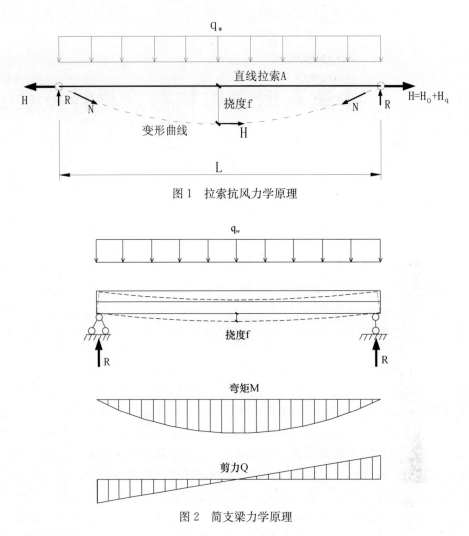

图 1 拉索抗风力学原理

图 2 简支梁力学原理

索拉力 N、挠度 f 和索截面积 A 之间都是可变的，没有固定的关系，可以作出多种不同组合的设计。现仍以图 1 为例，对有关参数之间的关系作一分析。拉索承受风荷 q_w 后，跨中弯矩 $M=\dfrac{q_w l^2}{8}$，跨中挠度为 f，支座水平反力为 H。由静力平衡原理可知，$M=\dfrac{q_w l^2}{8}=H\times f$。当外荷 q_w 和跨度 L 确定后，$\dfrac{q_w l^2}{8}$ 是一个常数，即 $H_f=$ 常数，所以 f 越大 H 就越小。而支座反力 $H=H_0+H_q$，其中预拉力 H_0 是可以人为调控的。通过调控 H_0 也就使得挠度 f 得到了调控。加大预拉力，可使 f 减小，但索的内力增大了。H_q 是索从直线状态变为有挠度 f 的曲线状态时，索弹性伸长产生的索力增量对支座的水平作用力。索的截面越大 H_q 就越大，H_0 可越小，当索截面加大到一定程度时，索中可以不加预拉力 H_0 就可满足拉索的抗风要求，但这样的设计索截面太大，经济上不合理。当荷载和跨度确定后，处理好索截面、预拉力和挠度这三者之间的关系，索结构设计的重要任务。

2.2 索结构受力特点

1）直线拉索承受风荷后，必然产生挠度，只有挠曲后的索才能将风荷向支座传递，挠度越大，抗风的能力越强。限制拉索的挠度，就是限制了索的抗风能力，所以拉索产生挠度是索具备抗风能力的必要条件，这是直线拉索和平面索网抗风有别于其他结构的一个显著特点。

2）拉索抗风前应施加一定的预拉力，预拉力越大，挠度反而越小，刚度越好，但索的总拉力也增大了，索本身的强度安全系数下降了，施工的难度增加了，周边支承结构的负担也加重了，所以预拉力又不应加得太大。如果索拉力太大，索本身的强度安全系数已不能满足安全要求，只有增大索截面才行。

3）设计、施工中往往需要调整截面，一般认为以大代小总是安全的，这对常规结构可以，对索结构则不一定安全，因为索断面增大后，挠度反而减小，索力增大，周边结构的安全就可能受到威胁，所以调整截面后必须重新分析。

4）常规结构的有关规范，从使用角度出发，都是限制结构变形的，因为这样的限制不会影响结构承载能力的发挥，但对直线拉索来说，则必须允许产生大挠度变形，只有产生了大变形，才会产生抗风能力，才会收到好的抗风效果。

5）直线索结构只能承受拉力，不能承受压力和剪力，只有允许索结构产生较大几何变形才能具备抗风的能力。控制预拉力大小是影响索结构抗风能力和经济效果的关键因素。

3 索结构概念设计要点

笔者通过多年来的工程实践，总结出玻璃幕墙索结构在设计过程中要注意如下要点：

1）幕墙索结构设计成立的必要条件就是其边界结构，由索结构的力学原理分析可以看出，索结构在受力状态下，其对支座的反力比常规设计下的梁结构大很多倍，因此边界结构设计非常重要。若是主体结构除了承受自身荷载外，还要额外承担幕墙索结构传递来的巨大拉力。

2）主体结构若无边界条件，必须另外设计边界结构创造条件来实现索结构的支承目的。这里要注意新的边界结构和主体结构关系互相适应。

3）直线索结构宜设计成单层索网，若不具备条件，由于单向单索结构体系跨中方向变形很大，宜在两侧幕墙端部设置伸缩缝或适应变形构造设计。

4）索结构的预拉力不宜过大，按照《索结构技术规程》（JGJ 257—2012）规定，单索结构最大挠度与其短边跨度之比不得大于 1/45，索桁架最大挠度与跨度之比不得大于 1/200。

5）索结构应分别进行初始预拉力和荷载作用下计算分析。由于单索结构的荷载作用与效应呈非线性关系，因此其计算应考虑几何非线性影响。

6）基于索结构对支承结构的变形敏感，支承结构变形对索的预拉力影响较大，因此建议有条件时将索结构和边界结构一起计算。在施工张拉期间，应考虑索结构张拉顺序计算互为影响，并且需做施工张拉模拟分析。

7）斜面幕墙不宜设计单索结构，必须设计的话，建议设计单层平面索网结构，其构造设计应考虑消除索结构在幕墙自重作用下变形影响。

8）索结构穿过主体结构要考虑与主体结构实际受力传递关系，其节点构造要分别满足主体结构支承作用和变形影响。

9）索结构的两端与边界结构连接构造设计应考虑方便预拉力调节和测量。

10）为防止意外偶然因素影响，可以考虑设计弹簧装置作为索结构的保险作用（图 3），该弹簧装置可以根据建筑效果需要设计在上方还是下方，是外露还是隐藏式（注意图中仅示意，水平方向设置可以参考竖向）。

11）索结构不宜跨越建筑伸缩缝，若

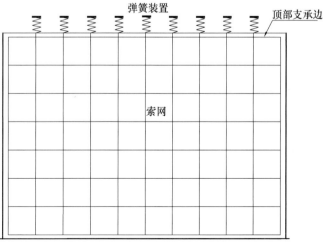

图 3 索结构中的弹簧装置

由于设计需要必须跨越的话，应该充分计算主体结构伸缩变形对索结构的内力影响，其节点构造也必须考虑适应主体结构变形。

12）要认真重视多家单位设计关系，索结构和边界结构设计往往是两家单位，更有甚者会存在多家单位设计，这时候必须主动和其他单位紧密协调，把索结构支座反力准确无误传递给其他结构设计单位。并且还要考虑其他设计单位设计的边界结构变形给索结构带来不利影响。一般来说，由主体设计把两个结构体系放在一个结构模型共同计算，考虑了互为影响，其计算结果准确度高。为消除各自结构设计考虑不周留下安全隐患打下了良好基础。

13）在建筑主要立面出人口设计索结构玻璃幕墙时，其竖向索结构下端支承在门斗或雨棚结构上，支承结构要考虑索结构产生巨大拉力和风方向水平力，必要时把此结构和索结构建立统一模型共同计算。

4 结语

幕墙结构设计不是规范加计算，同样索结构计算也是如此。一些人认为"只要计算机算出来结果能满足规范要求，就算设计成功"是错误的。有经验的结构设计师往往不需先计算，就能根据建筑结构和围护结构关系来构思和判断整个结构体系的安全性合理性，从而明确总结构体系和分结构体系之间最佳受力要求。特别是在方案设计阶段，能通过概念性近视计算或估算进行探索，优化以致最后确定各分体系构件的合理尺寸，并确定设计方案的可行性。在整个设计过程中，应以正确的判断力来把握设计。必须理解吃透规范条文，而不是生搬硬套，更不能盲目从一体化计算机设计和计算程序，任其随意摆布。在玻璃幕墙索结构设计中尤其如此。随着大量场馆建筑或超高层建筑层出不穷，大跨度公共建筑越来越多采用索结构玻璃幕墙，为人们在不断增加物质文明同时也增添了不少精神文明的内容。然而尽管索结构的应用优势明显，由于玻璃幕墙索结构必须依赖其边界结构的关系，若设计不当则会产生许多负面影响，甚至导致设计安全事故。设计管理不到位导致在工程实践中出现各种隐患已经屡见不鲜。各单位间发生矛盾扯皮也影响施工工期，严重影响工程质量，造成了不必要的经济损失甚至安全隐患。特别是对于大跨度的索结构设计必须慎重。因此作为幕墙结构设计师必须要掌握丰富踏实的整体结构概念设计技能，理顺主体结构体系和和索结构分体系的复杂关系。并且抱有对设计负有终身责任制的精神，充分认识索结构概念设计特点，牢牢把控索结构设计要点，紧密和主体结构设计单位合作，保证玻璃幕墙索结构设计安全可靠，经济合理、科学完美。

参考文献

[1]《索结构技术规程》（JGJ 257—2012）．中国建筑工业出版社 2012.6.

[2] 高立人 方鄂华 钱稼茹．《高层建筑结构概念设计》全国注册结构工程师继续教育必读系列教材（之四）．北京：中国计划出版社 2005.11.

[3] 姚裕昌．平面索网点支玻璃幕墙抗风设计原理研究［J］《第四届全国现代结构工程学术研讨会论文集》（c），2004.

[4] 花定兴．广州新机场主航站楼点支式玻璃幕墙结构设计［J］建筑结构，2003（11）．

[5] 花定兴．大型机场航站楼建筑幕墙设计关键要点分析．《钢结构建筑工业化与新技术应用》．北京：中国建筑工业出版社，2016.

[6] 花定兴．昆明新机场航站楼拉索结构施工张拉设计分析．《大型复杂钢结构—建筑工程施工新技术与应用》．北京：中国建筑工业出版社，2012.

[7] 花定兴．华安保险总部大厦玻璃幕墙单层平面索网结构施工张拉设计分析．《钢结构与金属屋面新技术应用》．北京：中国建筑工业出版社，2015.

无窗台玻璃幕墙的室内侧耐撞击设计

◎ 闭思廉 刘晓烽 林伟艺

深圳中航幕墙工程有限公司 广东深圳 518109

摘 要 无窗台玻璃幕墙内侧是否设置护栏一直以来都存在争议和不同意见。本文对比了相关建筑规范对玻璃幕墙和建筑防护栏杆的耐撞击性能要求，并通过相关计算分析和实际工程案例，论述了无窗台玻璃幕墙室内侧不设置护栏的可行性、其所需达到的耐撞击性能以及有关的计算方法，希望能给读者提供参考。

关键词 无窗台玻璃幕墙；室内护栏；幕墙耐撞击性能；水平撞击荷载；荷载组合；偶然组合

1 引言

出于外观效果需求，玻璃幕墙所在部位的建筑构造不设置窗台已然非常普遍。其带来的高通透效果和优异的采光能力显而易见，而备受建筑师和用户青睐。然而在面对可能发生的室内侧撞击问题时，这种做法也屡受争议。很多地区要求必须在室内侧设置护栏，但这又与最初的建筑设计意图相违背。那么这种无窗台的玻璃幕墙是否必须在室内侧设置护栏呢？

其实从安全需求的角度来看，在足够大的撞击力作用下，对玻璃幕墙幕墙室内侧的撞击无非造成两个结果，一个是玻璃被撞碎，另一个是玻璃完好。当玻璃能被撞碎时，设置护栏防护就是必需的手段，反之，当玻璃不被撞坏时，护栏就不是必需的防护手段。事实上这一原则也在一些规范中予以体现，比如上海市地方标准中就明确规定了在某些情况下，无窗台的玻璃幕墙可以不设置护栏。所以在判断无窗台玻璃幕墙的室内侧是否设置护栏时，首先应进行计算校核来作为决策的依据。

2 相关标准规范对防护栏杆和玻璃幕墙的室内侧耐撞击性能比较：

在现有的标准和规范中，对幕墙室内侧撞击性能指标的要求是比较高的：

比如在国家标准《建筑幕墙》（GB/T 21086—2007）中，第 5.7.1.1 条规定：建筑幕墙的耐撞击性能应满足设计要求，人员流动密度大或青少年、幼儿活动的公共建筑的建筑幕墙，不应低于表 22 中 2 级（即 900N·m）；上海市地方标准《建筑幕墙工程技术规范》（DGJ 08-56—2012）的 4.2.7 条也规定：建筑幕墙的耐撞击性能应满足设计要求，耐撞击性能指标应不小于 700N·m。

以上举例的两个幕墙规范来看，对玻璃幕墙的耐撞击性能要求至少是 700J 以上的水准。那么玻璃幕墙以外的建筑防护栏杆对耐撞击性能的要求是多少呢？即将颁布的《建筑防护栏杆技术规程》（DBJ 50-123）的 4.5.5 条：护栏抗软重物撞击性能检测时，撞击能量 E 为 300N·m，显然是比玻璃幕墙低了不少。

由于抗冲击性能的指标是抗撞击能量，为了便于直观感受，可将其换算成撞击力。按照动势能之间的转换公式 $E = mgh = \frac{1}{2}mv^2$，可以将撞击能量转换为撞击速度：

1）假定撞击者为 50kg 的儿童，撞击能量为 900J（对应国标 GB/T 21086—2007 抗撞击性能 2

级），则有：

$\frac{1}{2} \times 50 \times v^2 = 900$，可计算出 v＝6m/s，相当于奔跑速度达到 21.6km/h

假定撞击玻璃的作用时间为 0.1s，按冲量定律则有：

撞击力 F＝m×（v－0）/t＝50×6÷0.1＝3000N

2）假定撞击者为 50kg 的儿童，撞击能量为 700J（对应国标 GB/T 21086—2007 抗撞击性能 1 级），则有：

$\frac{1}{2} \times 50 \times v^2 = 700$，可计算出 v≈5.3m/s，跑步速度达到 19km/h

假定撞击玻璃的作用时间为 0.1s，按冲量定律则有：

撞击力 F＝m×（v－0）/t＝50×5.3÷0.1＝2650N

从以上的推导计算可以看出，对于玻璃幕墙所给出的耐撞击性能指标是多么严格！当然，以上的计算假定了撞击作用时间为常数，但事实上撞击作用时间还受到很多其他因素的影响，所以实际情况与计算结果之间可能会有出入，这可能是为什么在 GB/T 21086 中只给出试验方法而未提供计算方法的一个原因。不过，在上海市的地方标准《建筑幕墙工程技术规范》（DGJ 08－56—2012）中对各种情况的撞击水平荷载取值却有明确的规定：

1）该规范第 4.3.5 条第 1 款：

楼层外缘无实体墙的玻璃部位应设置防撞设施和醒目的警示标志。不设护栏时，需在护栏高度处设有幕墙横梁，该部位的横梁及立柱已经抗冲击计算，满足可能发生的撞击。冲击力标准值为 1.2kN，应计入冲击系数 1.5、荷载分项系数 1.4。可不与风荷载及地震作用力相组合。

此处：冲击力标准值为 1.2kN，乘上冲击系数和荷载分项系数后设计值为 2.52kN；

2）该规范第 4.3.5 条第 4 款：

护栏高度处无横梁时，单块玻璃面积大 4.0m²，中空玻璃的内片采用夹层玻璃，夹层玻璃厚度经计算确定，且应不小于 12.76mm，冲击力标准值为 1.5kN，荷载作用于玻璃板块中央，应计入冲击系数 1.50、荷载分项系数 1.40，且应与风荷载、地震作用组合。

此处：冲击力标准值为 1.5kN，乘上冲击系数和荷载分项系数后设计值为 3.15KN。

通过比较，我们可以直观地感受到，不同的幕墙构造条件下，抗冲击计算的荷载取值差异很大。如果进一步分析该规范的相关内容，就可以发现在护栏高度位置有没有横梁对幕墙的抗撞击性能的影响。简单地比较：有横梁时，耐撞击性能大概需要达到 1 级；而无横梁且单块玻璃面积达到 4m² 的，就得要提高到大致 2 级的水平。

接下来，我们抛开玻璃幕墙的撞击荷载取值，来看一下相关规范对防护栏杆的撞击荷载取值情况：

1）即将颁布的《建筑防护栏杆技术规程》（DBJ 50-123）4.3.3 应对栏杆受水平集中力作用进行验算，水平集中力宜取 1.5kN，水平集中力作用于栏杆中的不利位置，与均布荷载不同时作用。

2）《中小学建筑设计规范》（GB 50099—2011）的 8.1.6 强制性条文："上人屋面、外廊、楼梯、平台、阳台等临空部位必须设防护栏杆，防护栏杆必须牢固，安全，高度不应低于 1.10m。防护栏杆最薄弱处承受的最小水平推力应不小于 1.5kN/m。"

3）《建筑结构荷载规范》（GB 50009—2012）的第 5.5.2 强制性条文如下："楼梯、看台、阳台和上人屋面等的栏杆活荷载标准值，不应小于下列规定：

（1）住宅、宿舍、办公楼、旅馆、医院、托儿所、幼儿园，栏杆顶部的水平荷载应取 1.0kN/m；

（2）学校、食堂、剧场、电影院、车站、礼堂、展览馆或体育场，栏杆顶部的水平荷载应取 1.0kN/m，竖向荷载应取 1.2kN/m，水平荷载与竖向荷载应分别考虑。

通过比较分析，可以看到相关规范对防护栏杆的撞击力取值较低，如果按照撞击能量折算的话，大概在 300N·m 附近，连幕墙室内侧撞击性能的最低标准都达不到。具体对比数据详表 1：

表1　建筑构件而撞击性能和撞击力

建筑构件形态	所依据标准	耐撞击性能（N·m）	撞击力（KN）
玻璃幕墙护栏高度有横梁	GB/T 21086—2007	1级700，2级900	未规定
玻璃幕墙护栏高度有横梁	DGJ08-56—2012	大于700	2.52（设计值）
玻璃幕墙护栏高度无横梁	GB/T 21086—2007	1级700，2级900	未规定
玻璃幕墙护栏高度无横梁	DGJ08-56—2012	大于700	3.15（设计值）
建筑防护栏杆	《建筑防护栏杆技术规程》（即将颁布）	300	1.5
建筑防护栏杆	GB 50009—2012	未规定	1.0kN/m
建筑防护栏杆	GB50099—2011	未规定	1.5kN/m

通过以上的对比分析，不难发现玻璃幕墙的室内侧耐撞击性能指标实际上是很高的，有足够的安全系数。玻璃虽然是易碎材料，但只要确保其强度储备大到足以保证其损伤概率降到足够低时，完全可以不另行设置单独的防护栏杆也能确保使用安全。

3　针对护栏高度处无横梁的玻璃面板进行耐撞击计算的案例

以下通过一个案例介绍有关幕墙的耐撞击计算

1）玻璃幕墙计算玻璃面板品种、规格

玻璃幕墙位置玻璃面板，玻璃面板选用10mm TP＋12（A）＋10mm TP中空钢化玻璃，取最不利位置进行校核；分格为1500mm×3300mm。

2）计算说明

幕墙玻璃面板选用10（Low-E）＋12（A）＋10mm中空钢化玻璃。取最不利位置进行校核；分格为1500mm×3300mm，力学模型为承受均布荷载的四边支承，计算标高取50.000m。

局部大样见图1。

计算简图如图2所示。

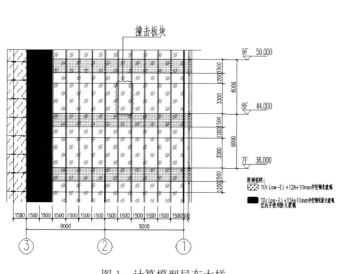

图1　计算模型局布大样

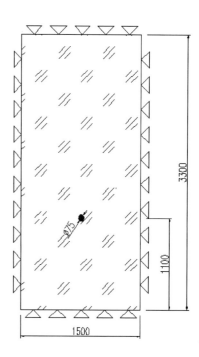

图2　计算简图

1）荷载计算

（1）风荷载计算

根据以下标准进行荷载取值（公式1）

① 中华人民共和国国家标准：GB 50009—2012《建筑结构荷载规范》

② 中华人民共和国行业标准：JGJ 102—2003《玻璃幕墙工程技术规范》

$$W_k = \beta_{gz} \cdot \mu_{sl} \cdot \mu_z \cdot w_0 \qquad (1)$$

w_0——基本风压，　　　　　　某地区取：$w_0 = 0.75 kPa$

μ_{sl}——局部风压体型系数，　　取：$\mu_{sl} = -1.6$

工程项目地面粗糙度：C 类

μ_z——风压高度变化系数，　　取 $\mu_z = 1.1$

β_{gz}——高度 Z 处的阵风系数，　取 $\beta_{gz} = 1.8$

作用在玻璃上风荷载标准值为（公式2）

$$W_k = \beta_{gz} \cdot \mu_{sl} \cdot \mu_z \cdot w_0 = 2.395 kPa \qquad (公式2)$$

则外片玻璃（第1片）承受的风荷载标准值为（公式3）：

$$W_{k1} = 1.1 W_k \frac{t_1^3}{t_1^3 + t_2^3} = 1.1 \times 2.395 \times \frac{10^3}{10^3 + 10^3} \qquad (公式3)$$

$$= 1.3173 kPa$$

内片玻璃（第2片）承受的风荷载标准值为（公式4）：

$$W_{k2} = W_k \frac{t_2^3}{t_1^3 + t_2^3} \qquad (公式4)$$

$$= 2.395 \times \frac{10^3}{10^3 + 10^3}$$

$$= 1.1975 kPa$$

（2）玻璃幕墙自重荷载计算

玻璃按 10（Low-E）＋12（A）＋10mm 中空钢化玻璃进行荷载取值，根据《玻璃幕墙工程技术规范》（JGJ 102—2003）表 5.3.1 条规定

玻璃的自重标准值 $25.6 kN/m^3$

外、内片玻璃分厚度分别为：$t_1 = t_2 = 10mm$

GAK_1：外片玻璃自重面荷载标准值

GAK_2：内片玻璃自重面荷载标准值

$GAK_1 = GAK_2 = 10 \times 10^{-3} \times 25.6 = 0.256 \ kPa$

考虑到各种结构构件，内、外玻璃自重面荷载标准值取：

$GGK_1 = GGK_2 = 0.3 \ kPa$

（3）水平地震荷载计算（公式5）

抗震设防烈度：7 度

影响系数：$\alpha max = 0.08$

按《玻璃幕墙工程技术规范》（JGJ 102—2003）表 5.3.4 条规定

动力放大系数：$\beta = 5.0$

按《玻璃幕墙工程技术规范》（JGJ 102—2003）第 5.3.4 条规定

qEK_1：作用在外片玻璃幕墙上的地震荷载标准值

qEK_2：作用在内片玻璃幕墙上的地震荷载标准值

$$qEK_1 = qEK_2 = \alpha max \cdot \beta E \cdot GGK_1 = 0.08 \times 5.0 \times 0.3 = 0.12 \ kPa \qquad (公式5)$$

（4）撞击荷载

模型建立荷载输入模拟为人的肩部撞击与玻璃幕墙的内片玻璃表面，高度 1100mm，与玻璃面板

接触面积假设为直径为 75mm 区域。

φ75mm 区域内片玻璃面板承受的撞击荷载（公式 6）：

$$P=\frac{F}{A}=\frac{3000}{\frac{3.14752}{4}}=0.6794N/mm^2=679.4kPa \qquad （公式6）$$

（5）内片玻璃荷载组合

玻璃荷载组合根据《建筑结构荷载规范》（GB 50009—2012）第 3.2.3 条 1 点（基本组合）和第 3.2.6 条 1 点（偶然组合）。

组合一：风荷载起控制作用时（荷载组合按基本组合考虑）：

内片玻璃（公式 7）：

$$q_{12}=\gamma w \cdot \psi w \cdot W_{k2}+\gamma E \cdot \psi E \cdot qEK_2 \qquad （公式7）$$
$$=1.4\times1.0\times1.1975+1.3\times0.5\times0.12$$
$$=1.7545kPa$$

组合二：冲击荷载起控制作用时（荷载组合按偶然组合考虑）（公式 8）：

冲击力作用 φ75mm 区域：

$$q_{22-1}=SA_d+\psi f_w \cdot W_{k2}=679.4+0.4\times1.1975=679.88kPa \qquad （公式8）$$

其他区域（公式 9）：

$$q_{22-2}=SA_d+\psi f_w \cdot W_{k2}=0+0.4\times1.1975=0.479kPa \qquad （公式9）$$

2）玻璃强度校核

（1）$t_2=10mm$ 内片玻璃在荷载组合一 $q_{12}=1.7545kPa$ 作用下利用 ANSYS 软件进行分析：

图 3 为模型网格划分及节点约束。

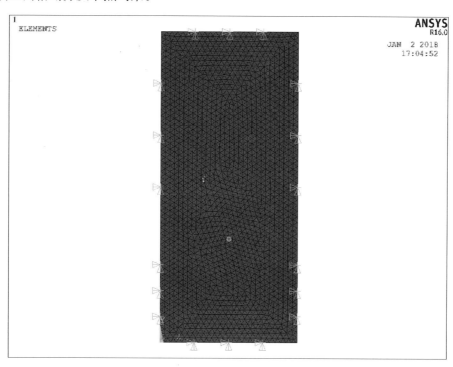

图 3　模型网格划分及节点约束

图 4 在荷载组合一作用下的应力图。

所以，由图 4 知玻璃在荷载组合一作用下的最大应力为 $f_g=22.085Mpa\leqslant84Mpa$，满足强度要求。

（2）$t_2=10mm$ 内片玻璃在荷载组合二 $q_{22-1}=679.88kPa$ 和 $q_{22-2}=0.479kPa$ 作用下利用 ANSYS 软件进行分析：

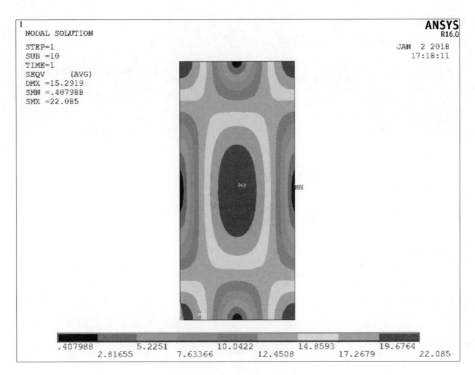

图 4　在荷载组合一作用下的应力示意

图 5 为玻璃在荷载组合二作用下的应力图。

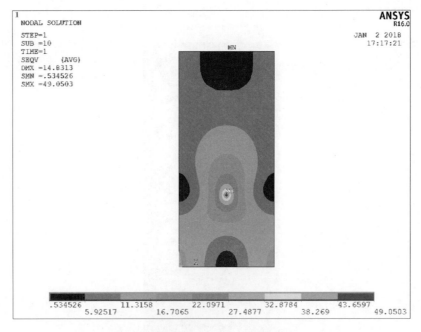

图 5　玻璃在荷载组合二作用下的应力

所以，由图 5 知玻璃在荷载组合二作用下的最大应力为 $f_g = 49.05\mathrm{Mpa} \leqslant 84\mathrm{Mpa}$，满足强度要求。

4　对于无窗台玻璃幕墙的室内侧耐撞击设计的结论和建议

无窗台玻璃幕墙在满足相关条件下，其室内侧是可以不单独设置防护栏杆的。但考虑到安全性需求以及有关结构计算情况，其室内侧的耐撞击设计也有一些必须注意的细节：

1）玻璃面板的配置

相关国家标准规范对无窗台玻璃幕墙的玻璃配置没有明确规定，因此，此处可以采用夹层中空钢化玻璃，也可以采用普通中空钢化玻璃。上海幕墙标准中无窗台玻璃幕墙的玻璃配置可以是夹层中空钢化玻璃，也可以是普通中空钢化玻璃，比如小于 $3m^2$ 的玻璃其单片厚度可以用 8mm；$3m^2$ 到 $4m^2$ 之间的玻璃其单片厚度可以用 10mm。在通过撞击力的计算以及通过撞击性能检测后，可以证明玻璃能够承受撞击，可不单独设置防护栏杆。考虑到钢化玻璃可能存在自爆的特性，更可靠的做法是使用至少一面是夹层的中空钢化玻璃。至于夹层玻璃是位于室内侧还是室外侧其实并不重要，只要计算满足即可。事实上，夹层玻璃位于室外侧对玻璃幕墙的整体安全性会更有利，因为其能够有效地避免玻璃破损后的坠落问题。

2）幕墙的分格设计

参考上海幕墙地方标准，影响幕墙撞击荷载取值的两大主要因素是单片玻璃的面积和在防护栏杆高度部位有无横梁。如果按照幕墙的常见分格宽度尺寸在 1.5m 左右考虑，单块玻璃面积不大于 $4m^2$ 就意味着玻璃分格的高度尺寸不能超过 2.7m，一旦超过这个尺寸，有关撞击计算的取值相应提高，所以实际上幕墙玻璃做全落地的设计不是一个好的做法。比较理想的情况是在防护栏杆的高度位置设置横梁，不仅实实在在地提高了幕墙的耐撞击安全性，也提高了使用者的安全感受。当然，也有的做法是将横梁位置提高，与设置在梁底的高窗分格统一，对室内视野影响也不大。这种做法一定程度减小了单块玻璃的面积，因此也提高了玻璃的耐撞击能力。

3）幕墙的防撞设施设计

在幕墙的相关规范中，有规定"当与玻璃幕墙相邻的楼面外缘无实体墙时，应设置防撞设施。"这里所指的防撞设施主要是两个方面的内容，一个是隔离设施，另外一个是警示标识。警示标识比较简单，对幕墙构造本身并无影响，但隔离设施的设计就要考虑很多问题。这中间比较重要的部位是幕墙的踢脚设计。玻璃的边缘强度较大面低很多，所以需要对边缘部位予以必要的隔离和保护。有的幕墙室内侧没有设置踢脚，玻璃面直接接触室内地板，在使用过程中很容易受到家具、清洁工具的撞击而造成玻璃破损，因此设置一定高度的踢脚线是一个好的做法。另外，在防护栏杆高度设置防撞杆或透明的玻璃栏板都是有效的隔离防撞设施。

另外，以上撞击作用的计算是基于一定假设条件下进行的，特别是将撞击作用时间假设为一个常数。但事实上作用时间会受撞击部位和横梁设置位置等多种因素的影响，所以实际计算结果可能会有一定的误差。因此，耐撞击型式试验或现场的耐撞击试验就很有必要。检测指标可以按照幕墙的实际使用环境选取相对应的撞击指标值，如果能够通过耐撞击计算校核满足要求，同时通过耐撞击试验证实是安全的，就可以作为后续设计的依据。

全玻幕墙玻璃肋的局部及整体稳定性计算

◎ 岑培兴

深圳华加日幕墙科技有限公司　广东深圳　518052

摘　要　本文主要论述全玻幕墙玻璃肋的局部稳定性计算（主要表现为局部屈曲应力的计算）以及整体稳定性计算（主要表现为弯扭失稳）。

关键词　全玻幕墙；玻璃肋；稳定性

1　工程背景

随着我国玻璃幕墙三十年的发展，其作为建筑物的围护结构已越来越多的为人们所接受和喜爱；而由玻璃面板和玻璃肋组成的全玻幕墙更以其通透性和美观的造型在工程中也得以大量应用，遍布世界各地的苹果自营零售店（APPLESTORE）（图1），便是典型的案例。在发展的过程中，随着经验的积累，工程中的全玻幕墙越做越高，6m高的肋支撑全玻幕墙已非常罕见，有的甚至已达8m，不锈钢板连接的玻璃肋甚至高达16m。但作为脆性材料的玻璃，其结构性能尚没有完备的理论及实验研究，国内幕墙规范JGJ 102—2003中对玻璃肋的计算虽有涉及但对其稳定性的计算也只是一笔带过，留下空白。因此对玻璃肋尤其是超高玻璃肋的稳定性计算进行讨论就显得非常必要了。

2　玻璃肋失稳的形式及计算

工程中的构件的稳定性大体分为两类：局部和整体。局部失稳是指受压、受弯、受剪或在复杂应力下的板件由于宽厚比过大，板件发生屈曲的现象；而整体失稳一般表现为弯曲和扭转失稳。构件发生局部失稳后并不一定立即导致构件的整体失稳，也可能继续维持着构件整体的平衡状态；但由于部

图1　位于香港特区的苹果零售店

分板件屈曲后退出工作，使构件的有效截面减小，会加速构件整体失稳而丧失承载能力。下面将分别就两种稳定性进行分析。

2.1　整体失稳

《玻璃幕墙工程技术规范》（JGJ 102—2003），条文 7.3.7 中规定："高度大于 8m 的玻璃肋宜考虑平面外的稳定验算；高度大于 12m 的玻璃肋，应进行平面外稳定验算，必要时采取防止侧向失稳的构造措施。"[1]。但在规范中并未提供稳定性的计算方法，给具体的设计工作带来了困难。但规范的条文说明对玻璃肋的受力模型提供的解释："玻璃肋的受力状态类似于简支梁"，并解释了规范中对与玻璃肋的截面高度和厚度的计算公式就是从简支梁的应力和挠度公式演化而来。但由于实际上面板玻璃通常与玻璃肋垂直，其非常大的面内刚度恰好为玻璃肋的面外变形提供支撑，因此若按照简支梁模型来计算其稳定性势必与工程实际偏离较大，不能为设计提供指导依据。但澳大利亚的玻璃使用规范[2]给出玻璃肋的整体稳定性的计算方法（公式1）。

$$M_{cr} = \frac{\left(\frac{\pi}{L_{ay}}\right)^2 \times (EI_y) \times \left[\frac{d^2}{12} + y_0{}^2\right] + GJ}{(2y_0 + y_h)} \qquad （公式1）$$

式中：M_{cr}——整体失稳的临界弯矩；

　　　L_{ay}——玻璃肋侧向支撑点的间距。若无侧向支撑，则为玻璃肋的高度；

　　　EI_y——玻璃肋绕弱轴方向的抗弯刚度；

　　　d——玻璃肋的截面高度（侧向宽度）；

　　　y_0——玻璃肋侧向约束与玻璃肋截面中性轴之间的距离；

　　　y_h——荷载作用点与玻璃肋截面中性轴之间的距离；

　　　GJ——玻璃肋的抗扭刚度。G 为玻璃剪切模量，J 为扭转常数（公式2）。

$$J = \frac{d \times b^3}{3}\left(\frac{d - 0.63b}{d}\right) \qquad （公式2）$$

　　　b——玻璃肋的截面宽度（玻璃肋厚度）。

如图 2 所示，根据工程实际中玻璃肋的支撑形式，玻璃肋在承受正风压时，y_0 正 y_h 负；在承受负风压时，y_0 正 y_h 正。由公式可知，在承受正风压和负风压时，后者的临界弯矩仅为前者的 1/3。这也从理论的角度反映出玻璃肋在承受负风压（荷载方向远离立面）作用下，玻璃肋受压区为自由边而更易发生整体失稳的本质。

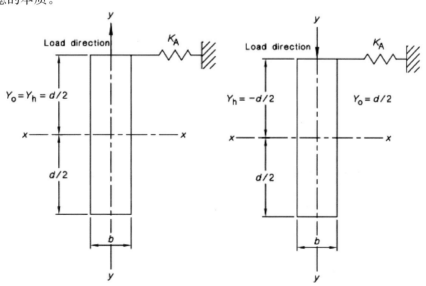

图 2　玻璃肋的侧向约束与荷载方向

负风压下，式2可整理变换为（公式3）：

$$M_{\sigma}=\frac{\pi^2 E}{54}\times\left(\frac{d}{L_{ay}}\right)^2\times b^3+\frac{2G}{9}\times\left(1-\frac{0.63b}{d}\right)\times b^3 \qquad \text{（公式3）}$$

由式3可发现，玻璃肋整体稳定性的临界弯矩主要受玻璃肋的厚度 b 和侧向支撑点间距 L_{ay} 影响较大，而增大玻璃肋的截面高度（侧面宽度）d 对玻璃肋的临界弯矩的提高并不明显。

同时还应注意玻璃肋的自重对其自身的整体稳定性有一定的影响，采用上悬挂的玻璃肋较落地式的玻璃肋有更高的抵抗侧向失稳的能力。这是因为采用上悬挂的玻璃肋时，其轴向重力在其截面各处产生的拉应力，抵消了侧向荷载作用下由于弯曲产生的部分压应力，而使其临界弯矩有一定程度的增加。但这种作用是较小的，实际工程中可忽略其有利影响而使设计方案偏安全，即隐形地提高了设计的安全系数。

值得注意的是，采用澳大利亚规范[2]计算而得的临界弯矩若要用于工程实际，需除以相应的安全系数1.7。

2.2 局部失稳

前面讨论过玻璃肋的整体稳定性不能按照简支梁模型进行稳定性校核，究其原因是未考虑面板玻璃对玻璃肋的侧向支撑作用。而研究证明T形截面的扭转屈曲实际上就是板件的局部屈曲[3,4]，单个板件的玻璃肋可以认为是翼缘宽度为0的T形截面构件，因此其局部屈曲也应该是板件的屈曲。根据弹性稳定性理论[5]和经典板壳理论[6]，矩形单方向受压薄板的临界屈曲应力为：

$$\sigma_{cr}=\frac{k\pi^2 E}{12\left(1-\lambda^2\right)}\times\left(\frac{b}{d}\right)^2 \qquad \text{（公式4）}$$

上式中，σ_{cr}——整体失稳的临界弯矩；

　　　　b——玻璃肋的截面宽度（玻璃肋厚度），见图2；

　　　　E——玻璃的弹性模量；

　　　　d——玻璃肋的截面高度（侧向宽度）；

　　　　λ——玻璃的泊松比；

　　　　k——板件局部屈曲因子。

式4中的屈曲因子是影响板件局部屈曲重要的一个参数，根据板件的边界条件和板件的长宽比来确定。玻璃肋支撑的全玻幕墙常见形式有两种，如图3、4所示：

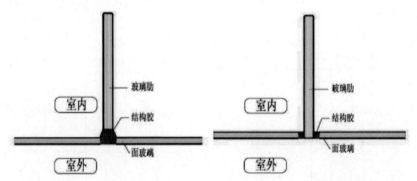

图3　骑缝（后置式）式玻璃肋　　　　　图3　对齐式或突出式玻璃肋

对于图3玻璃面板及结构胶对于玻璃肋的支撑作用较小，可以认为玻璃肋的边界条件为三边简支、一边自由。对于图4，虽然不可认为玻璃肋与面玻璃之间是完全的固接，但可考虑面玻璃对于玻璃肋具有一定的嵌固作用，即类似于T型钢的翼缘对于腹板的嵌固作用，可在受荷边简支非受荷边一边固定一边简支的基础上进行一定的折减。

根据弹性稳定理论[5]，如图5所示：

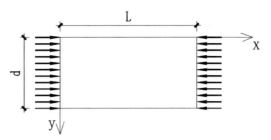

图 5 与压力方向垂直的两对边简支，而沿其余两边为其他的边界条件

当边 x＝0、x＝L 和 y＝0 简支，边 y＝d 自由时，即图 3a 所示玻璃肋支撑形式，对于较长板屈曲因子可以足够准确地如下式[5]求取：

$$k=0.456+\left(\frac{d}{L}\right)^2 \tag{公式5}$$

当边 x＝0、x＝L 简支，边 y＝0 固定，边 y＝d 自由时，即图 3b 所示玻璃肋支撑形式，对于较长板屈曲因子可以足够准确地取 $k=1.328$[5]。考虑到面玻璃对玻璃肋的嵌固作用类似于 T 形截面的翼缘对腹板的嵌固作用，可近似去取屈曲因子 $k=1.0$[3,4]。

由以上分析可知，从玻璃肋的局部稳定性的角度来看，对于超高玻璃肋的全玻幕墙，其支撑方式尽可能采用对齐式或突出式为宜，但此种方式对结构胶的考验较大，应综合分析确定。

令临界屈曲应力＝玻璃的侧面强度[7]，则可以求出满足局部稳定的玻璃肋的最大宽厚比 d/b。并由公式可知在相同的条件下，浮法玻璃的抗局部失稳的能力要强于钢化玻璃的抗局部失稳的能力。因此对于局部稳定性要求较高且强度要求不高的玻璃肋，采用浮法玻璃或者是夹胶的浮法玻璃是比较好的选择。

3 结语

由于规范在玻璃肋稳定性方面的设计和计算的理论研究比较少，而玻璃肋归根结底是一种板，所以可在设计过程中参考薄板的弹性稳定理论和国外的相关规范。并从中找寻出玻璃肋设计中的一些一般性规律。

1）玻璃肋的边界条件和截面宽厚比对其稳定性有很大的影响。采用平齐式或突出式的构造方式其稳定性较后置式或骑缝式更为有利。

2）玻璃肋自重对于其自身的稳定性有一定影响，但与其厚度和跨度相比，影响非常小。

3）侧面强度较低的浮法玻璃的抗局部失稳的能力强于侧面强度较高的钢化玻璃，注意合理选取玻璃种类。

4）由于考虑了面玻璃对玻璃肋的支撑作用，因此玻璃肋的稳定性问题可以在一定程度上得以改善，但上述分析过程中若考虑结构胶的参与则玻璃肋的稳定实际上是一个极为复杂的问题。本文也只是对玻璃肋的稳定性作出简单分析，为工程设计提供一些借鉴。真正贴合实际的理论，还需进一步研究分析和探讨。

参考文献

［1］JGJ 102—2003 玻璃幕墙工程技术规范［S］. 北京：中国建筑工业出版社，2003.

［2］AS 1288—2006GlassinBuildings-Selection and installation［J］，Standards Australia，2006.

［3］彭晓彤，顾强，赵永生. 剖分 T 型钢压杆腹板局部屈曲及高厚比限值［J］. 北京：建筑结构，2005，35（2）：34-36.

［4］王万祯，马宏伟，张振涛. 剖分 T 型钢轴压杆件的腹板宽厚比限值研究［J］. 西安：西安建筑科技大学学报，2001，33（2）：131-134.

［5］Timoshenko SP & Gere JM 著，张福范译. 弹性稳定理论第二版［M］. 北京：北京科学出版社，1965.

［6］Timoshenko SP& S. Woinowsky-Krieger 著，板壳理论翻译组译. 北京：科学出版社，1977

［7］JGJ113—2015 建筑玻璃应用技术规程［S］. 中国建筑工业出版社，2015.

单元式幕墙支座转动刚度对立柱弯矩和挠度影响

◎ 邓军华　周　㵘

深圳市方大建科集团有限公司　广东深圳　518057

摘　要　本文采用有限元结构分析方法，对单元式幕墙支座的转动刚度进行数字模拟，得到描述其转动刚度的"力矩—转角"曲线。建立了包含支座转动刚度的立柱结构计算模型，分析了不同支座转动刚度对幕墙立柱挠度和弯矩的影响，以及按简支模型计算幕墙立柱挠度和弯矩产生的偏差及其对立柱结构设计的影响。

关键词　幕墙立柱；支座转动刚度；挠度；弯矩

1　引言

　　幕墙支座是幕墙立柱与建筑主体结构的连接区域，通过支座，将幕墙板块悬挂在主体结构上，并将幕墙自重及其所受的其他荷载传递给主体结构。单元式幕墙支座的构造多样，但基本采用挂接的形式，其转动刚度亦在较大范围内变化。由于幕墙立柱通常为细长梁，相对于支座的转动刚度，其抗弯刚度较小，因此，立柱的挠度和弯矩不可避免地受支座转动刚度的影响。本文使用有限元分析软件 ABAQUS，对三种典型的单元式幕墙支座的转动刚度进行数字模拟，得到了描述支座转动刚度的"力矩—转角"曲线，建立了包含支座转动刚度的幕墙立柱结构计算模型，分析了不同支座转动刚度对立柱挠度和弯矩的影响，以及按简支梁模型计算立柱挠度和弯矩产生的偏差及对立柱设计的影响。

2　支座转动刚度分析

　　本节运用有限元分析方法对单元式幕墙典型支座的转动刚度进行数字模拟，得到描述其转动刚度的"力矩—转角"曲线，并对其进行分析。

　　1）典型支座及其转动刚度

　　常见单元式幕墙的支座按材性有铝支座和钢支座，而钢支座又分无肋和加肋型。

　　典型支座如图 1 所示，由 L 形支座，挂接件组成，

　　支座的转动刚度 K 是支座所受力矩 M 与其转角 θ 之比，即 K＝M/θ.

　　如图 1 所示，设 A、B 为立柱上二个螺栓安装孔的圆心，施加一个外力偶矩后它们在 X 方向上的位移分别为 DXA 和 DXB，则支座转角 θ 定义为（公式 1）：

$$\theta = \tan\theta = (DXA - DXB)/d \tag{公式 1}$$

　　由上述定义可知，支座转角 θ 是支座中各构件自身变形和各构件之间相对位移（包括构件之间连接的变形和构件之间相对滑移）的综合效应。

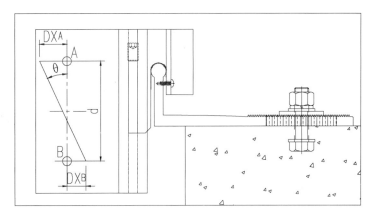

图 1 支座转角 θ

2）支座转动刚度的有限元分析

在有限元分析模型中，采用实体单元 C3D8I 模拟支座和挂接件；在 interaction 功能模块中用 hard contact（硬接触）和 small sliding（有限滑移）定义各构件之间的接触；在栓孔几何中心建立 Reference Point 点（参考点），在此点和栓孔内表面之间建立分布耦合约束，模拟螺栓的连接。铝支座和钢支座分析模型见图 2 和图 3。带肋型钢支座分析模型如图 4 所示。

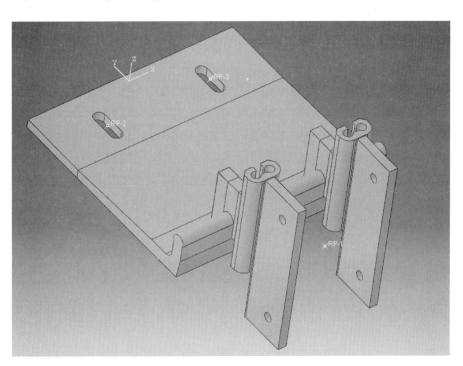

图 2 铝支座的分析模型

对该有限元分析模型的计算结果进行整理，得到支座的 M－θ 曲线，如图 5 所示。

由 M－θ 曲线可知，各种支座的转动刚度如下：

铝支座：k＝4.348×10kN·m/rad

钢支座：k＝7.143×10kN·m/rad

带肋型钢支座：k＝25.000×10kN·m/rad

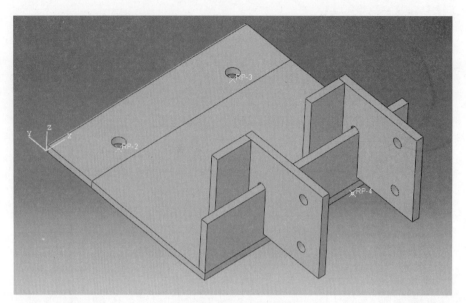

图 3　钢支座的分析模型

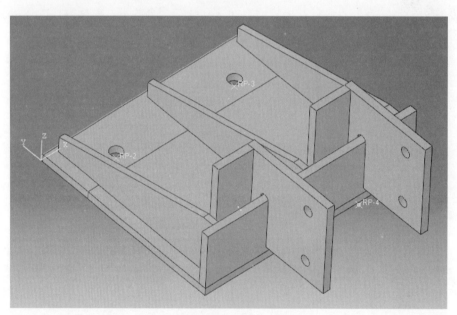

图 4　带肋型钢支座的分析模型

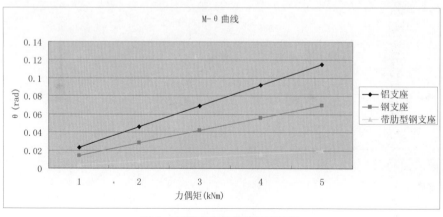

图 5　有限元分析模型计算结果

3　支座转动刚度对立柱挠度和弯矩的影响

在本节中，将建立含有支座转动刚度 k 的幕墙立柱模型，并分析支座转动刚度 k 对立柱挠度和弯矩的影响。

1）含支座转动刚度的立柱分析模型

图 6 所示为含支座转动刚度的立柱简支梁力学模型，左端为转动刚度 k 的支座，右端支座纯铰接（模拟单元式幕墙横梁的插接），立柱跨度＝4.2m，截面惯性矩＝3762252mm⁴，铝合金材料的弹性模量 E＝0.7x10⁵N/mm²

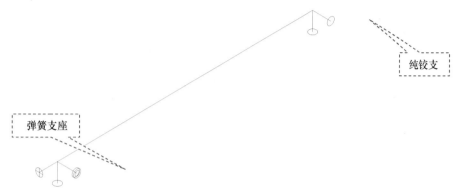

图 6　立柱简支梁力学模型

在软件中建立上述立柱的分析模型，用弹簧约束模拟转动刚度为 k 的支座，对立柱施加均布荷载 q＝1.0kN/m

2）支座转动刚度对立柱弯矩和挠度的影响

整理上述立柱分析模型的计算结果，得到在不同转动刚度的支座约束下，立柱最大挠度，跨中最大弯矩和支座处弯矩的曲线，如图 7，8 所示

由以上挠度，弯矩曲线可知：

（1）随支座转动刚度 k 增大，立柱跨内最大挠度和跨内最大弯矩不断减小，而支座处弯矩不断增大；

（2）当 k 值小于 350kN·m/rad 时，跨内最大弯矩始终大于支座处弯矩，而当 k 值大于 350kN·m/rad 时，跨内最大弯矩始终小于支座处弯矩；

（3）当支座处转动刚度＝0.1kN·m/rad 时，立柱跨内最大挠度，跨内最大弯矩和支座处弯矩均与 k＝0（即理想铰支）时相同，当 k＝50000kN·m/rad 时，立柱跨内最大挠度，跨内最大弯矩和支座处弯矩均与 k＝∞（即理想固支）时相同。

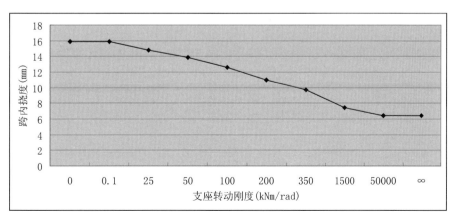

图 7　跨内挠度-支座转动刚度曲线

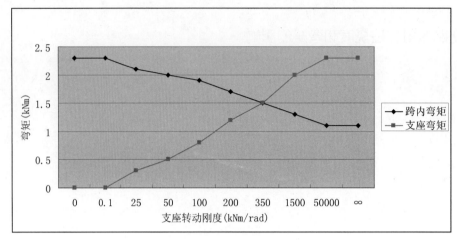

图 8　弯矩-支座转动刚度曲线

4　立柱的工程计算模型及偏差分析

通常单元式幕墙的支座皆属于半刚性支座，而工程设计时广泛采用简支的计算模型，将支座简化为铰支座，本节将分析使用此计算模型产生的偏差及其对立柱结构设计的影响。

使用本文第 3 节建立的含支座转动刚度的立柱计算模型，并采用第 2 节得到的单元式幕墙支座转动刚度 k，计算立柱的挠度和弯矩，并将计算结果同简支模型比较，如表 1 所示。

表 1　支力学模型与不同类型支座计算结果对比

	简支力学模型	与铝支座比较		与钢支座比较		与带肋钢支座比较	
		铝支座	偏差	钢支座	偏差	带肋钢支座	偏差
跨内最大挠度（mm）	15.900	14.100	11.32%	13.300	16.35%	10.500	33.96%
跨内最大弯矩（kN×m）	2.300	2.100	8.70%	2.000	13.04%	1.600	30.43%
支座处最大弯矩（kN×m）	0.000	0.400	100.00%	0.600	100.00%	1.300	100.00%

由表 1 可知：

（1）按简支模型所得的立柱挠度比按半刚性支座模型所得的立柱挠度大，且此偏差随支座转动刚度的增大而增大。在本算例中，对于铝支座，最大挠度偏差在 11%，对于钢支座，最大挠度偏差在 16%，对于加肋型钢支座，最大挠度偏差在 34%，所以，采用简支模型计算立柱时，挠度的计算结果偏于安全。

（2）同理按简支模型所得的立柱跨内弯矩比按半刚性支座模型所得的立柱跨内弯矩大，且此偏差随支座转动刚度的增大而增大。采用简支模型计算立柱时，弯矩的计算结果也偏于安全。但支座处弯矩却比按半刚性支座模型计算的结果小，且此偏差也随支座转动刚度的增大而增大。

结合图 7 图 8 的弯矩曲线和分析结论（2），对于转动刚度较大的支座，立柱在支座处的弯矩不可忽视，且立柱在支座处通常设有螺栓安装孔，截面有削弱，因此，采用转动刚度较大的支座，且按简支模型设计计算时，存在设计结果偏于不安全的可能性。

5　结语

支座的转动刚度影响幕墙立柱的弯矩和挠度，使用简支梁模型计算立柱时，所得挠度和弯矩偏于安全，但当支座转动刚度较大时，支座处的弯矩不可忽略，此时若采用简支模型设计计算，应对此问题引起重视，确保设计具有足够安全度。

参考文献

［1］铝合金结构设计规范（GB 50429—2007）.

［2］钢结构设计规范（GB 50017—2003）.

［3］孙训方，方孝淑，关来泰. 材料力学［M］. 北京：高等教育出版社.

［4］石亦平，周玉蓉. ABAQUS有限元分析实例详解［M］. 北京：机械工业出版社.

［5］华侨城总部大厦幕墙结构计算书.

建筑幕墙设计的新理念

◎ 谢士涛

深圳证券交易所营运服务与物业管理有限公司　广东深圳　518038

摘　要　十九大报告提出了中国特色社会主义新时代思想和方略，并强调我国经济已由高速增长阶段转向质量发展阶段。加快建设制造强国，加快发展先进制造业，推动互联网、大数据、人工智能和实体经济的深度融合。作为建筑行业专业相对独立的建筑幕墙专业，如何紧跟并顺应时代的发展，值得思考。本文从几个角度就幕墙设计的发展提出了自己的思考，可供大家参考。

关键词　建筑设计；幕墙设计；新理念

1　引言

十九大报告提出了中国特色社会主义新时代思想，强调我国经济已由高速增长阶段转向质量发展阶段，加快建设制造强国，加快发展先进制造业，推动互联网、大数据、人工智能和实体经济的深度融合。围绕新时代思想与发展方略，建筑行业也即将发生深刻的变化。建筑幕墙专业作为建筑行业起步较晚，市场化、工业化水平相对较高的专业近几年有了很大的发展，伴随着建筑行业的改变，建筑幕墙设计的发展也在不断地发生变化。幕墙顾问的普及为建筑设计水平的提升和幕墙专业的发展发挥了良好的带动作用。根据全国建筑幕墙顾问行业联盟发布分析报告，幕墙估计总量为 $15\sim25$ 亿 m^2。新时代建筑行业的转型正在上演，"共享协同、全生命周期、以人为本、智能物联"的建筑运行管理理念正逐步形成，幕墙设计师如何紧跟时代步伐，把握好设计发展方向更好地为建筑服务，值得我们思考。

2　共享协同的设计理念：从单一专业到整体融合

"共享经济、协同发展"当前在其他行业已发挥得淋漓尽致，建筑幕墙设计的共享与协同虽有体现但还有不足。随着建筑使用功能增加与建设体量的增大，建筑幕墙作为建筑的外围护结构，与建筑的结构、外观、通风、采光、防水、消防、节能、外立面灯光、室内装修、园林景观等专项工程均有关联，同时还需要考虑建筑幕墙在使用过程中的维护检修等设施设备的应用。建筑幕墙的设计已不再是单一的建筑外立面功能和效果的实现，而是建筑物多个功能系统不可分割的一部分。如开启窗的设计，就需要综合外观效果、节能、消防、通风等因素，还要考虑到在使用过程中的方便实用与安全可靠。开启窗需开多少、开多大、在那开？需综合考虑。现在空调技术已能在不开窗的情况下解决通风的问题，特别是户外空气质量不好的情况下，开窗还会影响室内空气质量。消防的机械排烟较幕墙上开窗的自然排烟效果会更好，也并非开窗才能解决等。

共享协同的设计理念要求建筑幕墙设计师在方案设计阶段，充分地了解项目的真正需求和其他相关专业的信息，积极与其他专业分享建筑幕墙设计的信息，在项目建筑师的统领下协同设计，与各相关专业进行紧密配合充分沟通，将幕墙设计融入到整个项目当中。

3　全生命周期的设计理念：从功能要求到质量至上

建筑全生命周期是指建筑工程项目从规划设计到施工，再到运营维护，直至拆除为止的全过程。建筑工程项目具有技术含量高、施工周期长、风险高、涉及单位众多等特点，因此建筑全生命周期的划分就显得十分重要。一般将建筑全生命周期划分为四个阶段，即规划阶段、设计阶段、施工阶段、运营阶段。建筑的设计使用年限是指设计规定的结构或结构构件不需进行大修即可按其预定目的使用的时期。设计使用年限是设计规定的一个时期，在这一规定的时期内，只需要进行正常的维护而不需进行大修就能按预期目的使用，完成预定的功能，即房屋建筑在正常设计、正常施工、正常使用和维护下所应达到的使用年限。由于建筑的结构是其功能的基础，结构使用年限也是我们通常理解的建筑的使用寿命。

改革开放初期，受经济条件的限制和建设需求的猛增，建筑行业走的是规模化和高速度的发展道路。原住建部副部长在第六届国际绿色建筑与建筑节能大会表示，由于建筑质量、城市规划和不合理拆迁等原因，我国建筑的平均寿命只有 30 年。随着新时代建筑行业向质量和效益型发展方向的转变，"重建设轻运行，重功能轻使用"的传统设计理念将会随之改变。2016 年国务院办公厅发布《关于大力发展装配式建筑的指导意见》，2017 年国务院发布了《关于开展质量提升行动的指导意见》等都是为了推动建筑行业质量的提升。

建筑幕墙的设计使用年限为 25 年，而一般建筑的主体结构设计使用年限为 50 年。全生命周期的设计理念要求幕墙设计师在设计时，首先在设计标准选用和取值上，不能以满足标准要求为目标，而应该以实际质量要求或高于标准要求。在材料选择和施工安装工艺方面，不仅要考虑施工、验收与交付，还需要考虑后期的使用过程中性能与功能的稳定，更重要的是考虑建筑在使用过程中幕墙的更新。目前幕墙工程的四性试验与工程竣工验收并不能解决使用过程中的问题。如幕墙开启窗的五金件与连接是幕墙使用过程中的易损部位，使用过程中的日常维护保养非常重要。因而幕墙使用说明中应该有明确的要求，如每周、每月、每季度需做哪些检查或保养，何时更换配件等。全生命周期的设计理念会要求你在材料的壁厚、五金件选择、开启扇的连接、胶缝设计、防腐蚀等细节问题上更加慎重，同时也会更关注最终的工程质量和后续的使用维护，而不只仅仅是四性试验和项目竣工验收。

当然，全寿命周期与质量至上的发展新理念，也要求业内在标准规范的编修时关注质量的提升，促进建筑业实现从功能效率型向质量效益型的转变。

4　以人为本的设计理念：从绿色建筑到健康建筑

建筑的实质是空间，空间的本质是为人服务。在建筑幕墙的设计过程中需贯彻以人为本的设计理念，才符合建筑的根本。以人为本就是满足人的需求，是人性化的设计。人性化设计要求在设计过程当中，根据人的行为习惯、人体的生理结构、人的心理情况、人的思维方式等，对空间环境进行优化，让使用更方便、舒适。人性化设计也是在设计中对人的心理生理需求和精神追求的尊重和满足，是设计中的人文关怀，是对人性的尊重。为客观地评价建筑对使用者的关怀，美国 2014 年推出了 WELL 评价标准，国内已有项目接受认证。我国的《健康建筑评价标准》（T/ASC 02—2016）已经中国建筑学会标准化委员会批准发布，自 2017 年 1 月 6 日起实施。

从绿色建筑到健康建筑的发展体现的是以人为本的设计理念。绿色建筑是对建筑在节地、节水、节材、节能与环境保护等方面的评价，强调的是建筑本身的性能。健康建筑则是遵循多学科融合性的原则，对建筑的空气、水、舒适、健身、人文、服务等指标进行综合评价，强调的是对建筑使用者的人文关怀。

结合健康建筑的综合指标，建筑幕墙的光污染、采光遮阳、开窗通风、隔声、视野，临边高透玻璃的安全感、玻璃护栏的可靠度、玻璃地面、玻璃采光顶等在不同的使用空间，不同的朝向都会影响到使用者的感受。幕墙方案设计时，人性化设计需要结合各功能空间、建筑朝向等综合因素考虑，很多人性化的细节还需要幕墙设计师再研究。

目前幕墙的开窗、栏杆的设计大多是不人性化的设计。无论建筑体量、功能空间大小，开启窗现在越来越大，玻璃分格越来越大。设计考虑的大多只是满足消防排烟要求，或是考虑对外立面效果的影响，并没有考虑方便使用和用户的感受。栏杆的高度标准要求为 1.1m，实际工程中很少有高于 1.1m 的设计，这些设计只求满足规范要求而不会考虑使用者的安全感。

按规范要求设计，只是最低的标准和要求，在新时代以质量提升为导向的前提下，按照以人为本的人性化需求设计，应是幕墙设计师要把握的新原则。

5 智能物联的设计理念：从智能建筑到智慧城市

二十一世纪初，电子信息技术的发展将建筑设备自动化系统（BA）、通讯自动化系统（CA）、办公自动化系统（OA）、火灾报警与消防连动自动化系统（FA）、安全防范自动化系统（SA）等通过综合布线系统进行有机的综合，形成了建筑智能化集成系统。具有建筑智能化系统的建筑被称为智能建筑。智能建筑的安全、便利、高效、节能的特点受到业界的热捧，5A、6A 的智能化写字楼如雨后春笋般地出现。"互联网$^+$"的创新概念提出后，智能建筑受到了广泛的关注。将智能建筑中各独立的系统打通，利用智能物联的理念，利用现代通信技术和图像技术等与建筑技术有机结合，实施更加精细化、准确地控制，使之具备一定的自我管控功能。如火灾报警后，系统自动安排精准的区域开窗、电梯停驶、疏散指令发布、疏散指示的引导，消防资源向报警区域自动调配等，让建筑成为一个具有自我管理功能的智慧建筑。目前腾讯智慧建筑平台系统已在滨海大厦上线并投入使用，阿里、华为也在智慧建筑方面投入巨资展开研发，一场以建筑信息化为基础，以抢占智慧建筑制高点的大戏已经上演。

智慧建筑的基础是建筑信息化与现代化通信技术，通信技术的发展日新月异，5G、IPV6 已成为国家战略，建筑信息化的发展已迫在眉睫。建筑行业近 30 年来一直保持着约 20% 的行业增速，占 GDP 的比重大就业人口多而成为支柱产业。但高速的增长、传统的工作方式，让整个行业基本与互联网和大数据割裂，管理创新能力弱，建筑业已是非农产业中信息化水平最低的领域。为加快推进行业市场化、工业化、信息化、国际化水平，2015 年住建部发布了《关于推进建筑信息模型应用的指导意见》，2016 年住建部发布了《2016—2020 年建筑业信息化发展纲要》，2017 的发布了《建筑业发展"十三五"规划》。2012 年我国发布 90 个试点智慧城市名单，智慧城市的部分区域已通过移动物联与云计算等新一代信息技术，将水、电、交通等信息与生产生活信息相结合，以提高效能和效率为导向进行智能管控。由于建筑信息化的程度较低，以建筑信息为基础的智慧城市功能还无法实现，如停车场的共享目前仅在试点。建筑是城市的一个固定复杂的信息单元，只有各单元的信息化达到一定的水平，以互联共享的方式进行连接才能在智慧城市的建设中发挥更大的作用。

建筑信息不会自动产生，需从设计入手。在新时代建筑设计需要有信息化的设计思想、智能物联设计理念。信息化设计不能没有大数据概念，大数据的发展一般有四个阶段，数据的收集与分析、数据的分析与产品、数据的产品与服务、数据资产与物联。未来的建筑资产一定是实物资产与数据资产并存，只有实物资产没有对应的数据资产，该资产就是一座信息孤岛，其价值一定会贬值。

在幕墙设计过程中，我们要优先、创新使用 BIM 的设计方法。将建筑建造的各类数据进行收集保存，无需考虑它将来的用途，因为信息时代最大的特征就是未来的不确定性，当有需要时再寻找数据则为时已晚。目前智能技术在幕墙上已有应用，如通过传感器和软件，收集窗户开启的大数据让管理者能够掌握大楼窗户的开启状态，各窗户的开启次数。这样既可以实现安全管理，又可以实现预防性维修。另据解放日报消息，上海建材集团研发出一种"四合一"传感器，贴在玻璃幕墙上，能监测温度、振动频率、应力应变、位移等 4 种数据，实时记录幕墙状态，并将其传输到大数据管理平台进行智能分析，时实报警存在安全隐患的玻璃等。

6　结语

在全面贯彻落实十九大报告精神，牢固树立创新、协调、绿色、开放、共享的新发展理念的指引下，建筑行业从高速发展向质量效益的转型、加快行业信息化水平的指导性文件已发布实施。建筑行业从规划到设计，从建造到运维管理都将面临着深刻的变化。装配式、BIM、云计算、大数据、物联网、共享、健康建筑、全生命周期等新名词将日益成为建筑行业的新的增长点。2017 年 12 月住建部发出了《关于在民用建筑工程中推进建筑师负责制的指导意见》征求意见稿，建筑幕墙设计即将迎来一个新的发展时期。相信接受 30 年市场化洗礼的幕墙设计师们，一定有能力有信心走在行业发展的前面，积极面对并拥抱建筑信息化大数据时代的到来。

参考文献

[1] 住房和城乡建设部.2016—2020 年建筑业信息化发展纲要，2016.9.
[2] 住房和城乡建设部.建筑业发展"十三五"规划，2017.4.
[3] 全国建筑幕墙顾问行业联盟.2017 年度建筑幕墙顾问行业分析报告，2017.11.

建筑幕墙用硅酮结构密封胶标准
有关设计要求的分析探讨

◎ 程　鹏　邢凤群

郑州中原思蓝德高科股份有限公司　河南郑州　450001

摘　要　本文分析了建筑幕墙用硅酮结构密封胶国内外相关标准有关设计的要求，指出各标准有关设计要求的差异及与我国相关规范的协调问题，结合国内外幕墙设计相关要求，对幕墙用硅酮结构密封胶设计采用产品标准的合理性做出探讨和建议。

关键词　建筑幕墙；硅酮结构密封胶；标准；设计

Abstract　This paper analyzes the design requirements of the domestic and foreign related standards of the structural silicone sealant for the building curtain wall，and points out the differences between the design requirements of each standard and the coordination with the relevant specifications of our country. According to the related requirements of curtain wall design at home and abroad，the rationality of adopting product standard for design of structural silicone sealant for curtain wall is discussed and suggested.

Keywords　building curtain wall；structural silicone sealant；standard；design

1　引言

我国现行标准《玻璃幕墙工程技术规范》（JGJ 102—2003）对建筑幕墙用硅酮结构密封胶的设计和选用做出相应规定，同时国内外有关建筑用硅酮结构胶的多个标准也提出技术指标要求，目前主要有我国国家标准 GB 16776—2005《建筑用硅酮结构密封胶》、建工行业标准 JG/T 475—2015《建筑幕墙用硅酮结构密封胶》、美国标准 ASTM C1184—2005《硅酮结构密封胶》、欧洲标准 ETAG 002—2012《结构密封胶装配套件（SSGK）欧洲技术认证指南》、EN 15434—2010《建筑用玻璃－结构用或抗紫外线密封胶产品标准（用于结构密封装配或外露密封中空玻璃单元）》。硅酮结构密封胶的设计和选择涉及建筑幕墙安全，选用合理的标准以便做出规范的设计对幕墙安全起着关键作用，本文通过分析国内外相关标准，对幕墙设计采用标准的合理性做出探讨。

2　产品标准与设计相关的要求

2.1　ASTM C1184

美国标准 ASTM C1184 中对结构胶粘结强度的试样方法为取 5 个试样进行拉伸试验，记录 5 个试样的最大拉伸强度并计算其平均值，要求 23℃强度平均值≥0.345MPa[3]。按照强度设计值 0.14MPa

计算，其最小设计安全系数约为2.5。虽然最小设计安全系数不大，但是标准ASTM C1184中要求结构胶在高温88℃、低温－29℃、浸水、水紫外光照老化后的强度平均值均≥0.345MPa，即结构胶老化后的拉伸粘结强度性能和初始的要求一致，且经过老化后设计安全系数仍保持在2.5以上，意在保证结构胶的耐久稳定性。但实际上，有些结构胶产品为通过该标准要求，将初始强度提高至很大，即使老化后有大幅度的衰减，仍然能够满足标准要求。例如：产品初始强度1.5MPa，经老化试验后强度衰减70%，仅仅保留30%，则老化后强度值为0.45MPa，仍然满足标准中≥0.345MPa的要求。

2.2　GB 16776

GB 16776—2005主要参照美国标准ASTM C1184编制，23℃拉伸粘结性的考察也是取5个试样进行拉伸试验，要求5个试样的拉伸粘结强度平均值≥0.60MPa[4]。按照强度设计值0.14MPa计算，其最小设计安全系数约为4。标准GB 16776对结构胶的耐老化性能要求结构胶在高温90℃、低温－30℃、浸水、水紫外光照老化后的强度平均值均≥0.45MPa，较初始强度的要求有所降低，但老化后的设计安全系数保持在3以上，意在控制结构胶产品仍然具有一定的耐久性。但该要求与美国标准ASTM C1184有同样的弊端，一些结构胶产品将初始强度提高至很大，即使老化后有大幅度的衰减，仍然能够满足标准要求。但这类产品老化后性能衰减明显，易出现过早失效现象，使用寿命很短。

2.3　JG/T 475（ETAG 002、EN 15434）

JG/T 475适用于设计使用年限不低于25年的建筑幕墙工程使用的硅酮结构密封胶，其相关指标参考了欧洲ETAG 002、EN 15434标准[5~7]。关于硅酮结构胶23℃拉伸粘结的强度，JG/T 475要求强度标准值$R_{u,5}$≥0.50MPa，标准取值方法参照欧洲标准ETAG 002、EN 15434，与我国GB 50068《建筑结构可靠度设计统一标准》规定一致，即材料强度的概率分布宜采用正态分布或对数正态分布，材料强度的标准值取其概率分布的0.05分位值确定[8]。强度标准值计算方法为10个平行试样的强度平均值扣除其标准偏差影响后得出的数值，计算公式（1）（2）所示：

$$R_{u,5} = X_{mean,23℃} - \tau_{\alpha\beta}S \tag{1}$$

$$S = \left\{ \frac{1}{n-1} \sum_{i=1}^{n} (X_i - X_{mean})^2 \right\}^{1/2} \tag{2}$$

式中：$R_{u,5}$——75%置信度时给定的典型强度值，95%试验结果将高于该值；

$X_{mean,23℃}$——23℃平均拉伸、剪切强度；

$\tau_{\alpha\beta}$——具有75%的置信度，5%偏差时因子，取值与试件数量有关，10个试件时取值2.1；

S——试验结果的标准偏差；

n——每组试件数量。

由上述公式可以看出，"标准值"和"平均值"两者概念不同，不宜将JG/T 475和GB 16776标准中强度值技术指标的大小进行直接比较。JG/T 475标准规定拉伸粘结强度标准值≥0.5MPa，一般是高于GB 16776中强度平均值≥0.6MPa的要求。

JG/T 475标准要求报告结构胶的初始刚度及拉伸模量（刚度模量），GB 16776对该项没有提出要求。初始刚度表征粘结材料及粘结件抵抗弹性变形的能力，以某一特定应变时的应力表示（$K_{12.5}$即表示应变12.5%时的应力）；刚度模量是密封胶粘结构件变形时拉应力与对应变形量的比值，表征粘结材料及粘结构件抵抗弹性变形的能力，初始刚度及模量是结构按承载能力极限状态设计的重要参数，幕墙用结构胶的尺寸设计与刚度模量有着密切关系。

对结构胶的耐老化性能要求方面，JG/T 475—2015规定80℃、－20℃、水紫外光照、高温100℃、盐雾、酸雾、清洁剂、机械疲劳等老化试验处理后拉伸粘结强度保持率≥75%，是一动态指标，并非一定值。旨在控制结构胶产品的耐久性，即要求结构胶在长期使用过程中经受各种老化因素的影响，仍然能够保持较稳定的性能，具有较长的使用寿命。这也是满足JG/T 475—2015标准的结构胶之所以具有预期 25 年使用寿命的关键要求。相比较标准 ASTM C1184 和 GB 16776—2005 中静态指标要求更合理，避免一些产品为了满足标准要求，大幅度提高 23℃条件下拉伸粘结强度，以达到老化处理后拉伸粘结强度大量衰减后仍然满足标准 ASTM C1184 和 GB 16776—2005 的要求。例如前述示例：结构胶初始 23℃条件下拉伸强度 1.5MPa，老化后为 0.45MPa，是符合标准 ASTM C1184 和 GB 16776—2005 的，但是保持率只有 30%（<75%），不符合 JG/T 475—2015 要求。

3 幕墙设计规范要求

3.1 美国相关要求

设计强度最大取值为 0.14MPa 是由许多验证试验及实践得出的结果，已得到验证和业界广泛认可。美国标准 ASTM C1401—2014《结构密封胶装配标准指南》中第 27.4、27.5 条规定，结构密封胶的最大拉伸强度应符合标准 ASTM C1184 中规定的≥0.345MPa 的要求，最大设计强度为 0.14MPa，最小设计安全系数为 2.5，根据特定结构密封胶的最大拉伸强度和所确定设计安全系数，设计强度可小于 0.14MPa[2]。ASTM C1401 中第 24.3.1 条指出，虽然结构密封胶的最大拉伸强度一般是高于 0.345MPa，但不能因此就将设计强度提高到 0.14MPa 以上，延长结构胶使用寿命的关键在于经过环境老化后还能保持良好的粘结性能。ASTM C1401 中第 30.3.5 条指出，结构胶承受反复拉伸疲劳的次数随着应力幅度的增大而剧减，即提高设计强度会导致疲劳寿命明显降低。因此，为保证幕墙安全，应当主要关注结构密封胶的耐老化性能以延长使用寿命；为降低设计风险，可提高设计安全系数，而不是提高强度设计值，设计强度值不应超过 0.14MPa，否则会造成安全风险。

3.1 国内相关要求

关于硅酮结构密封胶粘结强度设计值取值，我国参照美国相关规范，将强度设计值 0.14MPa 纳入相应规范要求，用于结构胶的粘结尺寸设计。

3.1.1 幕墙用硅酮结构密封胶粘结宽度设计

JGJ 102—2003 第 5.6 章节规定，在风荷载作用下，硅酮结构密封胶的粘结宽度 c_s 按下式（3）计算：

$$c_s = \frac{wa}{2000f_1} \tag{3}$$

式中：c_s——硅酮结构密封胶的粘结宽度（mm）；

w——作用在计算单元上的风荷载设计值（kN/m²）；

a——四边打胶时，指矩形玻璃板的短边长度；仅两对边打胶时，指两对边胶的胶体相对距离（mm）；

f_1——硅酮结构密封胶在风荷载或地震作用下的强度设计值，取 0.2N/mm²。

3.1.2 幕墙用硅酮结构密封胶厚度设计

JGJ 102—2003 第 5.6.5 条规定，硅酮结构密封胶的粘结厚度 t_s 按照下面公式（4）、（5）计算：

$$t_s \geq \frac{u_s}{\sqrt{\delta(2+\delta)}} \tag{4}$$

$$u_s = \theta h_g \tag{5}$$

t_s——硅酮结构密封胶的粘结厚度（mm）

u_s——幕墙玻璃的相对于铝合金框的位移（mm），必要时还应考虑温度变化产生的相对位移；

θ——风荷载标准值作用下主体结构的楼层弹性层间位移角限值（rad）；

h_g——玻璃面板高度（mm），取其边长 a 或 b；

δ——硅酮结构密封胶的变位承受能力，取对应于其受拉应力为 0.14N/mm²时的伸长率。

JGJ 102—2003 中结构胶强度设计值取值 $0.2N/mm^2$，条文说明指出这是套用概率极限状态设计方法，风荷载分项系数取 1.4，将标准值 $0.14N/mm^2$ 乘以分项系数 1.4 约等于 $0.2N/mm^2$，定为风荷载作用下的强度设计值，可见结构胶的粘结强度设计值仍为 $0.14N/mm^{2[1]}$。硅酮结构密封胶的变位承受能力 δ 是取极限设计强度 $0.14N/mm^2$ 对应的应变，通过 JG/T 475 标准要求报告的初始刚度及模量可以获取 δ 值的大小。经大量工程的实践证明，采用 0.14MPa 设计值进行设计选材为建筑幕墙结构安全提供了基本的保证。

3.2　欧洲相关要求

欧洲标准体系将强度标准值用于设计选材，强度设计值是根据材料的强度标准值可以按 6 倍的设计安全系数进行计算，即强度设计值可以取标准值的 1/6。设计方法不同于我国规范要求——强度设计值取定值 0.14MPa。有观点认为按照欧洲标准要求结构密封胶的强度标准值应该达到 6 倍的设计强度即 0.14×6＝0.84MPa 以上，其实这种观点是错误的，原因有以下几个方面：

1）该观点将欧洲体系的设计方式与我国的相关要求断章取义、混为一谈，将我国规范要求的强度设计值 0.14MPa 套用欧洲标准要求的安全系数 6 来确定对标准值的要求。

2）欧洲在产品标准 EN 15434 中规定了 23℃拉伸粘结强度标准值 $R_{u,5}$≥0.50MPa，并不是要求结构胶产品的强度值一定要达到 0.84MPa 以上。标准 ETAG 002—2012 附录 A2.0 中指出设计安全系数可以选用 6 进行计算，并非是要求必须取定值 6 作为安全系数。

3）如果按照该观点片面地将结构胶强度标准值要求由"≥0.50MPa"提升至"≥0.84MPa"，引导结构胶产品朝着较高强度发展，按照 6 倍的安全系数进行设计，强度设计值必然远远超过 0.14MPa，如结构胶强度达到 1.5MPa，按照 6 倍的安全系数计算，设计值高达 0.25MPa，大大超出业界公认的强度设计值限值 0.14MPa，势必增大幕墙安全风险[2,9]。

欧洲标准设置强度保持率指标，控制结构胶在经过各种环境及复杂受力老化后，力学性能没有大的衰减，始终保持较稳定的性能。标准 JG/T 475 标准同样采用了该要求，这也是满足欧洲标准 ETAG 002 及行业标准 JG/T 475 的结构胶之所以具有预期 25 年使用寿命的主要原因，而并非是其设计的安全系数取值高于我国要求。

4　结语

1）我国《玻璃幕墙工程技术规范》（JGJ 102）中对硅酮结构密封胶的设计，强度设计值取定值 0.14MPa，是采用结构胶的强度"标准值"，并非强度"平均值"，"标准值"和"平均值"两者概念不同，标准 JG/T 475 规定的"标准值≥0.5MPa"，一般是高于 GB 16776 规定的"平均值≥0.6MPa"的要求，此外，标准 JG/T 475 还要求报告初始刚度及刚度模量，标准 JG/T 475 与规范 JGJ 102、GB 50068 要求相协调一致，更加适合规范要求。

2）幕墙用结构胶的设计方法，国内外各国均有相应要求，不能将各国的不同要求混为一谈，误导结构胶的正确使用。为降低建筑幕墙设计风险，可提高设计安全系数，而不是提高强度设计值，设计强度值不应超过 0.14MPa，否则会造成安全风险。

3）标准 JG/T 475—2015 主要参照欧洲标准 ETAG 002—2012 要求，符合该标准要求的硅酮结构密封胶产品，按照规范进行设计施工，可达到预期 25 年使用寿命，与我国规范 JGJ 102 规定"幕墙的结构设计使用年限不应少于 25 年"相协调。JG/T 475—2015 标准科学先进，应得到正确的引导宣传和应用，以促进建筑幕墙工程质量稳定及安全。

参考文献

[1] JGJ 102—2003 玻璃幕墙工程技术规范 [S].

[2] ASTM C1401—2014Standard Guide for Structural Sealant Glazing [S].

[3] ASTM C1184—2014Standard Specification for Structural Silicone Sealants [S].

[4] GB 16776—2005 建筑用硅酮结构密封胶 [S].

[5] JG/T 475—2015 建筑幕墙用硅酮结构密封胶 [S].

[6] ETAG 002—2012 Guideline for European Technical Approval for Structural Sealant Glazing kits：Part 1 Supported and Unsupported Systems [S].

[7] EN 15434—2010 Glass in building-Product standard for structural and/or ultra-violet resistant sealant (for use with structural sealant glazing and/or insulating glass units with exposed seals) [S].

[8] GB 50068—2001 建筑结构可靠度设计统一标准 [S].

[9] 马启元. 倍增幕墙玻璃粘结强度设计值的风险 [C]. 全国铝门窗幕墙行业年会，2009.67-73.

作者简介

程鹏（Cheng Peng），男，硕士研究生，工程师，主要从事密封胶研发、质控工作。E-mail：chengpeng308@163.com。

门窗用密封胶施工过程质量控制及问题分析

◎ 利贵良 蒋金博 曾 容

广州市白云化工实业有限公司 广东广州 510540

摘 要 本文首先对门窗密封胶标准做了简要介绍，结合工程现场实际情况介绍了门窗密封胶性能简易鉴别方法和施工过程质量控制方法，对门窗密封胶应用过程中的一些常见问题做了相应分析。门窗密封胶品质差或选用不当，施工过程不规范，将直接影响到门窗质量和整体性能。选择优质密封胶是保证门窗密封性能的前提，与此同时还要规范施工和做好施工过程质量控制，以确保门窗质量。

关键词 密封胶；门窗；质量控制

Abstract In this paper，the standards of sealants for doors and windows have been briefly introduced. According to the actual conditions of the engineering project，the methods of sealant performance identification and quality control are systematically discussed，and the corresponding analysis for common problems is also made. What we must realize is that poor quality and improper use of sealants and irregular construction will directly damage the quality and overall performance of doors and windows. Under the premise of high quality sealants，we must standardize the construction and make good control of quality during the construction process to ensure good quality of doors and windows.

Keywords sealants；doors and windows；quality control

1 引言

伴随着生活质量的提高，人们对住宅质量与性能有了更高的要求，越来越关注门窗的节能、安全、耐用等性能。作为辅材，密封胶在门窗制作中成本占比很小，但对门窗整体性能起着至关重要的作用，特别是在水密性、气密性、保温性、隔音等方面起关键作用[1]。

密封胶选用不当或者施工质量差，将导致门窗密封失效，造成漏水、漏气等问题，严重影响到门窗质量。因此，密封胶的正确选择和使用直接关系到门窗性能、质量以及使用寿命。

2 门窗密封胶标准简介

近年来，建筑门窗及外墙接缝用密封胶产业快速发展，与之相对应的标准也不断完善。国内门窗密封胶主要以硅酮类为主，聚氨酯胶、聚硫胶、丙烯酸酯密封胶相对较少，门窗密封胶相关的标准主要有GB/T 14683—2017《硅酮和改性硅酮建筑密封胶》、JC/T 881—2001《混凝土建筑接缝用密封胶》、JC/T 485—2007《建筑窗用弹性密封胶》[2,3,4]等。三个标准都分别对密封胶的产品分类、技术要求、试验方法和检验规则等作了详细说明与规定，对密封胶理化性能（外观、表干、适用期力学性能、烷烃增塑剂等）提出了相应指标要求和检测方法。

GB/T 14683—2017 和 JC/T 881—2001 中的分级方法和要求均参照了 ISO 11600，JC/T 881 根据位移能力分为 25 级、20 级、12.5 级、7.5P 级，GB/T 14683—2017 根据位移能力分为 20 级、25 级、35 级、50 级。JC/T 485 参考了日本标准 JIS A5758：2004《建筑材料》和 JIS A1439：2004《建筑密封材料试验方法》，其对密封胶分级的依据还是密封胶的位移能力，如分为 7010、8020、9030 级别，其分级方法和要求与 GB/T 14683—2017 和 JC/T 881—2001 两个标准分级有明显差别。

上述标准中的试验方法都是在实验室条件下进行，而工程项目应用中，项目现场实际条件往往达不到实验室条件要求，因此，很难完全具备条件按照标准的方法和要求来进行密封胶性能的检测。接下来简单介绍在项目现场门窗密封胶性能简易鉴别方法。

3 门窗密封胶性能简易鉴别方法

3.1 外观

门窗胶应用中，如果胶缝表面出现颗粒、结皮、气孔或表面不平整等现象，可以认为门窗胶外观差。正常情况下，密封胶外观为均匀、细腻的膏状物，无不易分散的明显颗粒及结皮，可以用刮板法（图 1）检测密封胶的外观是否良好。除了密封胶自身质量问题，如果施工过程中密封胶修整时间过长、反复或多次修整也会导致胶缝表面产生颗粒、结皮及气孔。

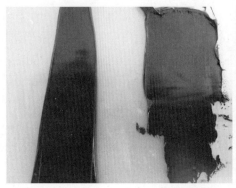

图 1　刮板法检测密封胶外观

3.2 表干消粘

密封胶表干及消粘时间是密封胶质量与性能的重要指标。门窗用单组分硅酮密封胶，标准条件（温度 23±2℃、相对湿度 50±5%）下，表干时间一般会在 180min 内，消粘时间在 24h 内。如超出上述时间，可认为表干或消粘慢，会导致门窗胶固化慢。测试方法如下：

1）在白纸或者塑料薄膜打上直径约 6mm 的密封胶胶条；

2）每隔 5min，用手指轻轻触碰胶条表面；同一位置不能反复触碰（图 2）。

3）当手上不黏附密封胶时，即为密封胶表干时间；表干时间 180min 以内，为合格；

4）密封胶固化 24h，用手掌按压胶条，如果胶条表面完全不粘手，则消粘合格。

通常情况下，如果密封胶已过期或者本身质量差，会导致密封胶固化慢甚至完全不固化，施工前应确认密封胶无质量问题再

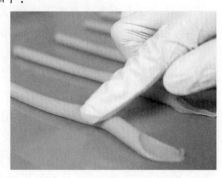

图 2　表干、消粘时间测试

进行施工。施工环境温度或者湿度较低，会导致门窗胶表干或者消粘偏慢，该条件下延长固化时间，密封胶可以固化，性能不受影响。不同类型的密封胶，其表干和消粘时间通常有所差别。

3.3　硬度

通常情况下，门窗用硅酮密封胶固化后胶体硬度在 20－60（邵氏硬度 A）之间（图3）。如果门窗胶固化后硬度过低，门窗胶有可能变质或者失效，可能会导致胶缝开裂或者脱粘；如果门窗胶固化硬度过高，门窗胶有可能弹性及耐久性差，胶缝在伸缩变形过程中容易开裂脱粘等问题。检测方法如下：

1）将密封胶打在薄膜纸上，面积约 100mm×60mm，厚度 6mm，养护至完全固化；

2）待密封胶完全固化后，用硬度计测试密封胶的邵氏硬度，测试 5 个点，取平均值。

图3　密封胶邵氏硬度测试

3.4　力学性能

门窗胶主要用于窗框与玻璃、窗框与混凝土之间嵌缝密封，密封胶需要具备足够的位移能力抵抗门窗热胀冷缩给接缝带来的形变和位移。在前面标准介绍中，各标准都对密封胶的位移级别进行了分级，位移级别是门窗密封胶重要的力学性能指标。位移级别越高，密封胶性能越好。

密封胶的位移能力与拉伸的弹性性能有一定关系。下面介绍下鉴别胶体拉伸弹性性能的简易方法：

1）在塑料薄膜打上直径约 6mm 的密封胶胶条，密封胶固化至少 24h 或者更长时间，拉伸时确认已完全固化；

2）用手将胶条向两端慢慢拉伸（图4），以原胶条长度对比，目视判断胶条可被拉伸的幅度，手感胶条拉伸时所需的拉伸力。力学性能好的门窗胶产品一般可拉伸幅度 100% 甚至更高。

3）拉伸胶条拉至胶条可拉伸的最大幅度，但不要拉断。然后完全解除胶条所受外力，将胶条静止放置，30s 内观察胶条恢复到初始状态的情况。弹性恢复率好的胶条会有明显恢复到初始状态的趋势。

图4　胶体拉伸性能测试

3.5　是否填充矿物油

目前，国内门窗胶以硅酮类为主，由于原材料价格的大幅上涨导致硅酮密封胶生产成本升高，市场上很大一部分的低价劣质的硅酮密封胶是通过大量掺杂矿物油来取代价格较高的有机硅基础聚合物来降低成本，行业内称为"充油胶"。充油胶价格非常便宜，但是质量和性能严重下降，密封胶开裂、粉化、硬化、流油等问题，严重损害工程质量。

为了鉴别密封胶有无填充矿物油，国家标准化委员会发布了国家标准 GB/T 31851—2015《硅酮结构密封胶中烷烃增塑剂检测方法》，该标准采用热重分析、热失重和红外光谱分析方法，定量或定性检测硅酮结构密封胶中的烷烃增塑剂（矿物油）。门窗胶可按照该标准方法判别是否含有烷烃类物质（矿物油）。还有一种简易的方法是把门窗胶打在平整的塑料薄膜上，固化数小时后观察；如塑料薄膜收缩起皱，则表明门窗胶极可能含有矿物油，收缩起皱越严重，含有的矿物油越多[5]，具体见图5。

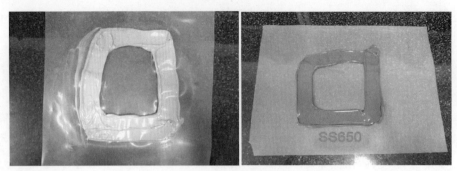

图 5　薄膜法检测充油胶

4　施工过程中质量控制方法

4.1　粘结性试验[6]

门窗用密封胶如果与基材粘结性不良，在门窗使用一段时间后密封胶极有可能出现脱粘，导致门窗漏气漏水，严重影响门窗正常使用。为保证密封胶与基材的粘结质量，用胶前应做粘结性试验，并按照粘接性试验推荐方法进行施工。具体方法如下：

1）取实际使用基材，将密封胶打在基材表面（按要求是否打底涂），制成试件，密封胶粘结面积约 100mm×50mm，厚度约为 3mm，将制得的试件在标准条件下养护 21d 后，进行剥离粘结性试验，记录粘结破坏面积百分比。

2）浸水后的粘结性测试，也可将上述养护好的试件，浸水 1 至 7d；进行剥离粘结性试验，确认浸水后密封胶与基材粘结情况，记录密封胶粘结破坏面积百分比。

4.2　相容性试验[7]

相容性是指密封胶与其他材料接触时，相互之间不产生有害物理、化学反应。密封胶与基材不相容，导致密封胶变色变质、性能下降、脱粘等问题，导致密封胶耐久性差、门窗密封失效，严重影响到门窗性能及工程质量。为确保粘结密封质量，项目用胶前，应做相容性试验（图 6）。

（左图：相容，中图：不相容，右图：空白样）

图 6　相容性试验结果

确认附件材料与门窗密封胶相容性，可参照的具体试验方法如下：

1）取实际使用附件材料作进行试验，将附件放置玻璃正中间，在附件四周挤注需试验的密封胶；同时用刮刀修整密封胶，使密封胶与附件充分接触，并与玻璃密实粘结，按以上方法制备好试验试件。

还需制备空白试件，空白试件制作方法与试验试件完全一致，只是不植入附件材料。

2）制备好的试片在标准条件下养护 7d，试片养护完成后，将试片放置在紫外辐照箱中，用紫外灯照射 21d。

3）取出观察试验试件与空白试件颜色、外观的差异。

4）取出放置 4h 后，分别对试验试件、空白试件的密封胶进行剥离试验，测量并计算各试件内聚破坏的百分比。

4.3 随批剥离粘结性测试

为了保证粘结性，避免大面积施工后才发现问题；在实际施工过程中，针对不同的施工环境、不同的粘结基材，应进行随批剥离粘结性测试（图 7）。

测试过程：取实际使用基材，按照实际施工要求和养护条件进行打胶并养护，养护完成后，割胶检测密封胶与基材的粘接情况，记录密封胶与基材粘结破坏面积。

图 7 随批剥离粘结性测试

割胶试验确认密封胶与基材粘结良好，可进行大批量的打胶施工。试验中，如果发现粘结不良，我们应该立即停止施工，查找原因。剥离粘结性试验不合格的原因有：基材或者胶批次之间有差异、环境变化大、养护时间短等。

4.4 成品割胶试验

门窗成品出厂前，有必要应进行成品抽检，以确保产品质量。

方法如下：进行手拉剥离粘结性测试（图 8），检查胶的外观、固化和粘结情况等。如发现有问题，应及时停工查找原因。检查基材粘结力是否合格，密封胶是否具有弹性，接口是否完全被胶填满，尺寸是否符合设计要求，同时记录测试结果。

割胶时，手拉剥离粘结性测试见图 8。

图 8 手拉剥离粘结性试验

5 常见问题分析

5.1 不相容

门窗装配会使用到一些附件材料，如橡胶类材料（如橡胶垫块、橡胶条），某些橡胶制品生产中出于降低成本或其他考虑会加入橡胶油或其他小分子物质。当这类橡胶材料与硅酮密封胶接触后，橡胶油或其他小分子物质会向密封胶迁移，甚至迁移到密封胶的表面，使用过程中在阳光照射紫外线作用下，可能会导致密封胶黄变，这种现象在颜色较浅的门窗胶上表现较为明显。

密封胶施工前，按 4.2 中相容性试验方法进行密封胶与所接触材料的相容性测试，确定密封胶与基材的相容性，并按照相容性测试结果要求进行施工。

5.2 粘结不良

门窗所用的型材、玻璃等基材，表面很有可能会存在油污、灰尘或其他残留的化学物质，如果施工前没有进行清洗，有可能造成密封胶粘结不良。

施工温度及养护温度低，养护时间短会造成密封胶与基材粘结不良。施工温度对门窗胶与基材的粘结性有一定影响。比如，25℃的条件下，门窗胶与基材粘结良好；但是在 0℃的条件下，同样的门窗胶与基材可能会出现局部粘结不良或者完全粘结不良的情况。推荐的门窗胶的施工温度是 4℃～40℃。温度偏低的情况下，需要在低温下做粘结性试验，粘结性试验的温度应与实际施工的温度一致。当养护温度偏低时，门窗胶所需固化时间较长，要适当延长养护时间。

密封胶自身质量差，会影响密封胶与基材之间的粘接性，导致密封胶粘结性差。市面上门窗胶质量参差不齐，部分产品质量很差，会导致粘结不良。

密封胶施工过程中，未做粘结性试验，或未按照粘结性试验推荐的方法施工，施工过程中清洗或者涂底涂液方法不符合施工工艺，施工过程中的不规范操作会造成密封胶与基材粘结不良。

5.3 储存问题

密封胶属于化工产品，有一定期限的贮存期，要求在贮存期内使用。如果密封胶已超出贮存期，很可能固化速度明显变慢、固化不良甚至不固化。

根据密封胶相关标准中贮存条件要求，密封胶标称的贮存期是在 27℃以下及阴凉干燥通风条件下贮存。如果实际使用中贮存环境不能达到标准规定的条件，如环境温度过高，密封胶贮存期可能缩短，会导致密封胶在未超过标称的贮存期时就出现固化慢的现象。

因此在实际应用中，应做好密封胶产品的仓储管理工作，优化仓储环境条件，根据工程进度尽早使用密封胶，避免密封胶长期储存而导致产品变质或失效，给工程带来不必要损失。同时，在进行大面积施工前，可以进行小范围打胶，确定密封胶性能质量正常，再进行施工，确保施工质量及门窗整体性能。

5.4 不耐老化

门窗用密封胶质量参差不齐，部分门窗胶产品为了降低成本，大幅降低了有机硅基础聚合物的含量，大量掺杂廉价的矿物油和粉体填料，行业内称为"充油胶"。这类门窗胶刚开始使用时不会有明显问题，但是密封胶中填充的矿物油与硅酮胶相容性差，经过一段时间后，矿物油会迁移到密封胶表面，而且胶体会逐渐硬化，失去弹性；如果充油胶与中空玻璃接触，所填充的矿物油会渗透进中空玻璃，导致中空玻璃密封流油及彩虹现象，导致中空玻璃密封失效。

图 9 是填充 15％矿物油与不填充矿物油硅酮密封胶按照美国标准 ASTM C1184 中紫外老化要求分别进行 5000h 紫外老化试验对比。试验前 500h，充油与不充油密封胶弹性及伸长率无明显差异；试验进行 500h 后，充油胶最大强度伸长率急剧下降，胶体变硬，逐渐失去弹性；3500h 后，充油胶失效，出现严重开裂或脱胶的情况。而不填充矿物油的密封胶经过 5000h 老化后，性能几乎保持不变。

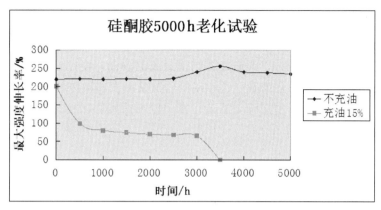

图 9　充油胶性能老化试验

密封胶的品质对门窗的质量和使用寿命有着重要影响。低价密封胶前期购胶成本低，但是一旦密封胶质量出现问题，后期需投入较大的返工及维护费用，包括二次购胶成本、返工成本、品牌声誉损失等等，这些代价可能是采用优质密封胶成本的几倍甚至几十倍，同时也给业主带来质量问题甚至安全隐患，更使门窗品牌和开发商声誉受损，这些损失可能无法估量[8]。

6　结语

门窗密封胶的质量及其施工质量对门窗的质量和使用寿命有着极其重要的影响。部分密封胶产品，填充了矿物油，不耐老化，使用这类密封胶产品会带来很多质量问题。用户在应用中，对密封胶要给予足够的重视：首先要"选好胶"，选用品质有保证、品牌信誉好的密封胶产品；同时要"用好胶"，做好密封胶施工质量监控，按规范要求设计施工，以保证门窗质量。

参考文献

[1] 耀化则，车建军，陈东. 密封胶在门窗中的应用［J］. 门窗，2015，6：26-29.

[2] GB/T 14683—2017《硅酮和改性硅酮建筑密封胶》［S］.

[3] JC/T 485—2007《建筑窗用弹性密封胶》［S］.

[4] JC/T 881—2001《建筑窗用弹性密封胶》［S］.

[5] GB/T 31851—2015《硅酮结构密封胶中烷烃增塑剂检测方法》［S］.

[6] GB 16776—2005《建筑用硅酮结构密封胶》［S］.

[7] GB 16776—2005《建筑用硅酮结构密封胶》［S］.

[8] 段林丽. 增塑剂对硅酮密封胶耐老化性能影响的研究［J］. 中国建筑防水，2016，5：5-9.

不同干燥剂对中空玻璃渗透系数影响的理论探索

◎ 刘昂峰

山东能特异能源科技有限公司　山东淄博　255088

摘　要　渗透系数是中空玻璃综合寿命检测的主要指标，然而不同的干燥剂，对此系数的表达值非常不同，本文从吸附平衡理论角度研究了不同的干燥剂，对中空玻璃渗透系数的影响差异。

关键词　干燥剂；渗透系数；中空玻璃耐久性；露点寿命

1　中空玻璃耐久性实验的科学性与必要性

中空玻璃能够节能，其节能能力如何，可以通过测定该中空玻璃的综合 U 值来确定，但是中空玻璃能够节多少能，这与中空玻璃 U 值能够持续多长时间、衰减能有多快有关。U 值持续时间较短，衰减很快，就算 U 值再高，也没有多大意义。U 值的急剧衰减是随着中空玻璃的结露而出现的。那么中空玻璃在使用过程中保持不结露能够持续多长时间呢？这除了中空玻璃自身的质量因素以外，与气候条件差异等因素也有很大关系。

相同质量的中空玻璃在不同气候条件下的服役期是不同的，比如在相对干燥地区，由于每年渗透进中空玻璃的水分较少，此中空玻璃寿命就会很长；相对潮湿的地区，由有每年渗透进中空玻璃的水分较多，此中空玻璃寿命相对就会较短。

相同的中空玻璃在不同温度环境中的寿命也是不相同的，在温度较高的南方地区，由于温度较高，中空玻璃内腔内残留的水分并不一定能达到结露的程度，中空玻璃可以正常使用；但在温度较低的北方，很可能就会使中空玻璃结露，显示中空玻璃寿命到期。实际上有时会出现这种情况，一栋房子的向阳部分的中空玻璃没有结露，而背阴部分结露了，有时中空玻璃晚上或早晨结露，中午就没了。

同样质量的两块中空玻璃，在温差相对变化较少的地区，由于玻璃各种冷热变化而引起的应力变化较少，此中空玻璃寿命就会较长，反之，其寿命就会较短。

另外，在不同区域，中空玻璃受紫外线照射的强度也不一样，对中空玻璃的密封程度影响也不尽相同，同时也是影响中空玻璃的寿命之一。

很显然，多样化的中空玻璃使用环境条件很难作为衡量中空玻璃寿命的标准条件。有必要对中空玻璃使用环境进行一个统一的界定。

中空玻璃新国家标准对中空玻璃的耐久性试验就是综合并模拟了上述气候的变化差异，而对中空玻璃进行的一系列耐久性测试，这种方法用干燥剂在特定露点的吸附容量与水汽渗透量比对来衡量中空玻璃的渗透系数，从而综合评价中空玻璃的耐久性，间接地反映出中空玻璃的寿命长短，这确实是一个比较科学的方法。

2　中空玻璃寿命的科学表达方法——露点寿命

因为干燥剂的性质不同，不同干燥剂在相同的湿度条件下的吸附容量是不同的，我们粗略地把在低湿度状态下吸附容量较大的干燥剂叫做深度吸附干燥剂；把高湿度条件下吸附能力大的干燥剂称为浅吸附干燥剂，深吸附干燥剂与浅吸附干燥剂只是相对而言。

在一定含湿量的密闭环境中，含湿环境中的水分会有一部分进入到干燥剂中，最后干燥剂会与环境之间达到一个吸附平衡，干燥剂中的水分会达到一个稳定的百分比，含湿环境中的水分含量会减少并也达到一个稳定值。如果空气中含湿量提高，干燥剂不会将所有增加的水分都吸进干燥剂，而是只吸收一部分，另一部分仍然留在空气中，从而达到新的吸附平衡，所以说当干燥剂吸附容量提高的时候，同时意味着空气中的含湿量也在增高，含湿量的增高意味着露点的上升。所以，所有干燥剂的吸附量的背后都对应着一个唯一气体含湿量——露点值。

新的中空玻璃标准中，衡量中空玻璃耐久性的重要参数是渗透系数，渗透系数受三个因素确定：一是水汽透入密封胶的速度；二是干燥剂的装填量；三是干燥剂在控制露点值时的吸附容量。

如公式1所示。

$$I=(T_f-T_i)/(T_c-T_i) \tag{1}$$

T_f 是受中空玻璃密封胶的密封程度影响与干燥剂的装填量影响的，这里要注意选择优质的密封胶，并达到相应的厚度，同时干燥剂装的要多；T_c 这个数值，除了受干燥剂的质量影响的，其背后还对应着一个唯一的气体含湿量——露点值，而这个结露温度点的正确选择，就成了整个耐久性试验是否具有科学性的基石，他也是衡量中空玻璃寿命（即耐久性）的重要基石，所以为了科学准确表达中空玻璃的耐久性能，以免引起误解，应该表述为：中空玻璃多少度露点耐久性或中空玻璃多少度露点寿命会更加准确。

对于中空玻璃来说，内腔空气越干燥，露点就越低，其所应用的低温地区就越广。

3　双重吸附测试条件所带来的渗透系数的差异性的矛盾

中空玻璃材料平台中，涉及两种干燥剂，分别有不同的标准要求（表1）。

表1　两类干燥剂不同相对湿度吸附量对照表

相对湿度，25℃	11%	75%
A类干燥剂吸附量	≥16.5%	≥20.0%
B类干燥剂吸附量	≥11.0%	≥35.0%

两块分别使用A类与B类不同干燥剂做成的中空玻璃，假设具有相同水汽渗透速度，对A类干燥剂的中空玻璃来说，用低湿度条件下的干燥剂饱和吸附值作为测量渗透系数的参数，就比较有利；反之的话，就对B类干燥剂的中空玻璃比较有利。

在这种情况下，我们将会不得不面对这样一种矛盾，总有一些玻璃会只满足两种标准中的一个，我们到底应该以哪个为准？如何取舍？如果是两项标准全满足时才算合格，那么就相当于只执行了一个低湿度条件下的标准，因为低湿度的时候合格的高湿度时肯定合格，而反之则不一定。所以我们显然是没有折中的余地，也无法取舍。

如果不采用双重标准，那么我们就必须得回答一个问题：我们到底应该用那一个湿度标准来进行中空玻璃渗透系数值的判定？

4 相对湿度11％条件下的露点控制目标的合理性

那么，到底什么样的温湿度条件比较科学呢？

我们对中空玻璃的最低要求是：在服役期内（例如15年），中空玻璃在保持其基本的保温隔热性能的前提下，不要结露。显然，越干的空气结露温度越低。我们希望在人类正常生活的环境温度之内，尽量不要见到中空玻璃的结露。这要求我们应该选择尽可能低的结露温度点来作为衡量中空玻璃抗结露性能的标准，以确保中空玻璃具有最大地域范围的适应性。

要准确的设定这个露点值，应该考虑以下两方面问题：一是在正常气候年份的低温环境中使用中空玻璃时，中空玻璃内腔气体所能达到的温度。二是干燥剂标准中测试吸附所使用的湿度条件的露点温度与上述温度的吻合性。

2009年1月23日20时公共气象服务中心提供的寒潮影响期间最低气温分布图是一份典型的国内一月份的最低平均气温分布图，图中显示我国一月份最低气温可达−30℃以下。

在冬天，一般是空气的温度高于物体的温度，中空玻璃一般都是安装在居住环境之中，居住环境室内的最低温度一般情况都是在10℃以上，此时如果外界环境温度是−30℃，中空玻璃空腔中的温度应该取室内外温度的中间值：−10℃，即在−10℃时中空玻璃仍然不结露，证明中空玻璃没有失效。

如果在夏天，由于热源是来自太阳光，气温升高的一个重要途径之一是物体吸收阳光后发热，进而加热周围的空气。如果气温达到35℃以上，长时间受阳光照射的物体的温度往往已经达到50℃～60℃。接受阳光直射的中空玻璃，特别是边框，即使室内温度低于30℃，中空玻璃空腔内干燥剂的温度也能非常轻易地达到40℃以上，所以夏天用室内温度与外界温度取平均值来衡量中空玻璃内腔温度是不可取的。像这样40℃以上温度，中空玻璃空腔内的气体含湿量会很高，但玻璃上不会出现结露。表2为部分露点与相对湿度对照表。

表2 部分露点与相对湿度对照表

25℃相对湿度	露点（℃）	25℃相对湿度	露点（℃）
0.4％	−40.11	11.0％	−6.65
1.1％	−30.82	30.0％	6.24
3.2％	−20.18	60.0％	16.70
5.0％	−15.46	80.0％	21.31
8.0％	−10.28	75％（35℃时）	30.0

所以，中空玻璃在低温下没有结露，当气温上升后，仍然也不会结露；即使有时中空玻璃在低温下结露了，当气温上升后，结露也会消失。这是因为温度上升后气体的饱和含湿量增加，已经结露的水分重新挥发进空气中；相反，当温度再降下来的时候，由于低温条件下空气中的饱和含湿量降低，空气中的大量水分又会重新凝结到玻璃上形成结露，这个过程还会大大增加中空玻璃的传热性。

所以，考察中空玻璃干燥剂在高湿状态下的吸附能力是没有意义的，因为在高湿状态下玻璃仍然在其受外界影响的温度变化范围内反复结露、蒸发，起不到中空玻璃透明保温的应用效果。

为了使中空玻璃在大部分时间之内不会有结露现象，我们必须控制中空玻璃内的空气含湿量不得超过某一个数值，根据世界我国的气候特征，分析中空玻璃空腔之内的温度最低应该在−10℃以上，所以确保中空玻璃−10℃不结露是普适性最广泛的一个标尺，此衡量温度越高，其普遍的实用性特征就越窄。依据上表，−10℃的露点在常温下所对应的相对湿度是8％。

依据目前中空玻璃干燥剂的衡量标准，有以下几种：

有温度35℃时相对湿度是75％；

温度25℃时相对湿度60％；

温度 25℃时相对湿度 32%；

温度 25℃是相对湿度 11%；

其中温度 25℃是相对湿度 11%所对应的空气绝对含湿量的露点温度是－6.65℃。与－10℃的露点要求最为接近。

所以综合两方面因素，考虑确保中空玻璃在－7℃露点耐久性，作为衡量中空玻璃的渗透系数标准具有最大程度的普遍性与可行性。

5　中空玻璃干燥剂标准与国标的统一性要求

露点耐久性的要求为所有用于中空玻璃的干燥剂的要求提供了唯一的标准参考，如果干燥剂的标准不统一，我们将无法面对将来的很多矛盾：

1）如果干燥剂吸附标准不唯一，我们无法回答这样的问题：一块玻璃用不同的露点标准测试渗透系数，只能合格一个，那么这块玻璃到底合格还是不合格。

2）如果我们选择测试耐久性的露点偏高，那么就会出现这样的尴尬局面，一块玻璃已经结露失效了，但这块玻璃现在测的耐久渗透系数还合格，这怎么解释？

3）如果中空玻璃干燥剂测试露点标准高于中空玻璃耐久性露点标准，如果选用了符合标准的干燥剂与符合标准的密封胶，并正确施工，为何无论如何生产不出符合露点寿命标准的中空玻璃。

6　结语

综上所述，－7℃露点作为中空玻璃渗透系数及中空玻璃干燥剂吸附能力的唯一标准具有较大的科学性、适用性与可操作性。

以上观点仅代表个人观点，不妥之处敬请指正。谢谢。

第五部分

工程实践与技术创新

双层幕墙电控通风、防火及排烟方案

◎ 李永福 陈 健 陈 勇 包 毅

深圳市新山幕墙技术咨询有限公司 广东深圳 518057

摘 要 双层幕墙作为一种低污染、并具有环保和节约能源功能的幕墙。是绿色建筑的优选方案之一。近年由于建筑面积利用率，建造成本高和幕墙防火方案较为复杂等原因，难以难以大规模推广。本文结合具体项目的双层幕墙系统设计，阐述有关双层幕墙一套智能控制系统一并解决的通风、防火及排烟问题的方案。并探讨未来双层幕墙防火方案的注意事项。

关键词 双层幕墙；通风；防火；排烟；电控；智能控制

1 工程概况

宁东能源化工指挥中心（图1）项目位于宁夏灵武市宁东能源化工基地C1号地块。为神华集团投资的"国家重点开发区——宁东能源化工基地"的核心部分。整体造型为水面升起的金色金字塔。

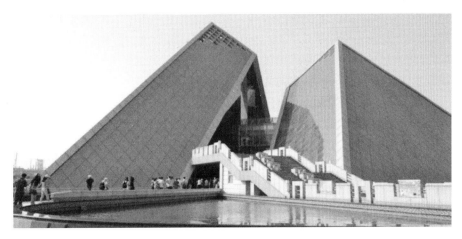

图1 宁东能源化工指挥中心外观

2 双层幕墙基本构造

双层通风玻璃幕墙（又称热通道幕墙、气循环幕墙、呼吸幕墙、生态幕墙、绿色幕墙、健康幕墙等）是由一层外层玻璃幕墙和一层内层玻璃幕墙（或玻璃窗）组成的双层玻璃幕墙，两层玻璃幕墙之间留有一空腔（通道），这个通道称为热通道。[1]双层幕墙构造简图如图2所示。

深圳市新山幕墙技术咨询有限公司作为本工程的幕墙顾问，针对本建筑的实际特点，综合各项性能和经济性，通过比较分析，设计并全程监管了一套智能控制的双层幕墙系统。本工程双层幕墙配置简述如下。

2.1 外层 —— 钢结构隐框玻璃幕墙

1）幕墙龙骨采用钢方通拼焊而成的类似井字梁的结构形式，每个钢结构单元以轴线及楼层进行划分，方便制作及施工拼装，玻璃面板采用隐框四边支撑系统，保证面板的结构可靠性。

2）面板玻璃设计采用 6＋12A＋6mm 钢化金色中空 LOW－E 玻璃，颜色保持与建筑主体风格一致，中空 LOW－E 玻璃低至 1.8 W/（m² · K）的传热系数可以保证整个建筑良好的隔热保温性能。

3）幕墙密封采用胶条密封的形式，避免打硅酮密封胶封闭而引起的长期渗出硅油对幕墙玻璃造成污染的不良外观影响。

4）外层幕墙在边角处，采用搪瓷钢板包边，做成封闭式通道，将夏季的热气流引至建筑顶部排出，更进一步提高建筑的节能性能。

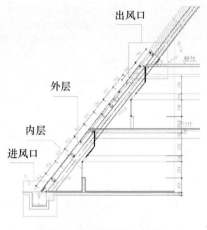

图 2 双层幕墙构造简图

2.2 内层——中空玻璃窗

1）高性能门连窗开启采用外平开形式，并采用多点锁进行锁控，充分保证门窗体气密性。同时可开启并通风。

2）采用 5＋9A＋5mm 钢化中空玻璃，中空玻璃的传热系数为 2.8 W/（m² · K），使用后可使内层幕墙的节能性能大幅度提高。

3）内层上半部非透明部分采用防火保温岩棉封闭，高度＞900mm 防火保温棉挡火墙，耐火时限 2h。

2.3 进气口（底口）

1）进气口（图 3）设置在双层幕墙的起点，在首层楼板底的建筑结构梁部位以下的沟内；

2）在进气口设置水幕，空气通过进气口的水幕进入腔内，起到了清洁过滤作用；水幕用水为循环用水，回水系统设置有沉砂池，对颗粒较大的砂子进行沉淀清化，从而不会对水幕喷淋影响；排水沟处设置有水位限位器，不会因排水沟的水位过高而影响进气口的进气量，或水漫入室内；

3）设置吸湿板，控制经过水幕后的空气湿度，避免湿度过大；

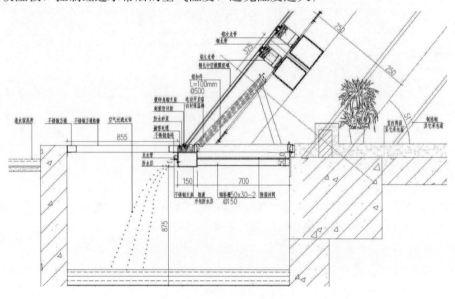

图 3 进气口示意

4）进气口为电动开启窗，尺寸为 700mm×600mm，每两根轴线间布置 4 个，保证进风量。

2.4 层间——通道阻断层（防火层）

双层幕墙内外层之间，在通道中部分楼层处设置电控开启扇，开启扇由镀锌钢板包覆防火棉构成。图 4 为防火层示意图。

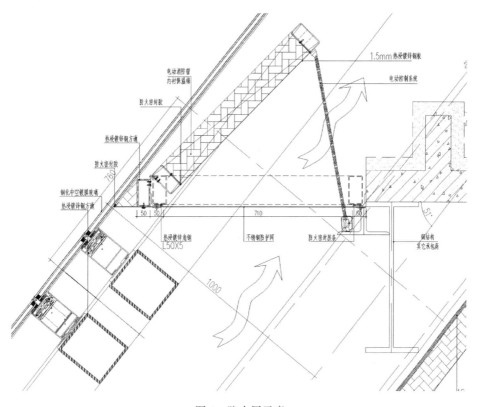

图 4 防火层示意

2.5 出气口（顶口）

出气口设置在屋顶楼层内侧处，出气口采用手动活动百叶以控制出气口的开闭。冬天出气口关闭，保证双层幕墙腔内的保温效果。夏天出气口开启，以排出热的气流（图 5）。

2.6 新风及排风通道

建筑体棱边部位采用搪瓷板形成空腔，也是双层幕墙的空气通道补充部分。此部分采用搪瓷板内衬 50mm 保温棉设计，降低包覆结构的热传导系数。

轴线对应位置与通道内钢构构造新风补偿通道（图 6），避免金字塔形成的积热效应。

2.7 感应及机械抽风智能控制系统

在棱边逐层设置抽风机，承担必要的空气流通补偿和消防状态下的排烟工作。

在通道顶部，设置 CO_2 浓度感应装置及温度感应装置，对 CO_2 的浓度和空气温度进行测量，当 CO_2 的浓度高于设定值或者空气温度高于设定值时，启动机械抽风，加速通道内的气流流速，将热的空气从通道顶部排出，让新鲜空气从底部进入通道中。

通道内逐层设置烟感，以便在消防状态时对应控制防火层和排烟系统。

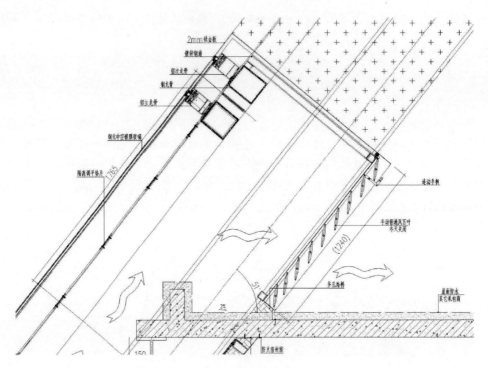

图 5 出气口示意

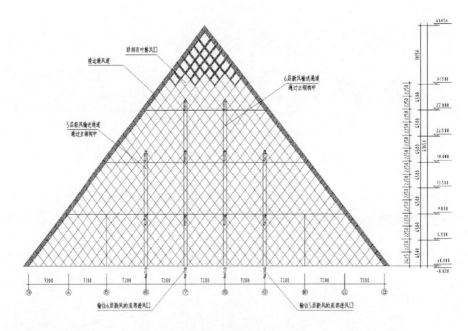

图 6 新风及排风通道示意

3 双层幕墙通风方案

3.1 自然通风状态

3.1.1 春秋季

这时空气通道上下两端的进排风口、棱边通道开口以及楼层间的开启扇均保持开启状态，由于热烟囱效应，通道内的气体被提升，产生气流。

166

内侧幕墙设计成开启式，通过通道内上下两端进排风口的调节在通道内形成负压，利用室内两侧幕墙的压差和开启扇就可以在建筑物内形成气流，进行通风换气。

考虑到通道内层开启率较高，可能通道气流不足，必要时采用机械抽风进行对流补偿。详见3.2节。

3.1.2 夏季

夏天，室内制冷空调开放，内层门窗常闭。外界环境中太阳辐射能以对流、热传导和辐射三种方式透过外层幕墙进入通道，通道间气体被加热，逐渐升温；被加热的气体一部分直接冲至通道顶部排出，一部分进入棱边通道，并继续向上提升，直至通道顶部排除，室外相对温度较低的空气又从通道底部进入通道补齐压强。这样，通道底部不但进入新空气，顶部不但排出热空气，并带走热量，从而降低了内侧幕墙的外表面温度，减弱了室外热量对室内的影响，减少了室内空调负荷，起到了降低建筑能耗的作用。图7为自然通风示意图。

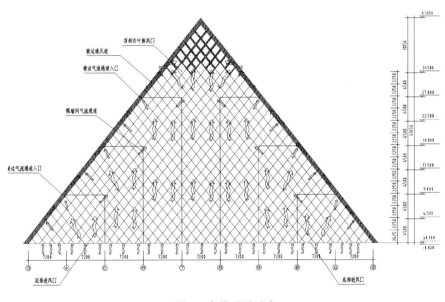

图 7 自然通风示意

3.1.3 冬季

冬天时室外温度较低，双层幕墙起着减少室内热量流失的作用；此时建筑底部的进风口和顶部的排风口均关闭，内外两层幕墙中间的空气由于阳光的照射温度升高，形成一个温室。这样就等于提高了内侧幕墙的外表面温度，减少了室内热量的散失，从而可以降低建筑物采暖的运行费用。

3.2 机械抽风状态

在建筑体棱边通道逐层设置开口，顶部出风口设置强制抽风装置，并配合设置 CO_2 浓度感应器及空气温度感应器。

自然通风量不够而导致通道内 CO_2 气体聚集，当 CO_2 浓度超过限定浓度时，强制抽风装置就会开启，加速通道内的空气流动；当 CO_2 浓度低于限定浓度时，强制抽风装置就会停止工作。

自然通风量不够而导致通道上层空气温度上升，当上层空气温度达到限定值30℃时，强制抽风装置也会开始工作，加速通道内的空气流动，直到空气温度低于限定值，强制抽风装置停止抽风。机械抽风状态如图8所示。

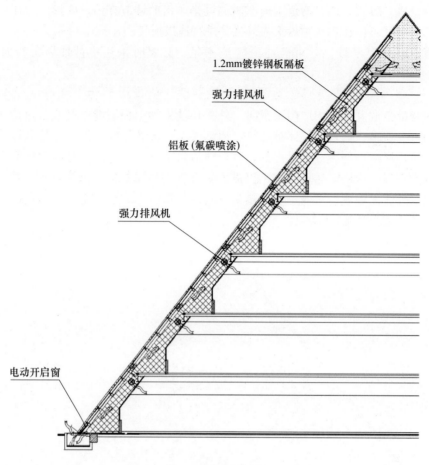

1.2mm镀锌钢板隔板

强力排风机

铝板 (氟碳喷涂)

强力排风机

电动开启窗

图 8　机械抽风状态

4　双层幕墙防火方案

双层幕墙中间的热通道对防火是极为不利的，为了满足消防要求，同时不破坏建筑效果，我司采用以下设计，保证建筑围护结构的防火性能。

1）内层门窗，楼板底部 1350mm 高范围内均安装 1.5mm 厚的镀锌钢板，并在其上设置耐火 1h 的防火棉。

2）层间的通风开启扇及固定防火隔层也由镀锌钢板包覆防火棉构成，相当于防火钢门窗。建筑物中进风口开启扇，楼层间通道内通风开启扇均为电动启闭方式，当火警发生时，室内消防感应器将信号传递给处理器，处理器发出电动开启扇的关闭指令，全部进风口开启扇，楼层间通道内通风开启扇关闭，有效阻止烟和火势的蔓延。

3）通道内的钢结构均外涂防火涂料，耐火时间为 1.5h，以保证钢结构的火险时的安全性。

总之，在消防状态时，层间全部封闭，形成完整防火层，杜绝层间窜火。

5　双层幕墙消防排烟方案

由于双层幕墙难以设计成自然排烟，要求建筑设计配合机械排烟系统。考虑到本工程空气通道较为复杂。除了保持层间防火层封闭外，另配合一套针对双层幕墙通道的机械排烟。以保证，在消防状态下，通道内保持负压。

利用建筑的棱边通道，一侧强制排烟，一侧补风。工作原理参见图 9。

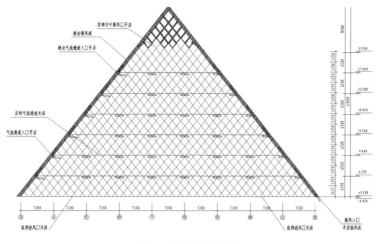

图 9 机械排烟示意

6 结语及思考

6.1 结语

对于双层幕墙结构，仍然缺少法定建筑规章。当发生火灾时，没有对这种结构形式安全性进行评估的基础。应当对每个案例进行特殊评估。[2]

本工程采取智能控制的可启闭防火层，结合智能控制的机械排烟系统来解决有关双层幕墙消防问题。同时利用有关的消防配套系统，达到绿色节能、通风换气等日常使用功能。使得建筑使用体验感更好，设备利用率更高，建造资金综合效益更为合理。

6.2 思考

6.2.1 依照《建筑设计防火规范》（GB 50016—2014）《建筑设计防火规范图示》13J 811－1 的有关要求，幕墙防火层应采用不燃体高度范围上下两道防火层。

结合有关双层幕墙实际情况，如采用双层防火层，会进大幅提高带有电控防火系统幕墙的建造成本。有关要求将严重制约双层幕墙产品的推广。是否可以结合双层幕墙的实际情况，采取双层幕墙通道内增设喷淋、增强排烟和自动灭火等手段来补充防火功能。目前亟待有相关理论和实验，作为日后工程规范和设计的依据。

6.2.2 目前，国内提及双层幕墙的规范较少，上海市地标《建筑幕墙工程技术规范》（DGJ 08－56—2012），第 14 章双层幕墙，是国内较为系统的双层幕墙规范参考文件。其中，对防火要求较为宽泛，仅为依照防火规范执行。

其中第 14.1.9 条提到"双层幕墙的进风口与出风口，不宜设置在同一立面同一垂直位置的上下方，水平距离宜不小于 500mm，必要时在相邻板块间采取隔断措施。"此规定有关错位通风模式应该是为了避免进出气流短路，侧重于提高热气流交换效率。但是，有关规定提到的上进风口和下出风口是分属于两个防火分区，有关 500mm 的距离规定，不符合防止卷火的要求。建议参考《建筑设计防火规范》（GB 50016—2014）第 6.2.5 条的有关防火挑檐的规定，将进气口和出气口的水平距离增加到 1m 以上为宜。

参考文献

[1] 张芹. 新一代（环保节能型）双层玻璃幕墙 [J]. 上海建材，2004（1）.

[2] （德）厄斯特勒（Oesterle）[等]. 双层幕墙. 大连：大连理工学院出版社，2008.

浅谈大跨度双曲面玻璃幕墙设计

◎ 张志鹏　柏良群　蔡广剑

深圳市三鑫科技发展有限公司　广东深圳　518057

摘　要　随着建筑幕墙技术的不断发展，特别是BIM（建筑信息模型）技术的出现。使得各种高难度的曲面和异形幕墙成为建筑的新亮点。与此同时，建筑作为城市人们的生存空间，其地标和景观的作用也在不断地强化，建筑设计也开始向复杂空间异形和外形上发展，出现了各种异形和双曲面的玻璃幕墙，对幕墙技术有了更深一步的要求。本文主要对一个异形双曲面玻璃幕墙项目的设计进行了简要的介绍，并结合该工程的现场实际施工和安装，对异形双曲面玻璃幕墙在设计过程中的重难点和需特别注意的地方进行了相关探讨和设计总结。

关键词　大跨度；双曲面；玻璃幕墙；点式支座

1　引言

　　玻璃幕墙不同于传统意义上的窗体结构，玻璃幕墙作为独立的建筑外围护结构，需要有自身完善的结构受力体系。因此，玻璃幕墙的整体方案设计也越发显得重要，设计的完善与否，直接影响到方案的可行性和后续现场施工的难易度。异形双曲面玻璃幕墙因其良好的地标效应和独特的外观设计，越来越受到建筑师的欢迎。同时得益于BIM（建筑信息模型）技术和各种三维设计软件的飞速发展，使得异形双曲面的玻璃幕墙设计和施工成为可能，并且在近年来得到了大规模的应用。对于大跨度的双曲面玻璃幕墙，其内部支撑结构的设计和施工、细部构造节点设计、幕墙材料的生产加工和施工工法等都成为了新的挑战。本文以某项目为例介绍BIM技术在大跨度双曲面玻璃幕墙设计中的应用。

2　工程概况

　　本项目由两栋塔楼和底部裙楼组成，总建筑面积约12万 m^2 。塔楼高度分别为149.8m和106.6m，幕墙形式为带竖向装饰条的单元式幕墙。裙楼共3层，天窗处最高点标高为18.65m。裙楼为典型的异形双曲面玻璃幕墙造型，整体设计为"虫洞"造型。该幕墙由圆钢管主龙骨、矩形钢通次龙骨、曲面和双曲面带有彩釉的超白SGP夹胶钢化玻璃构成，玻璃与钢结构的连接为特殊专利设计的点支式连接。"虫洞"形连廊通道内部剖切面大体成半圆拱形，圆拱跨度31m，高15.4m，整个通道长度约70m。玻璃布置以连廊通道内的穹顶顶点为中心点向外成椭圆形向外和向下扩散（图1和图2）。"虫洞"连廊的穹顶中心的四层楼板处，还有一个椭圆形的采光顶设计，自然采光通透。连廊边部为双曲面和直面铝板封边，使裙楼与两栋塔楼连接过渡平滑自然。

图 1　建筑效果图

图 2　建筑效果图（局部）

3　异形双面面玻璃幕墙设计

由于本项目裙楼部分的异形双曲面幕墙的造型复杂，常用的 AutoCAD 设计软件已不能胜任此项目的施工设计和分析。从方案设计的开始阶段，本项目便引入了 BIM（建筑信息模型）技术进行设计和指导现场施工。具体的三维软件采用的是 Rhinoceros（犀牛）和参数化建模软件 Grasshopper（草蜢）。在三维设计软件的帮助下，大大减少了设计、材料下单、生产加工及现场安装的工作量，同时还能保证数据的准确性。

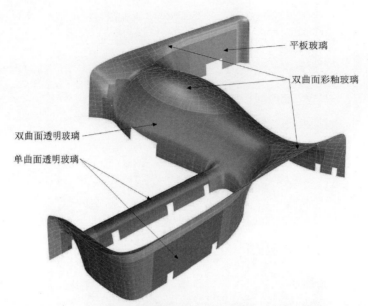

图 3　裙楼玻璃表皮模型视图一

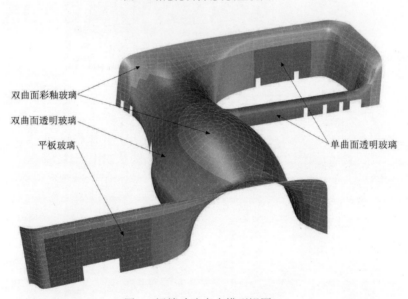

图 4　裙楼玻璃表皮模型视图二

本项目裙楼曲面幕墙的玻璃配置为 12＋2.28SGP＋12mm 厚超白钢化夹胶玻璃，最大玻璃规格为 1200mm×3000mm。同时根据设计院提供的表皮模型和建筑设计要求，又细分为图 3 和图 4 中的几种玻璃类型，具体有：双曲面彩釉玻璃、双曲面透明玻璃、单曲面透明玻璃和平板玻璃等几种。彩釉玻璃的彩釉图案为整体渐变式设计，分配在每块玻璃上彩釉图案均不同，加上玻璃自身为双曲面，使得玻璃的加工制作难度极高。

由于裙楼异形的曲面造型，给幕墙结构计算中的风荷载相关参数取值也带了困难。为此，该项目在广东省建筑科学研究院进行了风洞试验。本项目幕墙的结构计算均以风洞试验报告的数据作为计算依据，充分保障的了幕墙设计的安全可靠。另外，根据裙楼玻璃的受力计算要求和出于安全考虑，所有玻璃均要求进行钢化处理。本项目的热弯双曲面玻璃的钢化工艺也属国内首创，为以后其他类似的项目提供了良好的参考范例。

根据建筑的玻璃表皮设计原则，幕墙的水平分格采用等高线进行分格的划分。二层（标高 6m）以下高度方向分格为 1200mm，二层以上的高度方向分格为 1140mm。同理，幕墙的水平次龙骨（140mm×80mm×10mm 矩形钢通）的布置也按此规律进行布置。次龙骨在三维模型软件中生成后，根据给定的龙骨结构定位原理图（图 5 和图 6），即可生成主龙骨中心线。将主次龙骨在模型中作局部微调，即可生成整个曲面玻璃幕墙的龙骨布置图（图 7、图 8 和图 9）。

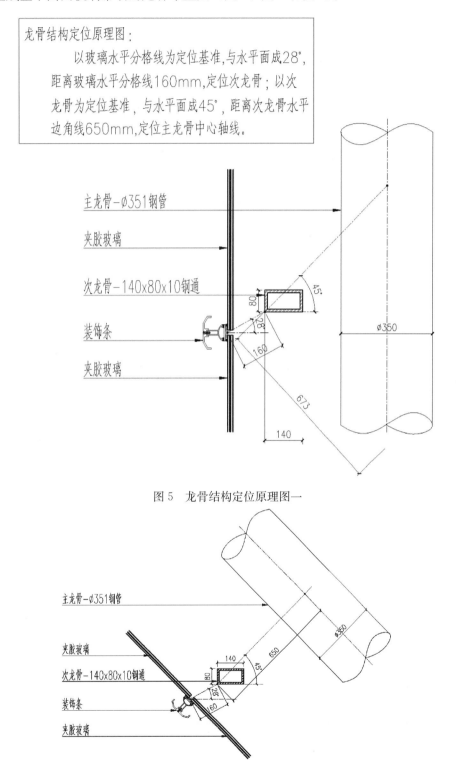

图 5　龙骨结构定位原理图一

图 6　龙骨结构定位原理图二

　　由于曲面造型的复杂导致分格出来的玻璃尺寸种类很多，特别是双曲面玻璃，每块玻璃的形状均不一样。根据三维软件统计，裙楼曲面幕墙共有 1457 块玻璃，其中双曲玻璃有 996 块，占到了近 70％之多。因此，每一块玻璃均需单独进行编号和导出几何信息，以便玻璃生产加工之用。用普通 Auto-

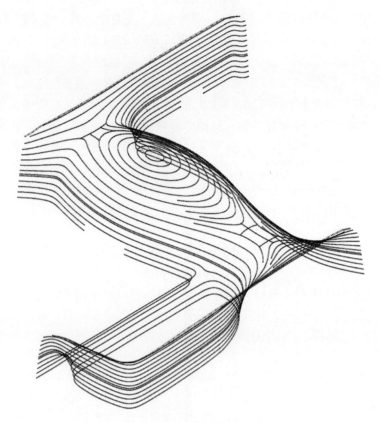

图 7　次龙骨布置

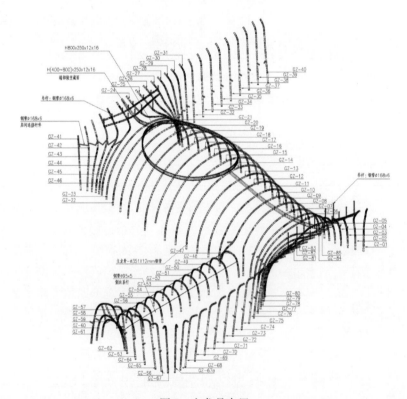

图 8　主龙骨布置

CAD 软件做此项工作，几乎是不可能完成的事。借助 Rhinoceros（犀牛）平台上的参数化建模软件 Grasshopper（草蜢），通过编写特定的电池程序，可以方便地进行对玻璃有规律的单独编号和信息导

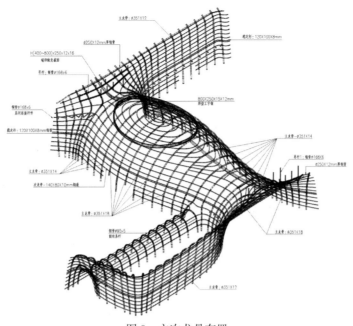

图 9　主次龙骨布置

出工作。导出的几何信息可以作为玻璃加工的校对依据和现场安装的复核依据。通过 Grasshopper 参数化设计技术平台的介入，使得复杂三维空间曲面造型的模型建立和信息提取变得简单，提高了大体量异形幕墙的设计和加工效率。

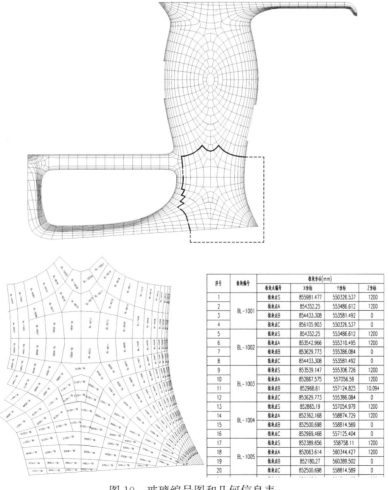

序号	板块编号	板块参数(mm)			
		板块点编号	X坐标	Y坐标	Z坐标
1	BL-1001	板块点S	855981.477	550326.537	1200
2		板块点A	854352.25	553486.612	1200
3		板块点B	854433.308	553581.492	0
4		板块点C	856105.903	550326.537	0
5	BL-1002	板块点S	854352.25	553486.612	1200
6		板块点A	853542.966	555310.495	1200
7		板块点B	853629.773	555386.084	0
8		板块点C	854433.308	553581.492	0
9	BL-1003	板块点S	853539.147	555306.726	1200
10		板块点A	852867.575	557056.59	1200
11		板块点B	852968.61	557124.825	10.094
12		板块点C	853629.773	555386.084	0
13	BL-1004	板块点S	852865.19	557054.979	1200
14		板块点A	852362.168	558874.729	1200
15		板块点B	852500.698	558814.569	0
16		板块点C	852969.468	557125.404	0
17	BL-1005	板块点S	852389.656	558758.11	1200
18		板块点A	852063.614	560344.427	1200
19		板块点B	852180.27	560389.502	0
20		板块点C	852500.698	558814.569	0

图 10　玻璃编号图和几何信息表

175

4 点式支座设计

本项目最大的设计难点之一便是连接玻璃与龙骨之间的点式支座设计。由于玻璃表皮已事先确定，且完全无规律可循，为了达到统一的建筑效果，要求点式支座的方案需满足所有的玻璃安装情况。同时，还要考虑到钢结构等施工和玻璃安装的误差，点式支座本身还要有一定的三维可调节空间，以适应现场的实际安装需要。根据对玻璃表面模型的分析，玻璃面与铅垂线的角度范围从 $0°\sim90°$ 均有覆盖（图 11），且角度变化无规律。并且由于有大面积的双曲面玻璃，玻璃的曲率也不尽相同，导致同一块玻璃的几个支点也可能角度不一致。

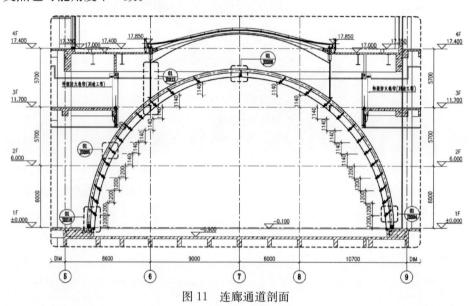

图 11　连廊通道剖面

点式支座是连接玻璃与钢龙骨之间的重要部件，既要保证其与玻璃和龙骨之间的安全可靠连接，也要可以进行三维空间三个方向的可调节，最主要的是还要能适应各种角度的变化。通过初步分析，首先排除了采取归纳法，通过角度分析选取特定几种角度的连接件用于整个项目的做法。因为通过对三维模型上玻璃的分析，玻璃的角度是随着曲面的变化而变化，而异形玻璃曲面的无规律性，导致了玻璃的角度变化同样也无规律。

通过多次的方案讨论和样品的制作过程中的不断修正和改进，最终设计的点式支座详见图 12 和图 13，调节范围从 $0°\sim90°$ 可调（图 14）。此套可旋转调节幕墙点式支座适用于曲面玻璃幕墙的曲面玻璃固定，特别是适用于不规则曲面（含双曲面）或圆弧玻璃的安装固定。其特征在于：安装时通过齿轮形旋转零件调节与立面的夹角角度，以适应曲面玻璃在不同位置的不同角度要求。该套支座装置只需开模一套铝合金模具，后期通过机加工制成成品，便可适应各种角度的安装调节需求。具有角度调节简单，安全可靠等特点。同时，此套点式支座装置还可进行三个方向（前后、左右和上下）的三维调节，三个方向均可以调节±15mm。可以满足现场实际安装过程中的调差要求，吸收主次龙骨结构的施工误差，保证了曲面玻璃的安装精度。

此套点式支座装置已在该项目的幕墙性能试验中经受住了考验，经广东省建筑科学研究院实验室按本项目风洞试验数据的最不利荷载进行的性能测试，此套装置的各项性能指标均达到了设计要求。同时通过在该项目现场的实际大批量安装检验，该套点式支座装置具有安全可靠、生产加工简单和调节方便等特点。大大节省了加工周期和施工工期，有力地推动了该项目的施工进程，取得了良好的经济效益和社会效益。鉴于该套点式支座装置创新型地解决了双曲面异形玻璃安装固定的难题，现已申报了国家发明专利和实用新型两项专利。通过在本项目上的成功实施，为以后同类型的异形曲面幕墙的设计和施工提供了较好的参考案例。

图 12　主次龙骨和玻璃连接效果

图 13　点式支座效果

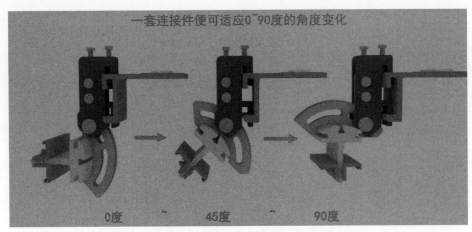

图 14　点式支座角度调节示意

5　结语

　　本文通过对某项目大跨度双曲面异形玻璃幕墙的简单设计分析和连接节点的介绍，为以后类似的项目提供了一定的参考意义。同时，随着科学技术的不断进步，新的设计软件不断涌现和更新，我们应积极地将新的研究成果融入到建筑幕墙设计之中，致力于开发和设计出更加美观新颖、安全可靠、技术先进和经济合理的建筑幕墙。

参考文献

[1] 郭建华．异形玻璃采光顶设计［J］．建筑设计管理，2013（5）．
[2] 张芹．建筑幕墙与采光顶设计实施手册［M］．中国建筑工业出版社，2012．
[3] 王德勤．双曲面玻璃幕墙节点设计方案解析-北京天文馆新馆异形玻璃幕墙［C］．2014 年全国铝门窗幕墙行业年会论文集，2014，16（22）：242-249．

华侨城总部大厦幕墙工程设计施工要点浅析

◎ 彭赞峰　邓军华

深圳市方大建科集团有限公司　广东深圳　518057

摘　要　华侨城总部大厦幕墙外立面为钻石体造型，主体由两侧 4 个竖直切割面和前后 4 个锥形切割面围成，新颖独特。立面幕墙分格相邻层错位 600mm，造成单元体竖向龙骨分格错位；另东侧翘首幕墙低区外倾 7°，高区内倾 7°，倾斜角度大，上下切面斜向交接，在 29 层处三个面形成交汇，设计、施工难度系数大。本文选择部分重难点进行解析，为类似幕墙立面及系统提供设计思路和工程借鉴。

关键词　钻石体；单元式幕墙；重难点；翘首幕墙；错位；空中花园

1　工程概况

华侨城总部大厦（图 1）位于深圳市南山区华侨城中部，汉唐大厦西侧，沃尔玛南侧，深南大道以北，兴隆西街以东，是一幢以甲级写字楼为主的综合性大型超高层建筑，地下五层，地上为塔楼和裙楼，塔楼层数为 60 层，主体结构高度为 282.5m，塔尖高度为 300m，功能包括商业、办公、会议中心、餐饮等；裙楼层数为 3 层，结构高度为 21.05m。华侨城总部典型平面及南立面如图 2 所示。

图 1　华侨城总部大厦效果图

幕墙类型主要包括：单元式玻璃幕墙、框架式玻璃幕墙、拉索玻璃幕墙、全玻幕墙、采光顶玻璃幕墙、屋面格栅、LED 百叶幕墙、天窗幕墙等。

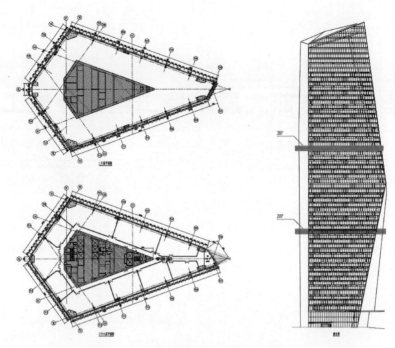

图 2　华侨城总部典型平面及南立面图

1.1　工程重难点

外立面整体为钻石体造型，主体由两侧 4 个竖直切割面和前后 4 个锥形切割面围成，翘首幕墙 4～29 层外倾 7°，30～60 层内倾 7°，在 29 层处三个面形成交汇，单元体防排水系统、气密系统设计复杂，为本项目重难点一。

单元板块标准分格为 1800mm（宽）×4500mm（高），相邻层上下板块错位 600mm，单元板块设计及"十字缝"较难处理，为本项目重点二。

58 层空中花园因建筑功能要求，上层单元板块安装完后再进行封闭，后期施工单元板块系统设计及施工为本项目重难点三。

2　翘首幕墙三维面交接设计（重难点一）

2.1　设计重难点分析

翘首幕墙在 29 层位置形成交汇，其中一个面为竖直面，另一个面为内倾 7°，第三个面外倾 7°，三个面之间形成的夹胶为 74°、139°、116°，如按常规单元板块设计，防排水、气密性能的连续性无法实现，幕墙横梁、立柱在交汇点无法进行常规拼接，加工、施工安装精度很难保证，综合以上问题，幕墙龙骨通过结构计算，对板块运输、吊装的可行性分析，在交汇点进行整体单元板块设计，通过整体三维建模，现场测量复尺，确保模型准确无误，所有材料从模型导出，交接处型材进行二面角加工，采用幕墙专用数控设备加工（角度 0.01°，尺寸 0.1mm），定制专用胎架进行组装和运输，最大限度确保单元板块的质量和精度。翘首局部效果图及交汇点如图 3 所示。

2.2　结构设计

经计算，整体单元板块（图 4）重量约 1200kg，设置三个挂节点，左右两侧立柱设计为单元体公、母立柱，与两侧大面单元系统形成连续，中间立柱设计为中立柱，中立柱、中横梁与面板在车间组装时通过耐候密封胶填缝，可确保组装、打胶质量。

由于交汇处室内位置有巨型结构柱，中立柱的设计对室内效果影响极小，同时中立柱与顶底横梁连接均在车间实现，设计时考虑隐藏式连接，避免交接处多根横梁、立柱连接出现拼接错位的情况，单元体组框完毕后连接可靠，室内外效果简洁。

a) 翘首位置局部效果图　　　　　　　　b) 翘首板交汇点

图 3　翘首幕墙

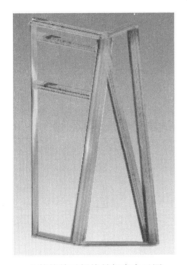

a) 整体单元板块骨架应力云图　　　　　b) 整体单元板块骨架室内侧效果图

图 4　整体单元板块骨架

2.3　防排水设计

基于单元系统防水设计理念——"雨幕原理"和"等压原理"，合理设计型材截面及划分单元板块分格，整体单元板块在交汇部位保持排水系统连续，工厂完成连续排水密封处理，相邻板块设计铝合金插芯和披水胶皮，与大面幕墙系统保持连续，安装完成后，确保防水、气密连续和可靠（图5）。

本项目单元系统设计三道密封胶条，胶条为耐候性好的三元乙丙材质，内排水设计，疏导结合，可有效减小排水对玻璃面板的污染和台风天气的雨水倒灌。

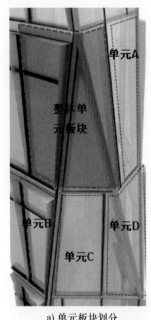
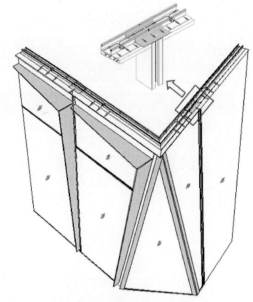

a) 单元板块划分   b) 整体单元板块排水路线

图 5 防水设计

3 错位板块设计（重难点二）

3.1 设计重难点分析

单元式排水路径（图 6）解析：

1）大量水排水路径：大量水被披水胶条阻挡，直接排出单元幕墙；

2）少量水排水路径：少量水通过披水胶条，经过等压腔 1 汇集后，在披水胶条竖向缝隙处排出单元幕墙外；

3）微量水排水路径：在强风下，微量水翻过铝型材壁，进入等压腔 2，经汇集后通过泄水孔排入等压腔 1，最后经过少量水排水路径排出单元幕墙外。

本项目塔楼各个面均采用单元式系统，相邻层板块左右错位 600mm，在人货电梯及塔吊收口板块形成错位台阶，此处铝合金插芯及防水缺少施工空间，单元体防水连续性较难处理，按常规设计及施工，铝合金套芯四周无法打胶，有漏水缺陷，同时板块安装需三个边同时插接，施工难度大，故在设计时候应慎重考虑（图 7）。

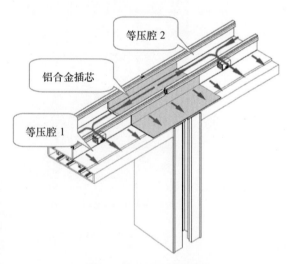

图 6 单元板块排水路线

3.2 设计方案

针对 3.1 中问题，综合本项目特点、单元式防水要求、单元板块分格及龙骨分布（单元体公横梁与中横梁距离较小），在错位点的相邻板块公横梁进行分段处理，将公横梁与上方板块立柱保持齐平，板块安装后有足够空间进行密封打胶处理。

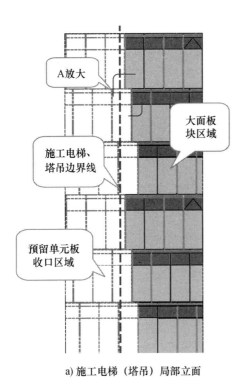

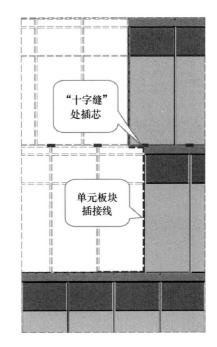

a) 施工电梯 (塔吊) 局部立面   b) A放大

图7 施工电梯立面及施工处理

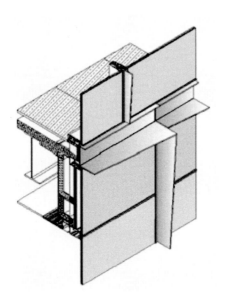

标准窗间墙位置局部三维   标准窗间墙位置竖剖节点

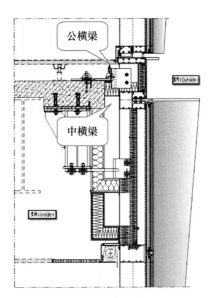

图8 标准窗间墙位置

按如图9方式将单元板块公横梁分段,端头安装飞翼横梁,分段连接处安装钢插芯、铝合金插芯、披水胶皮,考虑单元板块统一编号,板块运输方便,将板块B公横梁飞翼部分工地安装,再安装公横梁与中横梁之间的装饰铝板。

B板块公横梁飞翼与B板块公横梁、A板块与B板块公横梁飞翼连接均采用钢插芯、机制螺钉连接,满足结构计算要求(图10)。

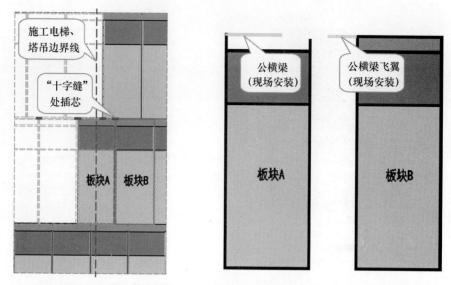

图9 单元板块施工安装方式

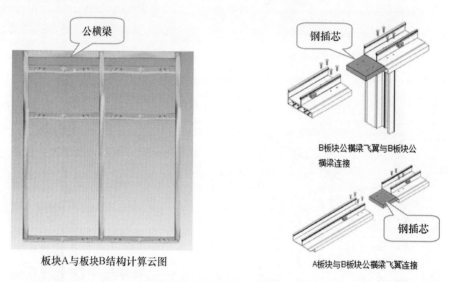

板块A与板块B结构计算云图

图10 结构计算与飞翼连接

4 空中花园单元板块设计（重难点三）

4.1 设计重难点分析

本项目地上共60层，58层为空中花园，由于建筑功能要求，局部单元板块需59～60层安装完毕后再进行安装，打乱了施工连续性安装的特点，给单元式防水设计、板块施工带来不便。后装板块区域如图11所示。

4.2 设计方案

在59层底部设计独立的单元体起底料，起底料设计为上公下母的形式，与59层单元板块公横梁形成连续设计，58层单元板块安装完毕后与起底料用硅酮耐候密封胶填缝，具体设计节点如图12所示。

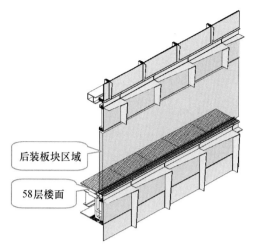

图 11　后装板块区域

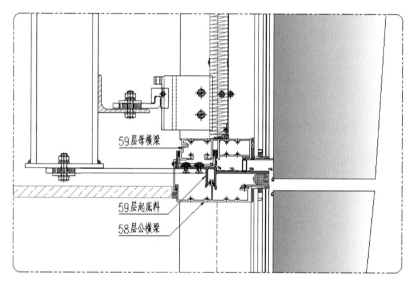

图 12　起底料设计

4.3　施工方案

所有后装单元板块工厂组装完毕，成品板块塑料膜密封处理，置于专用架，存放于 58 层楼面，室内侧进行安装，减小施工过程带来的安全风险，板块安装过程比较简便，板块自重通过底部橡胶垫块传至 57 层结构，顶部与 59 层起底料插接完毕后安装铝合金限位型材，室外侧打密封胶，即完成施工工序。安装模拟示意如图 13 所示。

4.4　结语

随着时代的发展，出现了大量的新结构、新材料、新形式的现代建筑，尤其是新材料的应用，建筑师在建筑美学、建筑分格、体型等方面有更大的想象空间，近几年很多地标性、标新立异的建筑如雨后春笋般涌现出来，同时也给幕墙行业带来比较大的促进和创新源动力。深圳华侨城总部大厦幕墙工程外形新颖，塔楼建筑立面多，打破了常规单元式系统的设计和施工方式，难度系数比较大，设计和施工需要解决的难题也很多，本文选取其中三处重难点进行阐述和分析，给今后类似项目提供参考和工程借鉴。

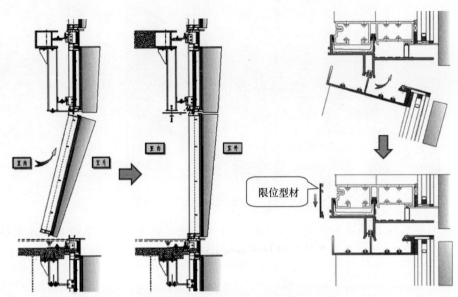

图 13　后装单元板块安装模拟示意

参考文献

[1] 玻璃幕墙工程技术规范（JGJ 102—2003）.

[2] 建筑幕墙（GB/T 21086—2007）.

[3] 建筑施工高处作业安全技术规范（JGJ 80—2016）.

[4] 铝合金结构设计规范（GB 50429—2007）.

[5] 钢结构设计规范（GB 50017—2003）.

浅谈门窗、幕墙系统与主体结构交接处的防水设计

◎ 徐绍军　吴新海　陈立东

深圳天盛外墙技术咨询有限公司　广东深圳　518000

摘　要　本文探讨了门窗、幕墙系统与主体结构交接处的防水设计，罗列了项目常见交接情况，分析了防水设计要点，并结合实际案例总结了项目流程管控要点，并提出各阶段处理办法。

关键词　门窗；幕墙；防水

1　引言

自古以来遮风避雨是建筑最基本的功能，随着生活水平的提高及技术的进步，人们对建筑舒适度包括采光、防水、节能的要求越来越高，而门窗、幕墙在建筑上的应用极为广泛且灵活多变，门窗、幕墙与主体结构交接处的防水设计是整个建筑防水体系的薄弱环节，如何做好门窗、幕墙系统与主体结构交接处的防水设计已成为项目重点。

2　常见情况

2.1　门窗与土建洞口交接

门窗洞口防水重点在于洞口四周、框料组角处，洞口四周一般用防水砂浆填充，框料组角一般在加工厂制作完成质量可以保证，因此门窗工程渗漏水的风险相对较低。

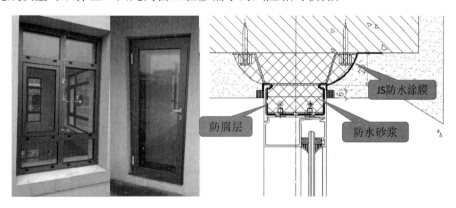

图1　门窗洞口防水措施

2.2　幕墙出屋面与女儿墙交接

幕墙出屋面压顶位置属于易渗漏水点，由于幕墙延伸出屋面，幕墙面板与龙骨、龙骨与封口板、

封口板与结构之间存在较多交接收口，对现场施工质量要求高，是幕墙工程防水的重点（图 2）。

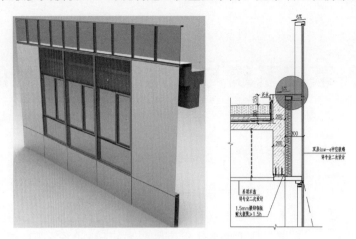

图 2 幕墙与女儿墙交接

2.3 幕墙与室外地坪交接

工程中室外地坪高低不一、交接情况多元化，故玻璃幕墙接地位置也是幕墙工程的防水重点部位（图 3），在台风、雨量大的恶劣天气条件下室外水有渗漏进室内的可能。

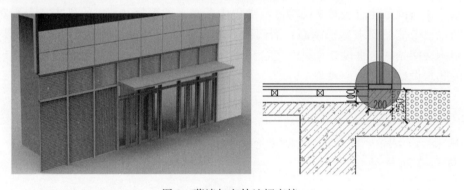

图 3 幕墙与室外地坪交接

2.4 幕墙与土建墙面的交接

玻璃幕墙与砌体墙交接部位，为延续外立面效果的统一性，当玻璃幕墙立柱设置在室内外交界部位时，立柱与砌体墙之间需要可靠密封防水（图 4）。

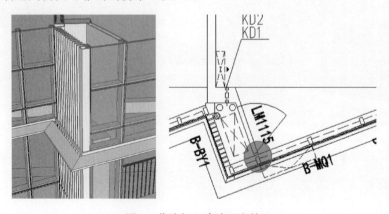

图 4 幕墙与土建墙面交接

2.5　幕墙与空调位交接

玻璃幕墙上口为空调机位穿孔铝板或百叶等，玻璃幕墙上部封堵部位易渗漏水。图5为空调位与幕墙交换示意图。

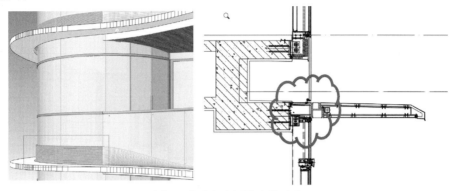

图 5　幕墙与空调位交接示意

2.6　幕墙与阳台交接

玻璃幕墙转进阳台，层间空调位的穿孔铝板也转进去；穿孔板区域与室内交接部位防水是工程重点（图6）。

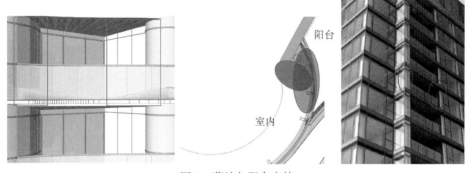

图 6　幕墙与阳台交接

2.7　幕墙与燃气管井交接

玻璃幕墙与燃气交接部位（图7），燃气井道属于湿腔，两端头的防水是工程重点。

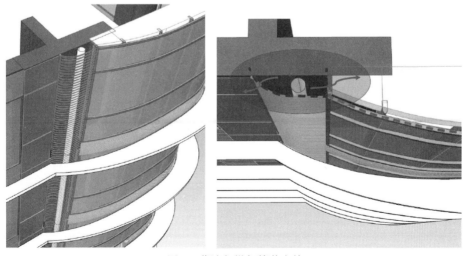

图 7　幕墙与燃气管井交接

189

2.8 幕墙开洞与周边结构交接

某 LOFT 住宅采用玻璃幕墙外立面，在生活阳台区域幕墙体系上设置百叶格栅，玻璃幕墙属于半封闭状态，格栅与内侧阳台女儿墙及侧墙交接属于工程防水重点部位。图 5 为幕墙与住宅结构交接示意图。

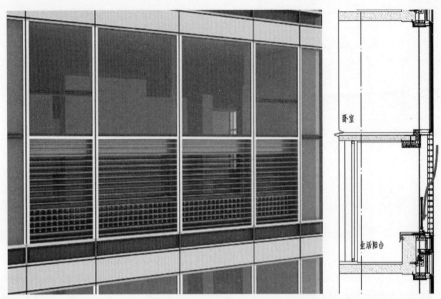

图 5　幕墙与住宅结构交接示意

3　防水设计思路

图 6 为防水设计思路图。

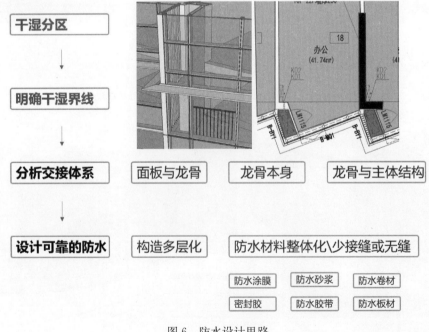

图 6　防水设计思路

3.1　干湿区分离

干湿区分离，清晰、明确湿区、干区范围（图7）。

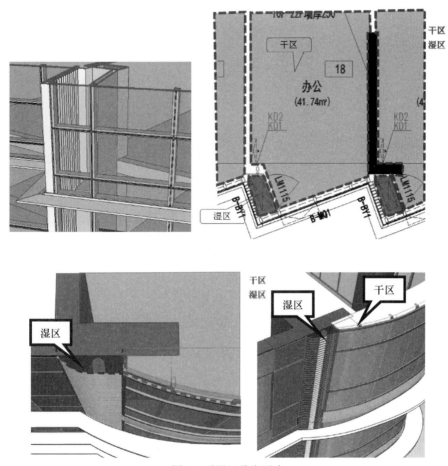

图7　干湿区分离示意

3.2　明确干湿界线

根据干湿分区，明确分界线，雨水可以到达的区域采用防水层沿着外轮廓包一圈，与室内充分隔开（图8）。

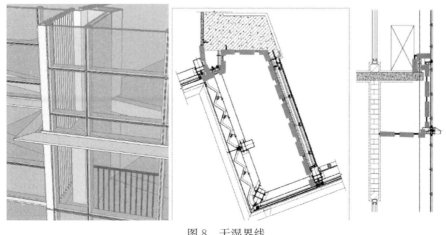

图8　干湿界线

3.3 分析交接体系

根据干湿区分界线分析防水体系，其必须连续有效，从面板与龙骨、龙骨本身、龙骨与主体结构之间的交接体系，分析到点加以合理的设计（图 9）。

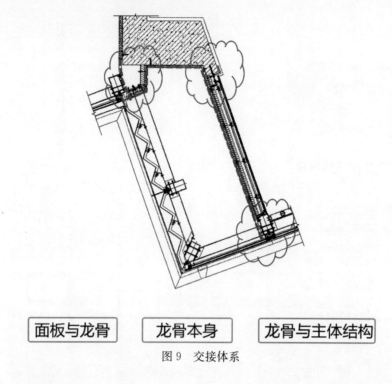

| 面板与龙骨 | 龙骨本身 | 龙骨与主体结构 |

图 9 交接体系

3.4 设计可靠的防水体系

构造多层化、防水材料整体化，防水体系可靠性设计如图 10 所示。

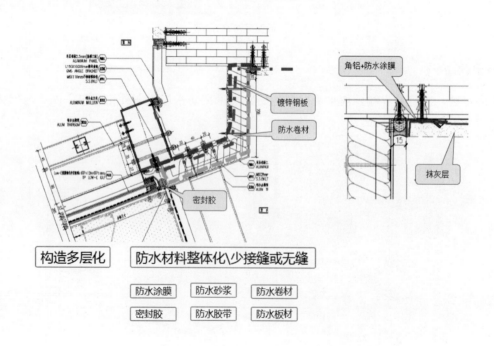

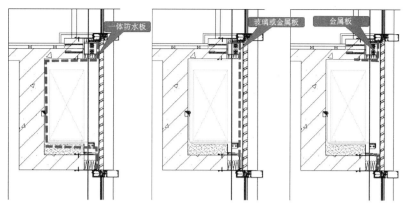

图 10 可靠防水体系

尽量减少龙骨体系穿过防水层

龙骨闯过防水层将增加许多交接点，施工难度也相应增加。设计中应尽量避免（图 11）。

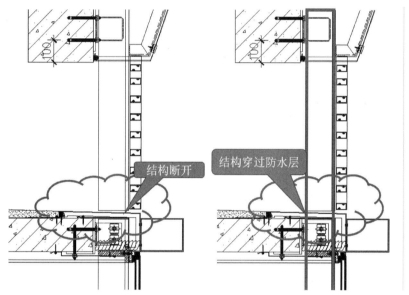

图 11 龙骨未穿过防水层与穿过防水层示意

3.5 多道防水设计

玻璃幕墙转进阳台部位，幕墙与室外交接部位采用多道防水密封（图 12）。

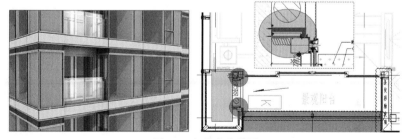

图 12 多道防水设计

3.6 渗漏水的引排

玻璃幕墙出屋面压顶，防止渗水进室内，在分格部位将横梁分成上下两段，中间铺设防水板以及柔性防水层，渗入到幕墙内的水可由此导出室外（图13）。

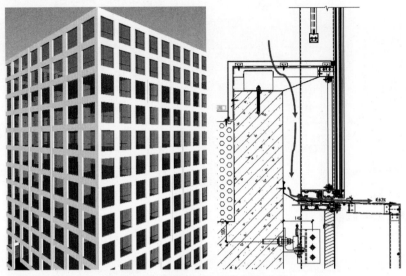

图13　幕墙内水出室外结构示意

玻璃幕墙层间部位有空调室外机，需将雨水排出防止进入下一层室内（图14）。

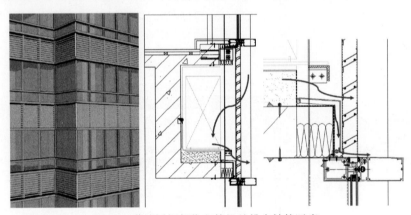

图14　幕墙层间部位室外机处排水结构示意

3.7　专用密封胶

密封胶是室外防水的一道重要屏障，是柔和各种构件缝隙的重要组成部分，而密封胶的种类也非常多，应根据边界条件选用合适的密封胶，确保其发挥到应有的作用（图15）。

图15　密封部位

4 案例照片

防水难点：幕墙跨室内外、干湿区，连接件、螺栓、龙骨、封口板穿插较多，渗漏点较多。对现场施工质量要求也非常高，案例图片如图 15 所示。

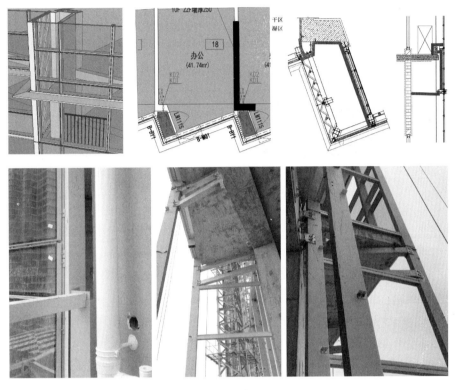

图 16 案例照片

5 管控流程

5.1 方案扩初阶段

及时发现、结合方案效果设计给出合理化建议、并持续关注，例：空调位与幕墙交接处方案，可在方案扩初阶段提出防水性能更可靠的方式减少渗漏隐患（图 17）。

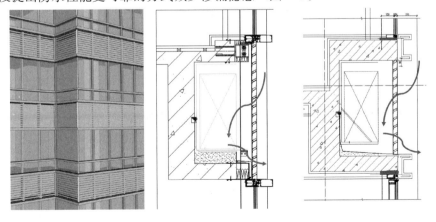

图 17 空调位与幕墙交接处方案

5.2 方案深化阶段

结合建筑功能需求，与建筑设计院充分沟通，综合考虑防水构造的处理方式，尽量争取即满足效果、功能要求，也避免渗漏隐患。减少后期的实施难度。

5.3 招标评审阶段

将工程的防水重点录入幕墙工程技术说明书中投标单位文件深度要求，并在技术评比中做为评分项（图18）。来控制投标单位对防水重点的重视程度。

5.4 施工监管阶段

1）确认图纸
2）制作研究样板
3）局部调整、确认
4）现场淋水试验
5）检查、完善
6）样板确认
7）施工过程中按样板要监控

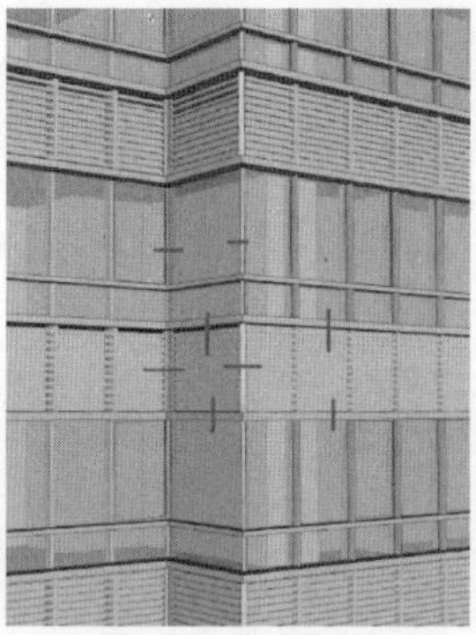

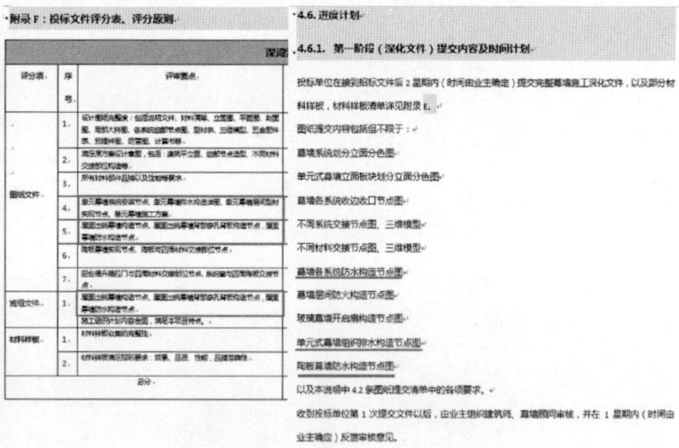

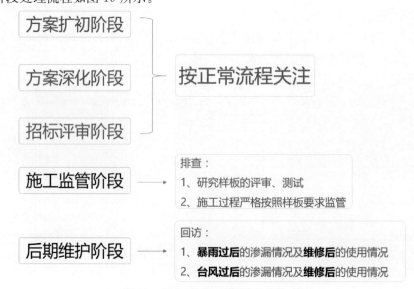

图18 招标评审

5.5 后期维护阶段

1）留意恶劣天气动向
2）在台风、暴雨过后进行全面排查、回访
3）组织相关单位分析原因及对策
4）维护、加强。
5）持续关注，特别是刚交付，处于保修期内的项目，应重点关注。

6 现有项目在各阶段的处理办法

项目在各阶段处理流程如图19所示。

图19 现有项目在各阶段处理流程

7　结语

门窗、幕墙与主体结构交接的防水是建筑基本功能的重要组成部分，其防水性能是建筑物不受水侵蚀、内部空间不受危害的重要保障，其设计、实施应引起各专业的高度重视。

防水是实用性很强的一门工程技术，认清界线是基础、合理设计是关键、多道设防是保障、实施及维护是使命。可靠的防水设计应全方位考虑，从源头抓起。从方案扩初阶段→方案深化阶段→招标评审阶段→施工监管阶段→后期维护阶段，全过程关注，在不同阶段以不同角度出发关注各阶段的重点。

总的来说应减少多种系统穿插交接、应分清干湿区、明确干湿界线、交接点多道设防、防水材料整体化、注意渗漏水的引排设计、密封材料的选用。以上要点应在各个阶段通过管理控制流程严格把控。

作者简介

徐绍军（Xu Shaojun），男，深圳天盛外墙技术咨询有限公司总工程师。

浅析铝合金外平开窗转换框的选用要点

◎ 徐绍军　吴新海　陈立东

深圳天盛外墙技术咨询有限公司　广东深圳　518000

摘　要　本文探讨了门窗转换框的选用要点，罗列了常见使用情况及玻璃压条设在室内外侧的优缺点，分析了其选用设计要点并提出了相关建议。

关键词　门窗；转换框；防水；压条在室内侧；安全；维护

1　引言

随着生活水平的提高及技术的进步，人们对建筑的功能包括抗风压、气密、水密、隔声、采光、节能、维护及使用安全等的要求越来越高，而门窗在建筑上的应用极为广泛，门窗的维护及使用安全、防水性能直接影响着建筑整体的使用，而门窗转换框的使用大大提升了外平开窗的性能，随着转换框的应用普及，如何用好外平开窗的转换框已成为热点。

2　什么是转换框

2.1　作用

根据需要设置转换框将固定扇玻璃压条转至室内或将开启扇转至外开方向，避免玻璃压条置于室外侧，见对比图1。

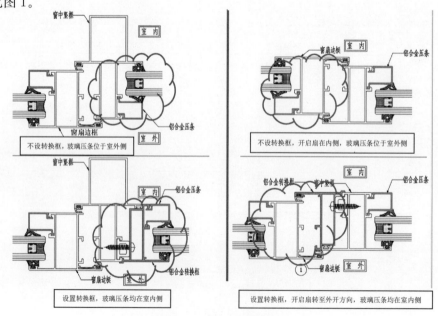

图1　转换框设置对比

2.2 优点

合理设置转换框使所有玻璃压条均在室内侧,有如下优点:

1) 便于维护,更换玻璃时在室内侧拆下玻璃压条即可更换玻璃,避免了室外高空作业带来的安全隐患,如图 2 所示。

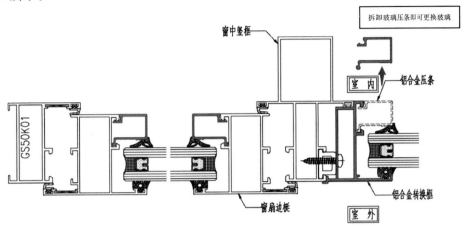

图 2 室内侧设置玻璃压条

2) 提高安全性能,避免因玻璃压条脱落造成安全事故,压条置于室外存在压条脱落造成玻璃坠落的安全隐患,如图 3 所示。

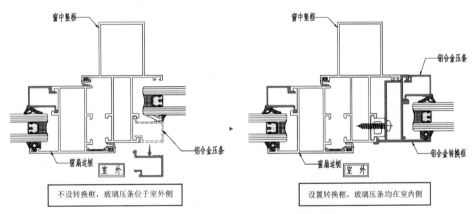

图 3 不设置转换框与设置转换框对比

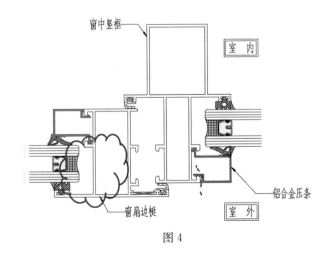

图 4

3）提高防盗性能，可避免在室外侧拆卸玻璃压条及玻璃进入室内，提高防盗性能。

4）提高密封性能，可避免玻璃压条与窗框的微小的细缝渗水的情况。

3 分类

3.1 使用分类

根据使用部位可分为：仅开启扇使用转换框、仅固定扇使用转换框、仅开启扇下亮（或上亮）固定扇使用转换框，如图5所示。

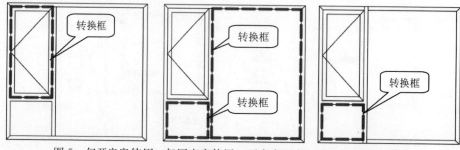

图5 仅开启扇使用、仅固定扇使用、开启扇下亮（或上亮）固定扇用

3.1.1 仅开启扇使用（图6）

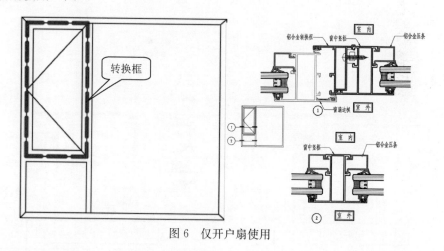

图6 仅开户扇使用

3.1.2 仅固定扇使用（图7）

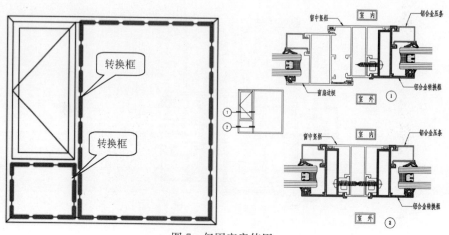

图7 仅固定扇使用

3.1.3 仅开启扇下方固定扇用（图 8）

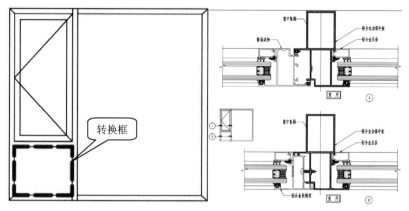

图 8 仅开启扇下方固定扇用

注：仅开启扇下方固定扇用时竖中框将边框打断，采用转换中竖框（Z 形）型材，将两边边框打断、反转。

3.1.4 转换边的使用

除了上述转换框的使用以外，还有另外一种采用转换边的做法，也可达到压条均在室内侧，且省去转换框，节省铝材用量，但其拼缝较多、加工要求高，可根据实际情况选用合适的方案，如图 9 示意。

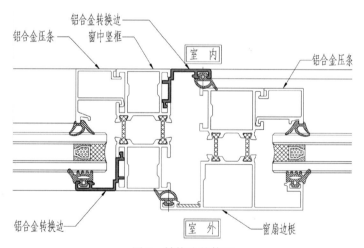

图 9 转换边的使用

3.2 转换框型材分类（图 10）

转换框根据型材截面形式可分为：闭腔型材、开腔型材

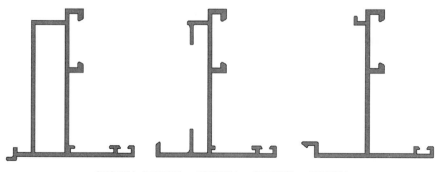

闭腔型材（可组框）、 开腔型材、 （可组框）、 开腔型材

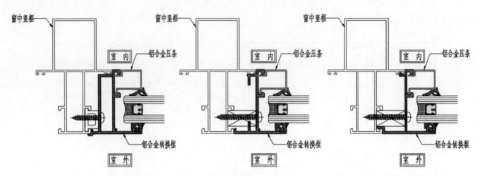

闭腔型材（可组框）、 开腔型材（可组框）、 开腔型材

图 10 转换框型材分类

4 选用要点

4.1 设置原则

根据窗型适当选用：

1) 固定扇使用量多于开启扇时，在开启扇使用

2) 开启扇使用量多于固定扇时，在固定扇使用

3) 根据项目情况，可以选用转换中竖框（Z 形），边框采用拼接方式。减少转换框的使用

4) 实际项目应用时应考虑项目对外观效果的要求，综合选用。

4.2 防水要点

1) 转换框本身应预先组框，组框应分别在相应位置采用端面胶及组角胶，保证其本身的防水性能（图 11）。

2) 转换框组框后，在安装时应在周边抹胶并带胶安装，连接固定应采取加强措施，可靠连接（图 12）。

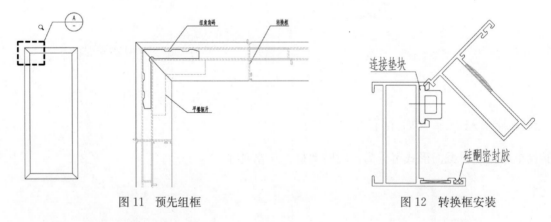

图 11 预先组框   图 12 转换框安装

3) 所有空腔型材必须采取有效封口措施，避免渗漏，当采用转换中竖框型材（Z 形），将两边边框打断、反转时，应考虑避免漏浆的可靠措施（图 13）。

4.3 型材选用建议

型材选用：转换框截面（图 14）建议优先选用闭腔型材

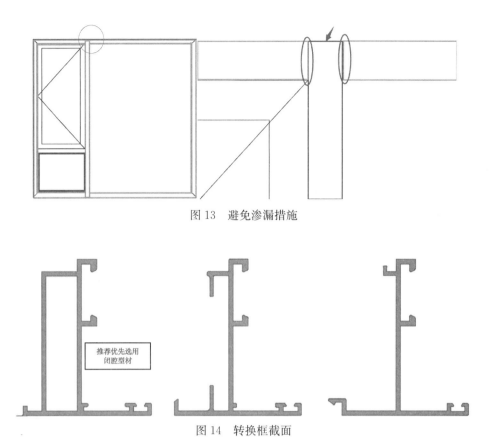

图 13　避免渗漏措施

推荐优先选用
闭腔型材

图 14　转换框截面

5　案例照片

5.1　固定扇使用转换框（图 15）

照片仅供参考　　　　　　　照片仅供参考

图 15　外视图（无压条）内视图（压条均位于室内）

5.2 开启扇使用转换框（图16）

a）内视图（压条均位于室内）

b）外视图（无压条）内视图（压条均位于室内）

c）外视图（无压条）内视图（压条均位于室内）

图16 开户扇使用转换窗

204

5.3 采用转换中竖框型材，将两边边框打断、反转，减少转换框的使用（图 17）

图 17　采用转换中竖框型材

6　结语

窗是建筑基本功能的重要组成部分，其安全性能、防水性能、使用、维护是项目实施及品质保障的重点，其设计、实施应引起各专业的高度重视。

转换框在铝合金外平开窗上的应用是实用性很强的一门工程技术，其重要性认知是基础、合理设计是关键、细节管控是保障、实施与普及是使命。可靠的门窗设计应全方位考虑，从源头抓起。从方案扩初阶段→方案深化阶段→招标评审阶段→施工监管阶段→后期维护阶段，全过程关注，在不同阶段以不同角度出发关注各阶段的重点。

总的来说应根据窗型及项目情况，合理地设置转换框，避免玻璃压条置于室外，并选择密封性能更有保障的型材截面及加工方式，实施时严格管控细节。以上要点应在各个阶段通过管理控制流程严格把控。

参考文献

[1]《建筑门窗术语》（GB/T 5823—2008）.

作者简介

徐绍军（Xu Shaojun），男，深圳天盛外墙技术咨询有限公司总工程师。

金港大厦大跨度钢连廊整体提升技术及
"吊架平台"在高空连廊吊顶施工中的应用

◎ 许惠煌[1]　李　军[1]　谭业喜[1]　吴　彬[2]

1. 深圳市特区建设发展集团有限公司　广东深圳　518000
2. 深圳市美芝装饰设计工程股份有限公司　广东深圳　518029

摘　要　随着大型复杂和异型建筑幕墙层出不穷，本文探讨了荣获广东钢结构金奖"粤钢奖"的金港大厦大型钢结构整体提升施工方案，并详细解读了一种新的施工措施"吊架平台"在高空吊顶幕墙安装的成功应用，以期在今后的建筑幕墙设计及施工中提供一种新的解决思路。

关键词　钢结构；整体提升；高空吊顶幕墙；吊架平台；新措施

1　工程概况

金港大厦建设单位为深圳市特区建设发展集团有限公司，项目位于宝安区西乡大铲湾港口辅建区，总用地面积为 41537m²，建筑面积 150228m²，规划建设指标为办公、商业。本工程由 A、B 两栋塔楼、四层商业裙房组成，建筑设计意向为红色的龙门吊、白色的马路，以及各类集装箱，其建筑外立面主要包含横隐竖明玻璃幕墙、幕墙窗、蜂窝铝板、吊顶铝板等，目前已在幕墙施工收尾阶段。

本项目 AB 楼之间 21～22 层及其屋面主体结构为钢桁架，建筑外立面为横隐竖明玻璃幕墙，吊顶位置为红色及白色铝板幕墙；B 楼 8-13 轴交 Q-T 轴之间 15-19 层连廊及其屋面主体结构为钢桁架，建筑外立面为幕墙窗及蜂窝铝板系统，吊顶位置为红色铝板幕墙（图 1）。

图 1　全港大厦连廊示意

2 连廊钢结构整体提升

2.1 连廊钢结构概况

本项目 A、B 塔楼之间"AB 连廊"钢桁架最大跨 50.4m、高度 9.5m（2 层高）、梁顶标高 89.9m，主要结构有焊接 H 型钢柱、钢梁、无缝钢管，单榀桁架重量约 160t，提升单元重量约 665t。

B 塔楼"BB 连廊"钢桁架最大跨度 33.6m、高度 16.8m（4 层高）、梁顶标高 77.35m，主要结构有焊接 H 型钢柱、钢梁，无缝钢管，提升单元重量约 70t。

2.2 钢结构大型液压整体提升

A、B 塔楼间连廊及 B 塔楼连廊单体重量大、跨度大、高度高，最高安装标高为＋89.9m，传统安装方法塔吊吊装能力有限、高空散装危险性较大。综合考虑工期、安全等方案的因素，采用"大型液压提升技术"进行钢桁架整体提升作业。在 A、B 塔楼主体结构施工的同时，地面同步拼装钢桁架连廊，可节约 2 个月的工期，并尽量减少在高空作业的工作量，最大限度地将安全风险降到最低（图 2）。

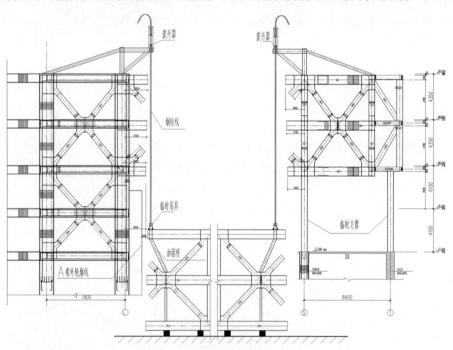

图 2　钢结构大型液压提升

AB 钢桁架连廊整体提升实施方案流程如下：

第一步：将提升单元钢桁架在其投影面正下方的地面上原位拼装为整体，利用主楼结构的钢骨柱和连廊预装段设置提升平台（上吊点），安装液压同步提升系统设备，在提升单元钢桁架上弦与上吊点对应处安装提升下吊点临时吊具（图 3）。

第二步：调试液压同步提升系统，按照设计荷载的 20％、40％、60％、70％、80％、90％、95％、100％的顺序逐级加载，直至提升单元脱离拼装平台，待提升单元提升 150mm 后，静置 12 小时。

第三步：确认无异常情况后，开始正式提升，将整体单元提升至安装标高（提升速度约 12m/h），与上部结构预装段对接，形成整体。

第四步：补装后装段及后装杆件，钢结构对接工作完毕后进行卸载，拆除液压提升设备等临时措施，连廊提升作业完成提升现场实验如图 4 所示。

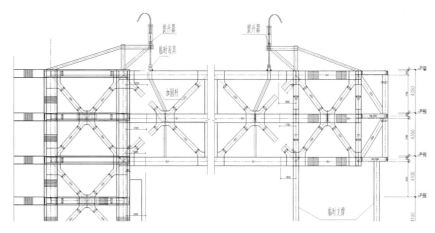

图 3　临时吊具安装示意

图 4　提升现场实景图

采用液压同步提升设备吊装大跨度结构，需要设置合理的提升上下吊点。在提升上吊点即提升平台上设置液压提升器。液压提升器通过提升专用钢绞线和底锚与钢结构整体提升单元上对应的下吊点相连接。提升下吊点设置在待提升单元桁架的上弦，位置与上吊点对应，下吊点采用临时吊具与桁架上弦焊接连接，上下吊点之间采用专用底锚和钢绞线连接，临时措施材料材质均为 Q345B。

考虑到高处悬空吊顶施工的难度和安全性，AB 连廊中间部位铝单板天花吊顶已和钢结构地面拼装并一起整体吊装，剩余靠近 A 楼 8.4m 距离、靠 B 楼 24m 距离铝板未安装，经多轮论证，此区域决定采用一种新的施工措施和工艺来进行吊顶安装。

3　连廊吊架组合平台及高空吊顶幕墙施工

AB 楼连廊 21 层铝单板天花吊顶悬空净高 83.3m，B 楼连廊 15 层铝单板天花吊顶悬空净高 45m。铝单板天花吊顶属现场施工难点及安全隐患系数最大部分，依据本项目各幕墙系统及相位位置的施工条件，在对空中吊篮、索道等施工方案进行全面对比分析后，为保证此特殊部位达到高效、安全，现场采用"吊架组合平台"工艺进行吊顶部位施工。

3.1　吊架组合平台设计

吊架组合平台由托盘、脚手架篮框等组成。综合受力承载要求、吊顶铝板尺寸、吊顶楼板钢梁尺寸及位置，确定托盘尺寸为长 3000×宽 2760mm，采用 80×80×5 镀锌钢方通做为主龙骨，50mm×50mm×5mm 钢方通及 L50×5mm 角钢为次龙骨，1.8mm 厚花纹钢板为作业站立面。脚手架篮框采用直径 48mm 钢管卡口连接成 2760mm×2760mm 篮框，包括 1.1 米高护栏、间距 500mm 钢管平台等。待托盘和脚手架篮框独立安装完成后，在地面组成单个吊架平台标准件（图 5）。

(a) 吊架平台　　　　　　(b) 吊架平台试装试验　　　　　(c) 吊架平台实际安装

图 5　吊装平台设计与安装

3.2　吊架组合平台吊装

依据楼板钢梁尺寸、位置，吊架平台尺寸、吊顶铝板尺寸，脚手架篮框立杆大小，通过轴线放线，按照平面放样图，在结构楼板开洞（图 6），洞口大小 100mm×100mm。

(e) 室内双排脚手架及施工通道　　　　　　(f) 施工安全防护绳

图 6　楼板开洞现场图

组合吊架平台通过 3t 电动葫芦进行垂直吊装运输：电动葫芦固定于吊顶室内结构梁楼板上，利用每个吊架在楼板已开好的 4 孔洞，作为吊装过程卷扬机钢丝绳的收放位。吊架即将就位时，A 栋在 20 层，B 栋在 14 层位置通过全站仪，控制指挥吊架标高，确保每个吊架就位后，达到统一标高。吊架钢管通过电动葫芦牵引至进入楼板洞口到位后与室内钢管进行卡扣固定，并在托盘耳板上安装竖向承重钢丝绳牵引至室内固定于钢管上，保证每根吊架钢管配备一条竖向钢丝绳（配鸡心环）。

根据安全施工方案，托盘上部和主体钢桁架下部焊接耳板，用于安装斜拉承重钢丝绳，连接吊架平台和主体结构，作为吊架平台安全施工的双重保障。

待每个吊架固定牢固、就位后组成施工平台，在 A 楼室内 20 层搭设双排脚手架，脚手架钢管连接靠 A 楼位置的吊架平台，使吊架平台与室内双排脚手架连成整体，确保作业人员安全施工，作业人员可以从室内楼层进入吊架平台作业。

为确保高空施工安全，在 AB 连廊两端安装直径 10mm 钢丝绳，钢丝绳固定于主体结构上，用于吊架平台作用人员固定安全带。

3.2　高空吊顶幕墙安装及吊架平台下放

先安排距塔楼最远距离的吊顶铝板（第一排铝板）。第一排铝板安装到位、打胶完成，通过隐蔽验收及面板验收后，吊架平台逐步进行拆卸。施工细节见图7。

(a) 连廊吊架组合平台（内视）　　　　　　　　(b) 竖向及斜向承重钢丝绳

(c) AB连廊吊架组合平台（A楼侧）　　　　　(d) AB连廊吊架组合平台（B楼侧）

室内双排脚手架及施工通道　　　　　　　　施工安全防护绳

图7　施工细节

首先增加①号钢丝绳预先斜拉（①号钢丝绳固定在主体钢连廊桁架耳板），使待拆卸吊架平台具备三道安全斜拉钢丝绳。再在室内松卸②号钢管吊杆，吊杆向吊架平台下端延伸至距平台底端1.1m高位置，通过卡口重新固定，用于栏杆围护，并同步卸掉吊架钢管配套的竖向钢丝绳（图8）。

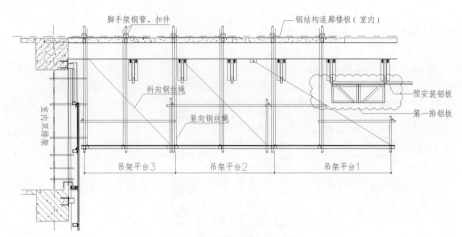

图 8　第一排铝板安装示意

完成以上步骤后，进行第二排吊顶铝面板安装（图 9）。

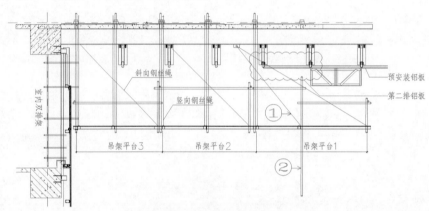

图 9　第二排铝板安装

第二排铝板安装完成及验收后，卷扬机就位（卷扬机焊接于钢方通支架，支架通过活动卡口固定于吊架平台栏杆并通过活动钢管固定于结构楼板，使吊架平台重量传递于楼板），通过 4 根 12mm 钢丝固定即将拆卸的吊架平台，缓慢牵引本排吊架平台放至地面（图 10）。

以此类推，拆卸其余吊架平台，最后通过楼层内悬挑脚手架进行收口。连廊完工外见图如图 11 所示。

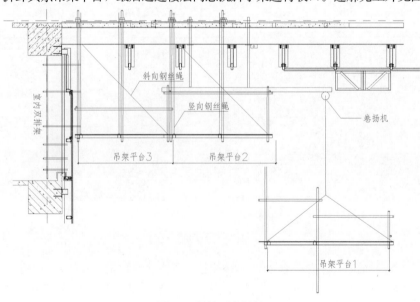

图 10　吊架平台拆卸

AB连廊吊顶铝板　　　　　　　　　　BB连廊吊顶铝板

图11　连廊完工外示

4　结语

通过对金港大厦项目大型钢结构连廊整体提升和高空吊顶幕墙安装进行解读，本文对一种幕墙安装新工艺、新措施做了初步的探索和研究，探讨了该新施工平台的设计构造及现场制作安装措施，希望能为各参建单位在今后面对各种复杂或异型的幕墙设计及安装提供一定的参考作用。

参考文献

［1］罗忆，黄玲，刘伟忠．建筑幕墙设计与施工［M］．北京：化学工业出版社，2007．

［2］GB50755 钢结构施工规范．2012．

［3］JGJ130 扣件式钢管脚手架安全技术规范．2011．

［4］GB50870 建筑施工安全技术统一规范．2013．

作者简介

许惠煌（Xu Huihuang），男，管理学硕士，工程师。

单元式铝板装饰柱在深圳金利通金融中心超高层幕墙中的应用

◎ 陈国伟

深圳市方大建科集团有限公司 广东深圳 518057

摘 要 本文对深圳金利通金融中心幕墙工程进行了概述，主要介绍玻璃幕墙外立面上的斜向铝板装饰柱从设计、工厂组装并试装、到现场最终安装上墙等，为超高层建筑幕墙外立面装饰柱的设计及施工提供一个借鉴参考的思路。

关键词 超高层幕墙；吊装；单元式；斜向铝板装饰柱

1 工程概述

本项目的建设单位为深圳金利通投资有限公司，建筑设计单位为深圳华森建筑与工程设计顾问有限公司。工程位于宝安中心区中央商务区，西邻兴业路，北邻香湾一路，东邻滨港一路，紧邻地铁环中线与新建地铁 11 号线，总建筑面积 $252625.23m^2$，本建筑由 2 栋建筑高度为 222.9m 超高层塔楼、地上 4 层、地下 3 层的商业裙楼及停车场组成。主体结构体系采用框架-核心筒结构，抗震设防烈度 7 度，建筑物耐火等级一级。

本工程幕墙形式主要包括单元式明框玻璃幕墙、单元式横明竖隐玻璃幕墙、单元式避难层百叶幕墙、斜向铝板装饰柱、框架式明框幕墙、石材幕墙、铝板幕墙、框架式弧形幕墙、A 类防火幕墙、铝合金装饰格栅、玻璃采光顶、钢结构玻璃雨篷等（图 1）。

2 外立面斜向铝板装饰柱的整体系统设计

2.1 铝板装饰柱介绍

铝板装饰柱外轮廓尺寸 400mm×390mm，标准层长度约 4550mm，避难层装饰柱长度约 5150mm，考虑到工程的安装效率及施工精度，铝板装饰柱采用单元式做法，即全部在工厂组装成独立板块后发现场直接吊装。装饰柱主要构造为 2.5mm 厚氟碳喷涂铝单板＋铝合金龙骨。整个装饰柱从底至顶斜向分布于建筑的每个立面上，与水平面呈 99.2°夹角，规律有序地将立面的全明框单元幕墙及横明竖隐单元幕墙分隔开。

2.2 设计原则

为确保整个幕墙工程安全适用、技术先进和经济合理，必须要从外观效果、建筑功能到细部构造均严谨而科学地进行设计。设计主要遵循的原则如下：

图1　深圳金利通金融中心外幕墙工程效果图

1）结构安全可靠

2）效果美观大方

3）安装维护方便

4）造价经济合理

2.2　铝板装饰柱的结构设计

铝板装饰柱的结构性连接包括：

1）自身铝合金骨架连接

铝合金骨架主要采用110mm×70mm立柱及120mm×80mm的横梁作为主受力龙骨，通过螺栓M8×110不锈钢螺栓及4mm厚铝角码有效连接，装饰柱侧向采用35mm×25mm方管作为次龙骨，整个骨架组装完成后类似桁架形式（图2）。

2）铝单板与铝合金骨架之间的连接

铝板通过自身的造型折弯增加强度之外，同时横向采用25mm×25mm×2mm的铝U槽间距600mm布置加强，且每道加强筋之间都用铝角码作为斜杆与加强筋连接，提升铝板本身的稳定性。铝板与铝合金骨架通过ST4.8×16不锈钢自攻钉连接，整个骨架被铝板包围形成一个整体板块（图3）。

3）铝板装饰柱板块与主体结构的安装连接（图4）

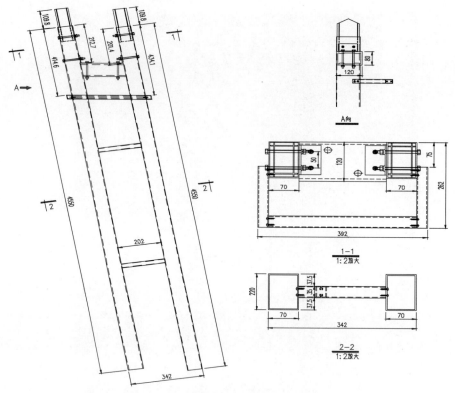

图 2　铝合金骨架组装

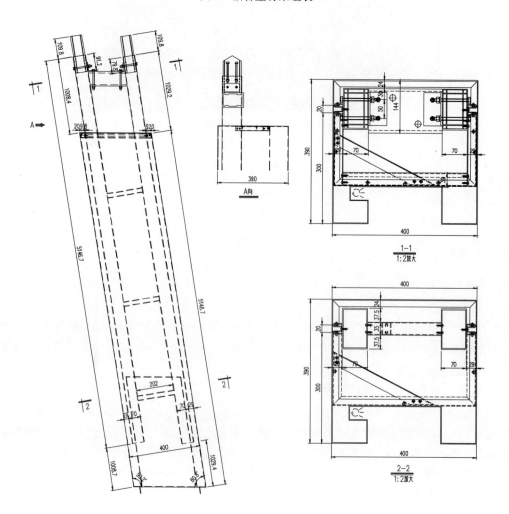

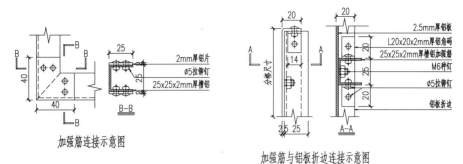

加强筋连接示意图　　　　　加强筋与铝板折边连接示意图

图3　铝板装饰柱组装图

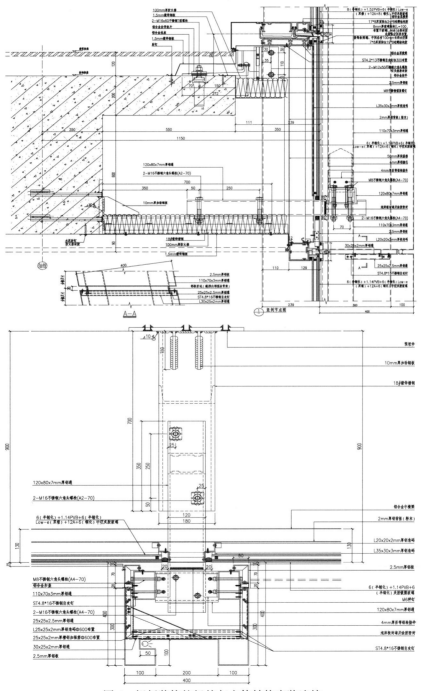

图4　铝板装饰柱极块与主体结构安装连接

通过 SAP2000 整体建模计算，主受力挑件采用 18♯镀锌槽钢与主体结构预埋件焊接（并配钢板加强），转接挑件采用 120mm×80mm×7mm 厚铝通（局部加厚处理），18♯槽钢与 120mm×80mm×7mm 厚铝通通过 2 颗 M16 不锈钢连接。铝板装饰柱上端通过 M16 不锈钢螺栓与从板块中伸出的挑件连接，下端通过铝合金套芯插接。考虑到上下铝板装饰柱的分缝需与玻璃板块的中横梁对缝，且建筑外观只允许一层一条缝，故装饰柱板块的安装采用了上下对插设计（铝板装饰柱组装完后铝板与骨架是错开的）。

3　工厂加工及工地安装的要求

1）工厂需按照组装图组装，严格控制尺寸偏差，铝合金扣盖与底座之间一定要涂抹结构胶扣插，避免扣盖有脱落隐患；

2）悬挑铝通（散件）腔内用硬质垫块堵死，并用密封胶密封，防止雨水通过铝通内腔流向室内；

3）批量生产前，工厂务必试组装一樘并且试安装；

a) 120mm×80mm×7mm厚铝通挑件位置玻璃开孔　　　　b) 组装好的铝板装饰板块

图 5　铝板装饰柱组装

4）组装好的铝板装饰柱在发往工地的途中一定要注意成品保护，避免磕碰、表面划伤、板块变形等；

5）铝板装饰柱背后的玻璃板块（开孔）需严格按照编号图安装，且控制偏差；

6）铝板装饰柱板块安装精度要求较高，18♯槽钢与 120mm×80mm×7mm 厚铝通在安装之前需放线定位精准，控制上下左右前后等偏差；

7）120mm×80mm×7mm 厚铝通安装完后，需与开孔的幕墙玻璃四周打胶密封，避免漏水隐患；

8）由于铝板装饰柱板块底部采用套芯插接，且与玻璃幕墙面只有 10mm 间隙，故板块在吊装过程中一定要注意幕墙玻璃的保护。

4　结语

在各大城市中，如今公共建筑如雨后春笋般拔地而起，建筑造型也越来越新颖、美观；建筑的外表面形式主要由幕墙体现出来，在建筑幕墙外立面采用斜向装饰柱使整个工程有眼前一亮的感觉，使此建筑在城市中与众不同；伴随技术的不断发展及创新，以及城市对审美越来越高的要求，建筑外幕墙不仅在造型上需要创新，在材料使用种类上都需要进行更多的思考！图 6 为金利通金融中心完成的实景照片。

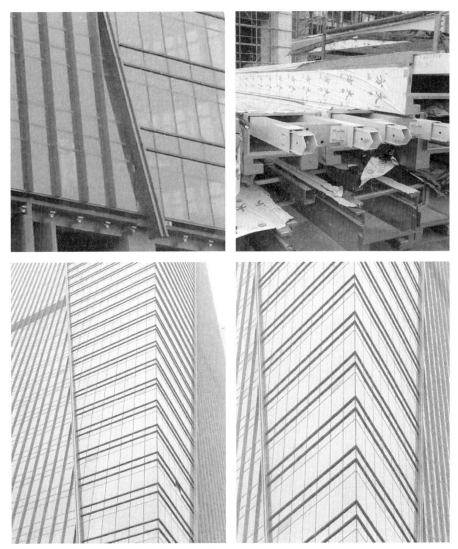

图 6　金利通金融是心实景

通过对该工程的铝板装饰柱单元化设计，总结以下几点：

1）由于该工程楼层高、周期短，通过单元式设计整体吊装，施工质量及进度均得到保证；

2）单元式铝板板块采用轨道吊装，无需大量使用吊篮安装，尽量减少施工人员在室外高空作业。

参考文献

[1]《玻璃幕墙工程技术规范》（JGJ 102—2003）.

[2]《建筑结构荷载规范》（GB 50009—2012）.

[3]《铝合金建筑型材》（GB 5237—2008）.

[4]《铝幕墙板 氟碳喷涂铝单板》（YS/T 429.2—2000）.

桂林信昌高尔夫会所异型铝板幕墙设计

◎ 任 华

深圳蓝波绿建集团股份有限公司 广东深圳 518067

摘 要 本文详细介绍桂林信昌高尔夫会所异型铝板幕墙设计思路和建模方法，针对如何保证钢龙骨精确定位施工做了具体分析，确保了幕墙工程质量，达到了建筑效果要求。

关键词 分格设计；犀牛建模；干涉分析；数据采集；钢龙骨定位设计

1 工程概况

桂林信昌高尔夫会所项目位于广西桂林市朝阳乡葛家村。项目地下一层，地上二层，总建筑面积为 7159.60m²，建筑高度 16.099m。

桂林信昌高尔夫会所造型新颖，幕墙最大的特点是二层、三层不断变化的类莫比乌斯环造型铝板幕墙，从不同的角度观看，会得到极其不同的视觉效果。两层悬挑环状纯白色的铝板幕墙搭配高透性的玻璃幕墙，宛如一架飞碟停留在湖边的草地上，与碧水、蓝天、白云相映成趣，这必定会给在此打高尔夫的球员们和观众们带来愉悦之感。

2 分格设计

幕墙分格应充分考虑建筑外观效果和材料经济性。除入口雨篷外，建筑结构轴线是一个同心圆，共计 18 个轴线，每个轴线间按照 11 个等角度对铝板幕墙竖向投影划分，整体幕墙竖向分格共计 198 个，铝板宽度尺寸控制在 1.3m 以下。而入口雨篷铝板分格与入口视线方向一致，标准板块投影尺寸 1.2m×2m。尽管建筑外观是异型曲面，但为了便于施工和定位，以及保证外观统一、协调，所有铝板幕墙竖向分格均与地面垂直。（图 1）

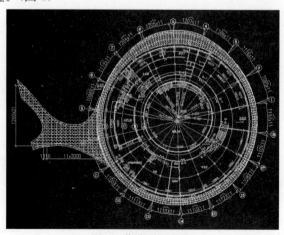

图 1 幕墙平面分格

3 模型设计

幕墙分格确定后，根据清华苑建筑设计院提供的建筑图、结构图、犀牛模型外皮，即可开始整体建模，为施工做准备。建模思路和步骤主要包括：铝板幕墙平面分格线设计、主体结构三维模型设计、结构与铝板幕墙表皮合模干涉分析、现场主体结构数据采集干涉分析、铝板分格模型设计。

3.1 铝板幕墙平面分格线设计

建筑平面内以圆心点为中心画198份等分角度线和1.2m×2m铝板雨篷投影分格线。该圆心点±0.000标高确定为整个建筑施工相对坐标原点。（图2）

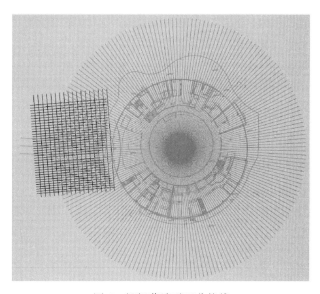

图2　铝板幕墙平面分格线

3.2 主体结构三维模型设计

根据设计院提供的结构图、入口雨篷钢结构图、屋顶观景台钢结构图建结构三维模型，用于分析主体结构是否与幕墙表皮干涉。（图3）

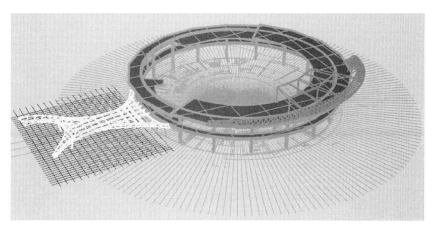

图3　结构模型

3.3 结构与铝板幕墙表皮合模干涉分析

经过主体结构与表皮铝板的合模分析（图4），发现相互干涉的位置主要有：二层结构反梁踢脚位置（图5）；雨篷钢结构与二层主体结构连接支座位置（图6）；11轴屋顶结构梁位置（图7）；屋顶观景台钢结构顶部与桁架梁连接位置（图8）。由于幕墙施工前主体结构已经完工，只能根据节点安装要求，通过调整表皮模型，将整个结构包饰起来。调整模型干涉部位应尽可能地保持原有表皮的顺滑过度，适当加大调整范围（图9、10）。

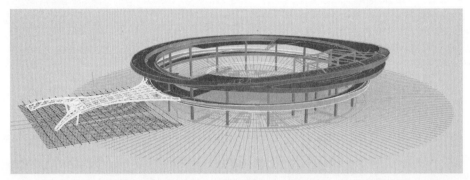

图4 结构与铝板幕墙表皮合模模型

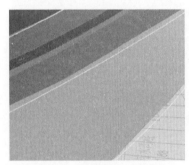

图5 二层结构反梁踢脚
位置干涉

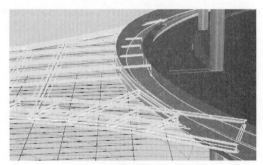

图6 雨篷钢结构与二层主体
结构连接支座位置

图7 11轴屋顶结构梁
位置干涉

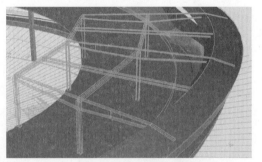

图8 屋顶观景台钢结构顶部与
桁架梁连接位置干涉

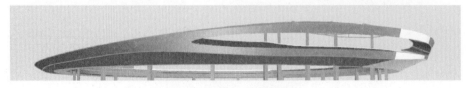

图9 屋顶表皮模型调整

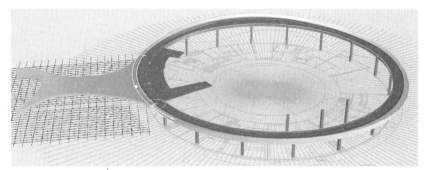

图 10　二层表皮模型调整

3.4　现场数据分析

主体结构的施工误差会直接影响材料设计下单和安装，所以对主体结构的数据采集显得尤为重要。本工程铝板幕墙属于类莫比乌斯环造型铝板项目，必须采用全站仪进行数据采集和指导施工。综合分析项目特点，坐标点采集位置主要是结构误差可能会影响铝板幕墙和立面玻璃幕墙安装部位（图 11、图 12），诸如二层反梁结构误差会影响踢脚铝板的安装；屋面结构误差会影响铝板与屋面收口安装；梁底结构误差会影响吊顶铝板，以及立面玻璃与收口铝板的安装。

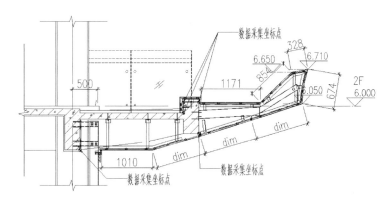

图 11　二层结构数据采集坐标点位置

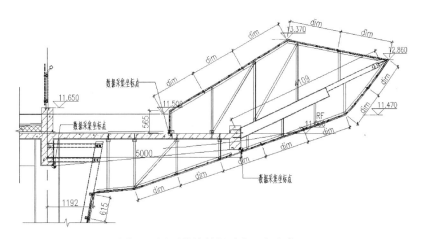

图 12　屋顶结构数据采集坐标点位置

将现场实测坐标点（x、y、z）数据中的 x 和 y 数值对调转换成犀牛模型中的坐标点（y、x、z），并将数据导入到犀牛三维模型中。经过实测数据与理论结构位置的对比分析，进而调整主体结构模型，使之与现场结构相符，如有结构与表皮干涉现象，则对表皮模型做进一步调整。调整后的模型才是我们真正想要的、能指导设计下单和安装的模型。

根据现场结构偏差调整完的模型即可进行分格。首先,将平面分格垂直向上投影,形成竖向分格。其次,选取每个面上的构造线中点作为铝板的横缝(犀牛软件中面上提取的构造线)。由于两个面交角是不断变化的,施工现场很难在交角位置拼接好,保证缝宽的平整度,所以不考虑在该位置横向缝。所以面上构造中线分缝方法,确保了铝板安装的便捷性和效果的美观性。理论上,本项目的铝板均为双曲板,但出于经济性方面的考虑,铝板原则上选择以折代曲的加工安装方式,兼顾外观的美观性,我们在观景台两个拐角采用双曲板,雨篷弧度较大选择了单曲板和平板模拟双曲板,其他地方采用三角形折板或平板(图13、图14、图15、图16)。

图 13　铝板分格模型

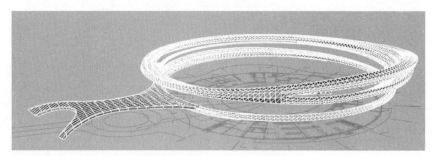

图 14　铝板以折代曲切缝模型

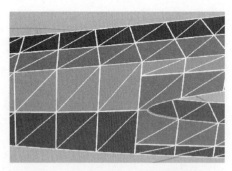

图 15　铝板以折代曲局部切缝模型

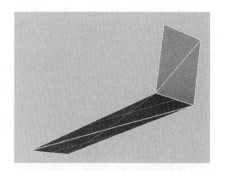

图 16　其中一块铝板模型

4　异型铝板幕墙钢龙骨施工设计

4.1　挑蓬异型铝板幕墙钢龙骨施工设计

异型铝板幕墙施工最重要和最关键一步就是如何组织钢龙骨的精确定位施工。在犀牛模型中,提取每个剖面的铝板表皮线和结构线（图17）导入到CAD中，根据安装节点，绘制每榀钢龙骨安装节点图，标出每榀钢龙骨周边尺寸和横梁安装位置尺寸，对主龙骨和角钢龙骨拐角点进行编号，并提取坐标点提供现场施工（图18、表1、表2）。以此类推，完成每榀钢龙骨的安装剖面图和坐标点。

经过技术部、工程部、施工队详细分析和论证，施工时，每榀钢架按照剖面图尺寸在地面拼装，然后确定1点坐标和其他任意一点坐标将拼装好的钢龙骨整体吊装就位，最后根据剖面图提供的横梁位置加焊横梁。这种安装方式的优点是：地面整体焊接便于批量加工，保证了加工精度，整体吊装保证了安装的速度，同时确保了工程的施工质量图19、图20。

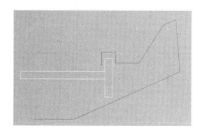

图17 铝板和结构剖面线

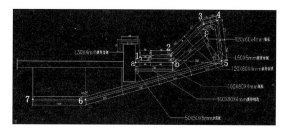

图18 钢龙骨定位剖面

表1　二层2轴第六榀主龙骨定位坐标点

2-6轴主龙骨定位	点a	25923.3	21060.5	5850.0
	点b	26466.8	21502.0	5850.0
	点c	26947.2	21892.3	6356.5

表2　二层2轴第六榀角钢龙骨定位坐标点

2-6轴角钢定位	点1	25981.5	21107.7	5970.0
	点2	26441.0	21481.1	5970.0
	点3	26925.3	21874.5	6572.0
	点4	27129.4	22040.3	6638.3
	点5	27205.7	22102.3	5886.5
	点6	25153.0	20434.7	5155.0
	点7	24370.8	19799.2	5155.0

图19 钢架整体吊装安装图

图20 钢架整体拼装安装图

4.2 雨篷异型铝板幕墙钢龙骨施工设计

雨篷主体钢结构安装按照提供的坐标点吊装施工。主体钢结构上下表皮设计有与铝板幕墙分格相一致 40mm×40mm×5 镀锌钢方通，镀锌钢方通上半部分弧度比较平缓，钢通为直线，铝板为平板。

下半部分弧度越来越小，用分段圆弧代替不规则曲线，铝板单曲板代替双曲板。由于雨篷是不规则曲面，在以折代曲，以圆弧代曲的模拟的过程中，需要花更多的时间和精力进行分析和归类，将模拟弧度弦高小于 10mm，采用平板方案，弧度弦高大于 10mm 采用单曲板方案。雨篷钢结构现场施工（图 21、图 22、图 23、图 24）。

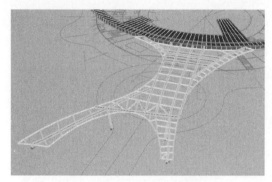

图 21　雨篷钢架犀牛模型

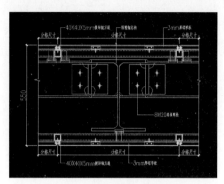

图 22　雨篷钢架节点

图 23　雨篷钢龙骨安装

图 24　雨篷次钢龙骨安装

4.3　观景台异型铝板幕墙施工设计

　　观景台钢结构的施工是本项目的重难点。钢架施工主要分成两部分，第一部分为屋面工字钢架安装（图 25），第二部分为造型铝板部分钢桁架安装（图 26）。主受力的 6 根工字钢柱子安装在主体结构的结构柱顶上，钢架施工采用塔吊吊装拼接安装。悬挑工字钢梁之间安装的变截面钢桁架均在工厂按照提供的坐标点焊接好，运输到现场后，采取塔吊整体吊装安装。钢结构安装过程均采用全站仪测量控制安装精度，确保工程安装质量。

图 25　工字钢架安装

图 26　桁架安装

5　异型铝板安装编号设计

本工程的铝板规则尺寸不一，如果每块铝板均绘制加工图，工作量必会剧增，纸张用量巨大，定会造成不必要的资源浪费。我们经过研究决定采用板块分类法，相类似的板块只出一张加工图，各条边长和角度用代号表示填写到 Excel 表格中，以电子表格的形式完成加工图设计，经济、方便、简单，也方便查找，大量提高了工作效率。以此同时，严格按照公司的四位一体计划，根据施工进度安排相应的铝板批次进行加工、运输、安装，避免了由于材料组织混乱而无法查找，或者到场铝板还未用到，用到的铝板还未生产的现象发生。

6　结语

桂林信昌高尔夫会所异型铝板幕墙呈类莫比乌斯环造型，造型复杂、新颖（图27）。对测量、加工、安装等精度提出了更高要求。设计过程中，考虑到幕墙分格的美观性、经济性，运用主体结构建模干涉分析和全站仪数据提取干涉分析完善表皮犀牛模型，本着钢结构易于定位和施工的原则对钢龙骨做了深化，采用全站仪定位施工确保了钢结构的安装精度，并且贯彻公司的四位一体计划保证了工程的顺利进行。

图27　桂林信昌高尔夫会所实景

第六部分
建筑门窗幕墙安全

玻璃幕墙开启扇安全性设计浅析

◎ 赵福刚

广东科浩幕墙工程有限公司　广东深圳　510290

摘　要　本文探讨了玻璃幕墙开启扇安全性设计需要注意的几个要点，供设计师参考

关键词　开启扇；铰链；挂钩；滑撑；锁闭；防脱

1　引言

出于对国家及地方节能设计标准的遵守以及建筑师对大分格尺寸的热爱，目前玻璃幕墙的开启扇的数量是越来越多，分格也是越来越大。诚然，合理的开启扇设置保证了室内自然、新鲜空气的流动，极大地提高了人的舒适度，对于建筑节能来说毋庸容置疑。

但凡事都具有两面性，开启扇是玻璃幕墙系统中的薄弱环节，在我们追求美观与舒适的前提下，也付出了不小的代价。我们时不时会听到某某大厦玻璃幕墙开启扇整体坠落造成的伤人、损物事件，而这些事件也被一些媒体广泛传播，给人们造成了一定的恐慌。

是国家及地方标准对开启扇的设置规定有误？还是只要有开启扇就会脱落？当然不是。

根据笔者多年从事幕墙设计、施工及质检的经历，对玻璃幕墙开启扇安全性设计提出以下注意事项，供设计师参考。由于玻璃幕墙开启扇的形式多种多样，本文仅针对目前市面上应用最多的上悬式开启扇进行阐述。

2　玻璃幕墙开启扇安全性设计要点

1）严格控制开启扇的单扇面积

目前，已经颁布的国家及行业标准还没有对开启扇的单扇许用面积做出强制规定。但各地都陆续根据玻璃幕墙安全性的现状出台了相关的条文要求。如深圳地区根据深建物业［2016］43号文的要求，对建筑幕墙在初步设计阶段的设计方案进行论证时，已明确要求"玻璃幕墙开启扇单扇面积不宜大于1.5m²且不应大于2.0m²，且应采用防止开启扇脱落的有效措施"。

开启扇的单扇面积越大，所用的的玻璃相对较厚，尤其是当采用中空夹胶玻璃时，整个窗扇的重量更是大到不敢想象。这些大重量的开启扇无论在开启还是关闭的状态下，都会给相关的连接配件带来持久的巨大的作用力，难免会存在一些不安全的因素。因此控制玻璃幕墙开启扇的单扇许用面积是保障开启扇安全性的前提条件。

2）严格控制开启扇的开启角度与开启距离

开启扇的开启角度与开启距离过大，不仅开启扇本身不安全，而且增加了建筑使用中的不安全因素。因此《玻璃幕墙工程技术规范》（JGJ 102—2003）中规定："开启扇的开启角度不宜大于30°，开启距离不宜大于300mm"。但行业标准中用词为"不宜"，表示允许稍有选择，这无疑为一些人员打开了一个缺口。

如《夏热冬暖地区居住建筑节能设计标准》（JGJ 75—2012）中规定："当窗扇的开启角度小于45°时，可开启窗口面积上的实际通风能力会下降1/2左右"。因此当一建筑开启扇的通风开口面积不满足该规范中："外窗（包括阳台门）的通风开口面积不应小于房间地面面积的10％或外窗面积的45％"这一强制性条文的要求时，有些设计人员就通过增大开启角度来达到满足标准要求的手段。

再如《公共建筑节能设计标准》（GB 50189—2015）中规定："甲类公共建筑外窗（包括透光幕墙）应设置可开启窗，其有效通风换气面积不宜小于所在房间外墙面积的10％"由于"有效通风换气面积"为开启扇面积和窗开启后的空气流通界面面积的较小值，因此为了达到这一要求，有的设计人员也采用增大开启角度和开启距离来达到满足标准要求的手段。而这些都无疑是增加了开启扇的不安全因素。

3）开启扇的连接方式

目前市面上的上悬窗开启扇的连接方式基本有以下几种：采用挂钩连接方式，采用铰链连接方式，采用销轴（合页）连接方式等。现一一说明如下：

（1）挂钩连接方式

图1为典型的开启扇挂钩连接节点，整个开启扇是通过上扇料的挂钩将其挂接到横梁上的，是目前通用的做法。挂钩式的开启扇在设计时需注意以下几点：

① 由于该做法开启扇是通过挂钩挂接到上横梁上的，因此上横梁不仅要承受开启扇上部玻璃板块的重量，而且要承受整个开启扇的重量，这与普通的横梁受力有差异，因此在设计时不要忽略这一点，需要根据实际受力情况计算横梁的强度与挠度，必要时需计算其抗扭转情况。

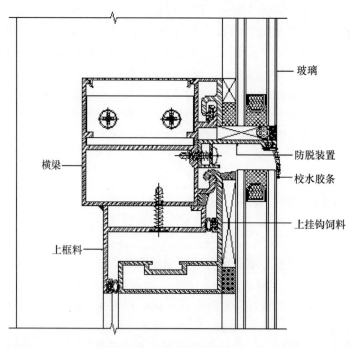

图1　开启扇挂钩连接节点

② 挂钩的挂接深度最好保证在3.5mm以上。挂接深度大一些一是不容易脱落，二是满足上部承受风荷载的要求。

③ 当开启扇的宽度尺寸较大时，采用挂钩式的做法是明智的选择。由于挂钩是通长均匀支撑在横梁上，因此对开启扇气密性、水密性是有保证的。否则为了保证上扇料的受力及密封性，有时需要增设额外的隐形锁点。

④ 挂钩式做法最重要一点是挂钩的有效防脱设计。目前市面上的防脱设计基本上都是通过加设防脱件来实现，为了达到有效的防脱，建议防脱件设置通长的形式，厚度不小于2mm；

对于设置间断型的防脱件时，建议防脱件厚度不小于 3mm，长度不小于 150mm，防脱件的数量不要少于两个，同时每个防脱件至少有两到三个机制螺钉固定。

⑤ 防脱件在设计时要注意细节，要考虑到万一工人定位不准所带来的隐患。最好能在设计时就将这种隐患消除。

如图 1 的防脱设计，如果工人误操作，可能造成下图 2 的情况，这种情况下开启扇的防脱是形同虚设的。

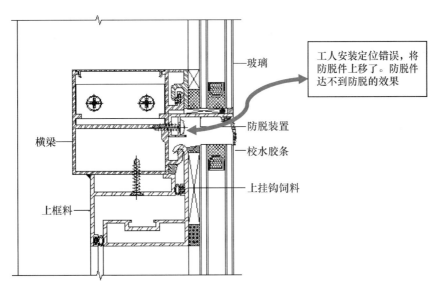

图 2　工人误操作防脱件达不到防脱效果

为了避免图 2 所示情况的出现，在设计时就应该修改防脱件的形式，直接将相应的位置卡死，这样一来，工人不得不按照图纸来装，否则装不上去。如图 3 所示。

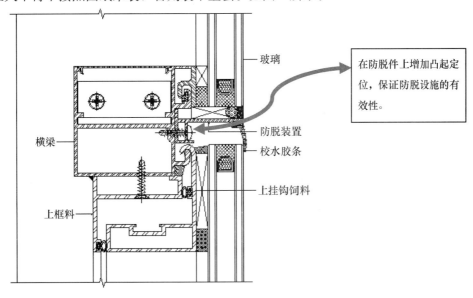

图 3　防脱设施有效性的保证措施

（2）销轴连接方式

由于挂钩式开启扇处理不好有脱钩的可能，因此市场上又出现了一种销轴式连接的固接方式。这种连接方式有其固有的优点：一是避免了扇料脱钩的可能，二是避免了窗扇的左右移动，如图 4 所示。

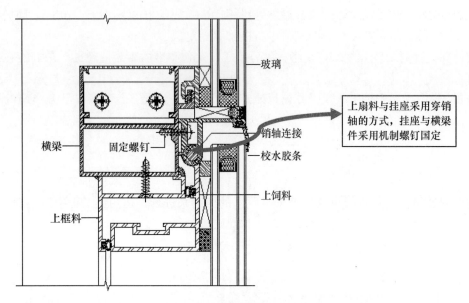

图 4　销轴式连接固接方式

采用销轴式连接需注意以下几点：

① 扇料的上部与挂座是开相互交叉的切口卡在一起的，所以二者的切口大小及配合间隙需注意。

② 销轴承受剪力和弯矩，必须进行严格的结构复核。直径一般不小于 8mm。

③ 挂座的固定由于是型材孔壁与螺钉之间直接采用螺纹受力连接，型材的局部截面厚度按照规范不应小于螺钉的公称直径；螺钉的间距不宜大于 250mm，并需经过结构复核。

　　由于销轴式的连接方式，铝料的加工比较麻烦，因此后来又演绎出另外一种连接方式，这种连接方式是挂钩与销轴连接方式的综合。即将扇料与销轴组合成一体，与挂座穿好后再一起安装，如图 5 所示。

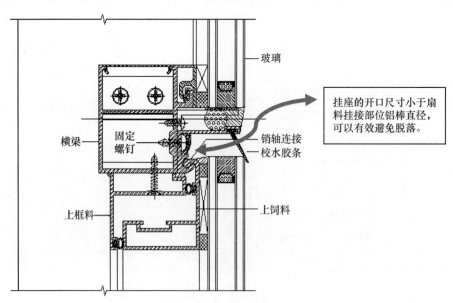

图 5　扇料与销轴组合成一体

（3）铰链连接方式

　　采用不锈钢铰链作为开启扇的连接方式由来已久，工程实例比比皆是。到目前为止铰链（在标准中称之为滑撑）的标准采用的是《建筑门窗五金件 滑撑》（JG/T 127—2007）。个人认为这个建工标准到目前为止已经远远不能满足指导工程设计的需要。具体如下：

① 该标准的适用范围在规范中有注明："本标准适用于建筑外开上悬窗（窗扇开启最大极限距离300mm时，扇高度应小于1200mm），外平开窗（扇宽度小于750mm）用滑撑。"由此可见，其涵盖的范围还是有一定的局限性。

② 该标准中没有对铰链的材质、组成铰链的相关杆件的厚度及强度级别、相关销钉强度等做出规定。

③ 该标准中没有对铰链承受侧向力提出要求。我们的窗扇在开启时，铰链或多或少都会承受一些侧向风力，尤其是当开启扇遭受台风时。

④ 该标准中没有具体明确铰链的承重要求。

我们现今对铰链型号的选择也仅仅是按照厂家的标准来进行，运用到工程中后一般也没有工程的复验要求。因此这些也都为工程质量埋下了一定的隐患。

采用铰链的连接方式需要注意以下事项：

① 要精确计算开启扇的重量标准值，设计值要乘以荷载分项系数1.35。很多设计师在这里乘以1.2是不对的，由于是重力荷载起控制作用。

② 要按照配件厂家提供的产品资料及实验报告来选取相应的铰链，弄清厂家的资料中描述的是荷载标准值还是设计值。

③ 在根据窗扇的重力设计值来选取相应的铰链时，要留有一定的富余量，一般不要超过厂家提供承力值的80%。

④ 由于铰链是承重构件，因此其固定点位置处型材的壁厚要最少满足螺钉两个丝牙的间距。一般来说型材固定点的厚度不应小于3.6mm。

4）滑撑的设置

无论采用挂钩式的连接方式、销轴式的连接方式还是铰链的连接方式，窗扇的下部都必须设置合适的滑撑（标准中称之为撑挡）。现今标准采用的是《建筑门窗五金件 撑挡》（JG/T 128—2007），这个建工标准到目前为止也是已经远远不能满足指导工程设计的需要。具体如下：

① 无论是锁定式撑挡还是摩擦式撑挡，其承力值已经不能满足现今大开启扇、厚玻璃的需求了。

② 该标准中没有对撑挡的材质、相关杆件的厚度、杆件强度级别、相关销钉强度的要求（从图6可以看出在一定的荷载作用下破坏时，滑撑是显得那么单薄，连接点是那么的脆弱。）

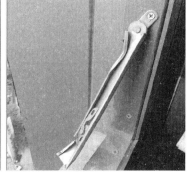

图6　滑撑破坏示意

③ 该标准中没有对撑挡承受侧向力提出要求。我们的窗扇在开启时，撑挡或多或少都会承受一些侧向力，尤其是当开启扇遭受台风时。

④ 该标准中没有具体明确撑挡的承重要求。

我们现今对撑挡型号的选择也仅仅是按照厂家的标准来进行，运用到工程中后一般也没有工程的复验要求，因此这些也都为工程质量埋下了一定的隐患。

在很多人眼中，他们认为既然窗扇的重量是由顶部的挂钩或铰链来承受的，因此滑撑是不那么重要的。其实不然，开启扇的整套备件就和人一样，是一个完整的生命体，缺了其中任何一个都会造成一定的功能性障碍。如果没有滑撑，开启扇就不会在一定的角度达到稳定的开启；如果没有滑撑，开启扇就会在一定的风荷载作用下前后晃动，在这种动荷载作用下，势必给其他的配件如挂钩或铰链带来严重的影响。

滑撑所涉及注意事项与铰链的注意事项有些类似：

① 要精确计算开启扇的重量标准值，设计值要乘以荷载分项系数1.35。

② 要按照配件厂家提供的产品资料、实验报告、开启扇的开启角度及距离等来选取相应的滑撑，同样要弄清厂家的资料中描述的是荷载标准值还是设计值。

③ 在根据窗扇的重力设计值来选取相应的撑挡时，要留有一定的富余量，一般不要超过厂家提供承力值的80%。

④ 由于滑撑也是承力构件，因此其固定点位置处型材的壁厚要最少满足螺钉两个丝牙的间距，一般来说型材固定点的厚度不应小于3.6mm。

⑤ 滑撑的设计安装位置，最好是在窗扇侧边靠近底部的位置。否则其受力模式会发生改变。如果安装在侧边靠上的位置，滑撑不仅要承受窗扇开启时重力的分量，还要承受窗扇开启时悬挑端带来的弯矩的影响，这一点必须引起足够的重视。如有的设计人员为了节约成本，大的开启扇却选用小规格的滑撑，达不到开启距离怎么办？就将滑撑向上安装以达到其开启距离，这种改变滑撑受力模式的安装方式对滑撑本身来说是极为不利的。

5）锁点的设置

现今的开启扇一般都是采用多点锁进行锁闭。多点锁的正确布置是幕墙开启扇在台风作用下安全性的保证，也是开启扇水密性与气密性的保障。如图7所示。

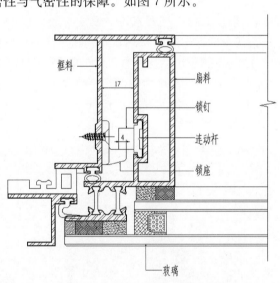

图7 锁点设置

锁点的设置需要注意以下几点：

① 锁点是由锁座与锁钉组成，锁座是安装在框料上，锁钉是安装在窗扇上的，锁钉是通过执手的旋转带动传动杆，使其实现与锁座间的开启与锁闭。

② 扇料与框料间空腔距离：要根据所选的锁点来具体设计，一般情况下，二者间的间隙尺寸为16.5mm～17mm。

③ 要精确计算窗扇所承受的风荷载设计值（注意是设计值，不是标准值，这与我们做实验时的风压变形性能的取值是不同的，并且风压不得折减）。

④ 要按照配件厂家提供的产品资料、实验报告等来选取单个锁点的承力值，要弄清厂家的资料中描述的是承力的标准值还是设计值。

⑤ 根据计算的风荷载设计值、厂家提供的单个锁点的承力设计值，合理布置锁点。并需根据锁点的布置对扇料进行验算，以免影响窗扇的密封性能。由于锁点的个数较多，在受力时很难达到均衡，因此锁点的受力需要在厂家提供的承力设计值基础上除以受力不均匀系数。受力不均匀系数最小取1.25，并需根据锁点数量的增加而加大。

⑥ 在选取单个锁点的承力设计值，要留有一定的富余量，一般不要超过厂家提供承力值的80％。

⑦ 要严格控制锁钉与锁座间的搭接尺寸。一般情况下二者的搭接重合尺寸不得小于4mm。

配件厂家提供的锁钉的承力设计值是基于正确安装时的实验分析结果。如果搭接尺寸过小，锁钉的承力设计值会发生很大的改变。因为锁钉在风压作用下不仅要承受锁座所带来的剪力，同时还有弯矩如：锁钉的高度为8mm，搭接尺寸为4mm，当搭接尺寸变为2mm时，其受到的弯矩会增加17％左右，因此这在设计、加工中必须引起重视。工程安全性试验中，我们也发现过锁钉由于搭接距离过小而遭受到破坏的情况（图8）。

图8　锁钉破坏

① 在设计中，要注意保证开启扇在锁闭的情况下，锁钉与锁座的中心尺寸要对齐，否则容易滑脱。

② 由于锁座是需要三个螺钉固定的，相应的锁座上也是有三个过孔，过孔中有的是条形孔，有的是圆孔，在固定锁座时需要先固定条形孔的螺钉后，对开启扇的密封情况进行调整，调整完毕后再固定锁座圆孔上的螺钉（图9）。

③ 锁座也是承力构件，因此对其固定点位置处型材的壁厚也应该有要求，由于该处螺钉的数量较多，同时螺钉承受的是剪力。因此连接点型材的壁厚可以适当放宽，但一般也不应小于2mm。

6）组扇的方式

我们在开启扇加工图设计时，一般是先把开启扇的上下、左右四根扇料在加工厂组成一个整体，再用结构胶或其他机械连接方式将玻璃与组装好的窗扇料固定在一起。这看起来比较简单的做法，却是目前引起开启扇脱落的另一重要原因，这一原因一般隐藏的较深，也是被大家一直所忽略的，这个

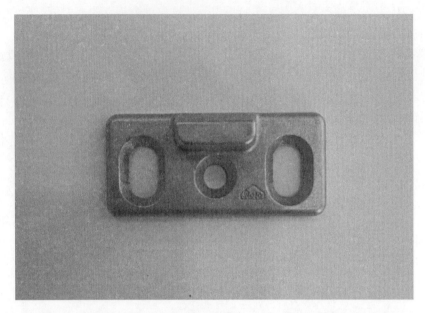

图 9　锁座

位置处理不好对大型的开启扇来说是必坏无疑。

目前，市面上发生过采用挂钩式连接的大型开启扇在台风时脱落的情况，不少人把这个开启扇脱落的原因归结为采用了挂钩式的连接方式，认为挂钩式的连接是不安全的，应该采用铰链式的连接方式。为了保证这种开启扇不脱落，又在扇的两侧增加了铰链或防脱器等进行加固等保险装置，这些是能起到一定的作用，但个人认为没有从根本上解决问题。下面我们来仔细分析一下其原因。

① 在遭遇台风时，开启扇没有锁闭是直接原因

《玻璃幕墙工程技术规范》（JGJ 102—2003）第 12.1.4 条规定："雨天或 4 级以上风力的天气情况下不宜使用开启扇；6 级以上风力时，应全部关闭开启扇"。

这里的"关闭"二字其实严格来讲应该是"锁闭"。我们知道，开启扇在有效锁闭时，正风压时的传力路径是：玻璃——开启扇扇料——胶条——开启扇框料——立柱及横梁；开启扇在锁闭时，负风压时的传力路径是：玻璃——开启扇扇料——锁钉——锁座——开启扇框料——立柱及横梁；可见，在开启扇锁闭的情况下，传力途径是清晰的，是安全的。

开启扇在没有有效锁闭的情况下，在负风压作用下，锁点是不承力的，所有的风力是由下部的左右两个滑撑以及上部左右铰链或挂钩来承受。可见在台风作用下这几个配件的承力极限远远满足不了要求，势必会造成破坏。在这种情况下，相对薄弱的滑撑会首先破坏，滑撑破坏后，窗扇在风力作用下，沿着开启与关闭的轨迹上下飞舞，飞舞的同时会给挂钩或铰链带来极大的撬力，开启扇破碎、脱落在所难免。因此开启扇在强台风下的有效锁闭是相当必要的。即使再增加铰链或防脱器的保险装置，也承受不住台风的袭击。

既然开启扇在强台风且没有有效锁闭的情况下会发生破碎或脱落，会带来一定的公共危害，那么当这种危害发生时，我们希望的是如何把这种危害降到最低。在只有玻璃破碎或整扇脱落这两种情况可以选择时，我们宁可选择玻璃破碎散落下来而不是窗扇整体脱落或玻璃破碎后窗扇上的杆件高空坠落。那么以下这一点是我们所必须注意的。

② 不当的组扇设计是开启扇整体脱落的间接原因

图 10 为挂钩式开启扇的组扇示意图。玻璃的重量是通过下扇料底部的两个垫块传递给下扇料的，下扇料通过角部的组框角码③，④将重力传递到两边的竖扇料，竖扇料通过角部的组框角码①，②将重力传递给上扇料（挂钩型材）。

通过图 10，我们可以看出，开启扇的重力是全部由上扇料的挂钩来承受的，这一点应该是非常明

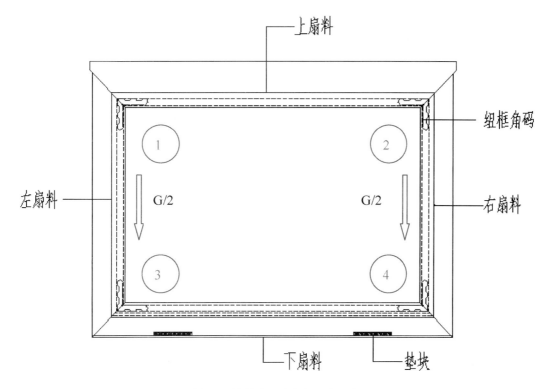

图10　挂钩式开启扇的组扇示意

确的。当组框部位①，②失效，不能传递重力时，又是什么样呢？显然只有上扇料的结构胶来承受整个窗扇的重力。我们以1200mm×1500mm，玻璃的配置为8mm＋12A＋6mm的中空玻璃为例。玻璃与附框的重量约为72kg左右。在重力荷载作用下经计算上部的结构胶的宽度为81mm时玻璃才不会脱落。而现实情况下，该处的结构胶的宽度也就是10mm～20mm。通过分析可见，这种组扇不当的窗扇肯定会出问题，只不过是台风作用下，使下部滑撑失效后，加剧了这一问题的出现。具有这种缺陷的开启扇是相当危险的，即使是玻璃侥幸先在楼上破碎了，扇料在风力作用下也会飞落。这种脱落的特点是上部的挂钩式扇料还是挂接在横梁的挂座里，但玻璃及下部扇料及左右扇料早就不知飞到哪里去了。图11是这种情况下，破坏的案例照片

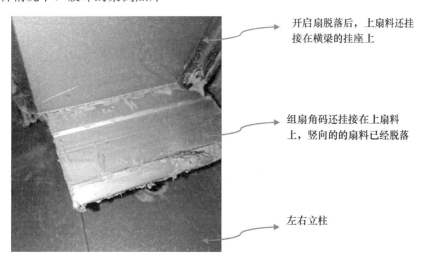

开启扇脱落后，上扇料还挂接在横梁的挂座上

组扇角码还挂接在上扇料上，竖向的的扇料已经脱落

左右立柱

脱落的双面胶带

上扇料与玻璃之间的结构
胶被撕裂

脱落扇料

滑撑在脱落前，从立柱的
连接孔位的情况来看，是
被人为拆除。加剧了窗扇
脱落的可能性与进度

不良的组扇设计，导致扇
料在重力作用下散落

图 11　开启扇破坏案例

这种破坏一般发生在开启扇面积较大或开启扇的宽度比高度小很多的状况下。解决办法为设计人员在开启扇组扇设计时要采取有效的连接设计：一般做法是每个角部采用四个机制螺钉将组扇角码与扇料可靠固定，不能图省事简单地注明撞角连接。撞角连接是靠局部撞破或局部撞变形的铝材卡到组扇角码的卡槽中来达到固定的一种方法，这种局部的卡接由于接触面小且强度有限以及撞击点易变化等情况，根本承担不了几十乃至上百公斤的力。从破坏的工程案例来看（图12），也证实了这一点。

图 12　破坏工程案例

我们一定要牢记：不当的组扇设计是开启扇整体脱落的"隐形杀手"。

对于铰链式连接方式来而言，在开启扇组扇失效的时候相对于挂钩式连接方式来讲会好一些：承受重力的是左右两边及顶部的三道结构胶。但并不是说采用铰链的连接方式会比采用挂钩的连接方式偏于安全。个人认为，在正确地设计、加工及安装的情况下，在开启扇没有有效地锁闭且遭遇台风时，当开启扇滑撑破坏后，挂钩式的做法对台风的抵抗能力是大于铰链式的连接方式的。毕竟铰链各个杆件的连接点及铰链的壁厚都比较薄弱，尤其是在侧向风的作用下是极易破坏的。

3　其他注意事项

以上简单地介绍了设计人员在玻璃幕墙开启扇设计过程中的要点，尤其是开启扇部分更是幕墙中的薄弱环节。设计人员需在工程竣工验收时向业主提供一份详细的《幕墙使用维护说明书》，在说明书中针对开启扇部分需明确以下几点：

1）开启扇的尺寸、玻璃的配置、结构胶厚度及宽度等。

2）开启扇的性能等级及相关参数。

3）所用相关配件的布置、品牌、规格、承力值。

4）开启扇日常使用注意事项。

5）开启扇日常与定期的维护、保养的要求。

6）相关配件的更换及安装方法。

并不是说开启扇就一定是不安全的，现今出现脱落问题的玻璃幕墙开启扇大部分都是人员的误操作，过程中缺乏保养、年久失修等原因所造成。只要我们认真对待、合理设计，正确加工及安装，肯定能减少或杜绝其脱落的隐患。

参考文献

[1]《玻璃幕墙工程技术规范》（JGJ102—2003）.

[2]《建筑幕墙》（GB/T21086—2007）.

[3]《建筑门窗五金件　滑撑》（JG/T 127—2007）.

[4]《建筑门窗五金件　撑挡》（JG/T 128—2007）.

再论幕墙窗扇未锁闭状态下防坠落措施

◎ 王海军[1]　江　辉[2]

1　深圳市华辉装饰工程有限公司　广东深圳　518000

2　深圳东海集团有限公司　广东深圳　518040

摘　要　每次台风都会吹落幕墙窗扇，这一问题已经成了当今我国幕墙主要安全问题之一。本文通过对这类幕墙窗扇坠落的原因分析，提出了加强窗扇在未锁闭状态下的安全措施，呼吁把未锁闭状态下幕墙窗扇的抗风能力要求写入标准，并且制定未锁闭状态下幕墙窗扇抗风能力的检测方法。

关键词　窗扇坠落；加强措施；建立标准

1　引言

建筑师为了追求建筑的通透、大气，要求玻璃幕墙的分格越来越大，幕墙窗扇也随着越来越大，2m高乘1.5m宽，面积达到3m²的窗扇比比皆是。加上采用中空玻璃，甚至采用中空夹胶玻璃，每个窗扇重量达100多kg，传统的摩擦铰链难以承受这么大的重量，幕墙设计师纷纷采用挂钩式应对。随之而来，幕墙窗扇坠落事件频发。最典型的是2016年8月深圳H大厦未锁闭的幕墙窗扇发生了大面积的坠落事件，坠落的窗扇砸到了附近的公交亭（见图1）。因坠落时间是半夜3点，公交亭没人候车，幸好没有造成人员伤亡。但事故造成了恶劣的社会影响，各个媒体相继报道，建设主管部门和公安部门都介入调查。

图1　深圳H大厦窗扇被台风多次吹落

无独有偶，今年8月份，深圳某工地又出现了幕墙窗扇在未锁闭状态下被台风吹落的事件。至于超强台风过后的珠海，窗扇坠落的幕墙更是随处可见，媒体也多次报道，想必大家都看过。其中令笔者记忆深刻的是一个窗扇坠落的小视频的旁白："哎呀，这些人怎么不关闭窗扇啊"。

年年岁岁何相似，每次台风吹过，就有幕墙窗扇就吹落，这已经成了幕墙界一道不怎么亮丽的风景线。我想，这也应该成了幕墙人的一块心病。

表1罗列了我所知道的近年来幕墙窗扇在未锁闭状态下被大风吹落的事件。为了不给相关单位造成负面影响，表中工程名称用字母代替。本表只列举幕墙窗扇在未锁闭状态下被台风吹落的事例，也就是说，窗扇是在幕墙完好状态下被吹落的。至于幕墙有设计、施工或使用缺陷的，如锁点不够、挂钩脱钩、风撑损坏、铰链式挂接的铰链损坏等不在此讨论。

表1　笔者了解到的近年来未锁闭的幕墙窗扇被台风吹落的事例

时间	地点	台风	影响风力（级）	工程	挂接方式	最大窗扇尺寸（m）
2014年7月	广州	威马逊	10	G	挂钩	1.3×1.8＝2.3m²
2015年10月	湛江	彩虹	15	Z	挂钩	1.5×2.0＝3.0m²
2016年8月 2016年10月	深圳	妮妲桑达	10 12	H	挂钩	1.0×3.3＝3.3m²
2016年9月	厦门	莫兰蒂	15	X	挂钩	1.2×2.0＝2.4m²
2017年8月	深圳	帕卡	10	S	挂钩	1.3×1.0＝1.3m²
2017年8月	珠海	天鸽	15	J	挂钩	1.4×1.6＝2.7m²

图2是Z工程窗扇被台风吹落的现场照片：

从图2可以看出，幕墙窗扇的伸缩风撑在伸缩部位损坏。

图2　Z工程幕墙窗扇破坏情况 风撑部位

从图3可以看出，幕墙窗扇已坠落，但窗扇的上横方还留在窗框上，扇框的型腔已撕裂，玻璃与上横框之间的结构胶已经完全撕开。（为了安全，没有站到窗外拍摄结构胶撕开面的图片）。

图4是幕墙窗扇坠落的残物。窗扇坠地后已经解体。

图5是H大厦幕墙窗扇被台风吹落的现场照片：

从图5可以看出，伸缩风撑从窗扇的连接螺丝处拔出。

H大厦幕墙窗扇的破坏情况同Z工程很相似，窗扇的上横框仍然留在窗框上，（即没有脱钩），窗扇上部两个组角角码从竖框型腔内拔出，结构胶撕开。（很可惜。顶部照片已丢失）。

图 3　Z 工程幕墙窗扇破坏情况 顶部

图 4　Z 工程幕墙窗扇破坏情况 坠落物

图 5　H 大厦幕墙窗扇破坏情况 风撑部位

图 6 是 S 工程幕墙窗扇被台风吹落的现场照片：

从图 6 可以看出，伸缩风撑从窗扇的连接螺丝处拔出。顶部已经没有窗扇上横框，整个窗扇连同承钩件一起坠落。

图 6　S 工程幕墙窗扇破坏情况 风撑部位

从图 7 可以看出，幕墙窗扇挂钩破坏，分体式承钩从与横梁分离，连在坠落的窗扇上。

图 7　S 工程幕墙窗扇破坏情况 坠落的窗扇

从图 8 可以看出，承钩件从连接螺丝处拔出。

图 8　S 工程窗扇破坏情况 挂钩部位

从 S 工程现场实物可以看出，S 工程的破坏情况与前两个有所不同：第一，窗扇面积比较小，（才 1.3m²）；第二，窗扇是从挂钩处破坏而坠落。

以上只是笔者所了解到的一些事例。笔者并非权威机构，想必还有不少笔者所不知道的类似事例。

幕墙窗扇坠落是幕墙安全方面一个很大的、很频繁的问题，坠落的窗扇一旦砸中人，后果非常严重！应该引起我们高度的重视，采取一些强有力的措施，杜绝此类事故的发生。

去年，笔者曾就这一问题，与中筑空间的张炳华合写了一篇《幕墙窗扇未锁闭状态下抗风加强措施》的文章，提出一些解决措施的建议。但是，笔者觉得这一问题还没有在行业内引起足够的重视，没有上升到从标准方面解决问题的高度，只是在深圳的幕墙设计方案安全评审中给出一些专家意见，而且这些意见往往不够统一。所以，笔者再次就这一问题提出自己的建议与呼吁。

2　幕墙窗扇在未锁闭状态下被大风吹落的原因分析

1）破坏特征

（1）窗扇尺寸比较大，普遍大于 2m²。S 工程例外，窗扇尺寸并不大，但它的破坏情况也不同，是挂钩处破坏（后面阐释这一问题）；

（2）窗扇悬挂方式多为挂钩式；

（3）均为 10 级以上台风天气吹落；

（4）窗扇没有锁闭；

（5）大多用伸缩风撑；

（6）破坏形式多为风撑螺丝拔出或风撑折断，窗扇脱钩或是挂钩与承钩一起脱落、或是组角角码拔出或拔断，窗扇上框与玻璃之间的结构胶撕裂。

2）原因分析

（1）窗扇面积大，承受风的作用力就大，因而破坏力就大；

（2）窗扇没有锁闭，会被台风掀开 [图 9（1）]；

（3）挂钩式挂接，窗扇运动阻力小，容易掀起来，并且会形成冲击力；

（4）伸缩式风撑是两根杆件插接连接，刚性差，容易折断（图 2）；

（5）风撑都用螺丝连接到窗扇铝型材壁上，而铝型材壁厚只有 1.6－2.0mm，还达不到螺丝直径的一半，抗剪能力差，很容易拔出（图 5）。

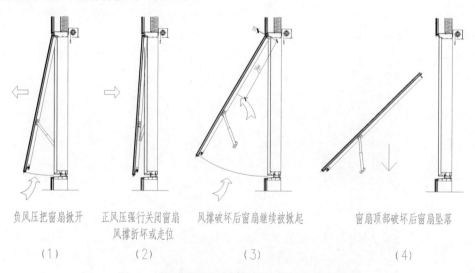

负风压把窗扇掀开　　　正风压强行关闭窗扇　　　风撑破坏后窗扇继续被掀起　　　窗扇顶部破坏后窗扇坠落
　　　　　　　　　　　风撑折坏或走位

（1）　　　　　　（2）　　　　　　（3）　　　　　　（4）

图 9　未锁闭幕墙窗扇被台风吹落过程分析示意

（6）在正负风压反复作用下，窗扇反复强行开启和关闭，无法按照风撑的正确方式启闭，风撑被斜压或斜拉，连接风撑的螺丝受拉，螺丝拔出，风撑失效；或者，窗扇强行关闭，风撑折断 [图 9 (2)]，风撑失效。

（7）风撑失效后，窗扇继续被大风掀起，窗扇顶部顶住上部构件 [见图 9 (3)]，此时形成杠杆现象，受力力臂很大，而阻力力臂很小，因而阻力很大，对窗扇顶部的反作用力就很大。

例如窗扇高度为 2m，挂钩到顶部构件距离为 20mm，则台风作用在窗扇的力传到顶部将放大 50 倍！假设窗扇受到的风力为 2kN，窗扇自重及阻力为 1kN，那么顶部将产生 50kN 的力，并且，此作用力还是冲击力。所以，此破坏力是巨大的！在这么大的作用力下，如果挂钩不牢固，就会破坏挂钩造成窗扇坠落；如果挂钩牢固，窗扇上横框与竖框角码拔出或拔断，玻璃与上框的结构胶撕开，窗扇还是坠落 [图 9 (4) 和图 10]。

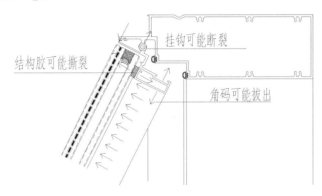

图 10　幕墙窗扇被台风掀到极限位置作用力示意图

从原因分析中可以看出两个关键环节：（1）窗扇没有锁闭是第一关，锁点足够且锁点有效的锁闭状态下的窗扇一般不会被台风掀起，也就不会有坠落。（但是，要做到台风来临时每个窗扇都锁闭还真是很难办到的事情，此问题后面详述）；（2）风撑失效是第二关，风撑一旦失效，对于面积大的现行设计系统的挂钩式窗扇很难不被吹落，如果挂钩系统不牢固，先从挂钩处破坏坠落；如果挂钩牢固，也会从扇框组角破坏，结构胶撕开，窗扇坠落。也就是说，面积大的窗扇，一旦风撑失效，把挂钩做得再牢固也无济于事，因为此时对窗扇顶部的破坏力非常大，挂钩不坏，其他部位也会被破坏。所以，认为只要挂钩牢固，窗扇就不会坠落的认识是片面的。

说到此，我们再来看 S 工程为什么窗扇面积小也会坠落。我们从 S 工程现场看到，风撑仅用自攻螺丝与窗扇固定，风撑一旦压斜，自攻螺丝就会拔出。所以，尽管窗扇不大，风撑还是失效了。风撑失效后，就要靠挂钩抵抗。我们从 S 工程坠落的窗扇发现，尽管挂钩做成了合页式（实际没有完全按合页式设计加工，为了方便组装，承钩管大部分铣掉，造成受力集中），但窗扇挂钩的承钩没有与横梁做成一体，而是分体式，用螺丝上在横梁上，并且仅在侧面上螺丝（图 11）。挂钩与螺丝有高低差，形成弯矩，当风撑破坏后，窗扇掀起，承钩件从螺丝处拔出，窗扇坠落。由于承钩件连接太薄弱，尽管 S 工程窗扇面积不大也造成了坠落。

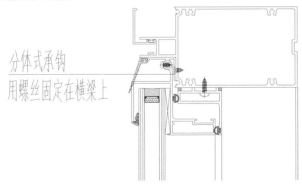

图 11　S 工程窗扇挂钩处节点图

风撑一旦破坏，被台风掀到极限后即使窗扇没有坠落，挂钩也会损坏。图12是S工程明框幕墙，承钩与横梁做成一体，风撑失效后未坠落的，损坏的挂钩的窗扇肯定不能继续使用。所以，我们要做的首先是风撑要牢固。

图12　S工程明框幕墙窗扇未坠落但已破坏

3）深层次原因分析

（1）标准空白

随着我国三十多年的幕墙的发展，幕墙性能考虑得越来越周全。除传统的抗风压性能、雨水渗透性能、空气渗透性能、防雷性能、防火性能外，又完善了抗变形性能、热工性能、隔声性能、通风性能、采光性能等等，但是，唯独没有考虑未锁闭的窗扇被大风吹落可能砸死人这么重要的性能。

笔者查遍了自己所知道的标准与规范，没见到一条有关未锁闭窗扇抗风性能的规定。只看到《玻璃幕墙和工程技术规范》（JGJ 102—2003）关于保养与维护方面第12.1.4条规定："雨天或4级以上的风力的天气情况下不宜使用开启窗；6级以上风力时，应全部关闭开启窗。"这个含义可以理解为：幕墙窗扇在开窗状态下可以抵抗6级风。这条规定有几个问题：第一、为什么只规定要抵抗6级风，而不是根据当地多发的更高级别的风？第二，"窗扇可以在6级风开启"的概念在幕墙设计方面没有明确规定，更没有检测规定，如何保证幕墙窗扇6级风开启不会出问题？第三、超过6级风必须关闭窗扇，这一点如何做到？现在有幕墙的建筑绝大部分为多个业主、更多的租户，人员流动频繁，并且很多业主和租户拒绝物业管理进入房间。要做到6级大风关闭幕墙窗扇几乎做不到。还有，12.1.4规定的是"关闭开启扇"。"关闭"一词的概念对于很多非专业人士来说也不是很清楚，有些人认为把窗扇拉紧可能就是关闭。但这样的关闭等于没关。

（2）法律盲区

窗扇没有关闭，或是只关不锁，大风把窗扇吹落砸中人，责任属于谁？属于用户？用户可能说：这个窗扇我从来没碰过，别找我；属于业主？业主说我又没在房里，怎么找我？属于物管？物管说房间我进不去，我没法管。属于幕墙设计和施工单位？幕墙设计和施工单位说，我的幕墙窗扇没锁闭只能抗6级风，超过6级风不关我事。出了问题，没人担责，形成了法律盲区。在没人担责的情况下，政府主管部门只有找物管。物管感到很冤枉，台风来临前他们已发出通知，要求用户关好门窗，负责任的物管甚至会派人巡查，但是，每个幕墙窗扇是否锁闭，他们真的无法检查到，台风经过，还是会有幕墙窗扇坠落。他们又赔不起，怎么办？物管只好把窗扇钉死（图13）。好好的窗扇被钉死。幕墙人士看到不知有何感想。

图13　某楼宇幕墙窗扇被物管钉死

（3）设计漏洞

由于幕墙标准与规范没有规定未锁闭状态的窗扇抗风性能，幕墙设计者也就从不考虑这方面的性能。甚至幕墙设计界有一个奇怪的传统：从来不详细设计窗扇。如窗扇使用什么五金配件？窗扇与五金件如何连接？五金件的强度计算？连接处的强度计算？窗扇组角连接设计与计算？等等都没有。其实，大家都知道，整个幕墙就窗扇（含门扇）需要经常活动，幕墙中最容易出问题的就是窗扇，理应该把窗扇设计当成重要的内容来设计。但实际上幕墙设计忽视，第三方审查也不管，监管单位也不管。怎么会形成这个习惯？笔者真是百思不得其解。

（4）规避责任

不愿意建立幕墙窗扇在未锁闭状态下的抗风能力标准，与幕墙界有一种规避责任的认识有关：我们的幕墙只负责窗扇锁闭状态下的安全性，不负责窗扇开启或未锁闭状态下的安全性。如果我们规定了窗扇未锁闭状态下大风也吹不掉，那大风一旦吹掉，就是幕墙设计或施工的责任，这不是自找麻烦吗？如果我们都报以这种想法，以后台风来了还会有窗扇会被吹落，可能造成伤人事件。不管是谁的责任，民众会认为是幕墙出了问题，会认为幕墙不安全（图14，H大厦窗扇坠落后网友的议论），政府部门就会限制幕墙的使用，幕墙的道路就会越走越窄。所以，笔者认为：本着对人民生命和财产负责的态度，应该在标准关于规范方面建立对未锁闭状态下的幕墙窗扇的抗风要求。

3）加强幕墙窗扇未锁闭状态下抗风能力的措施

根据幕墙窗扇未锁闭状态下坠落的原因分析，笔者认为，应采取以下防范措施：

（1）控制幕墙窗扇尺寸

窗扇尺寸大，受力面积大，因而破坏力就大。根据幕墙窗扇坠落事故尺寸分析及实用性，幕墙窗扇面积应小于 $2m^2$。根据杠杆破坏原理，窗扇高度不能太高，宜小于 $1.5m$。

热门评论

雄鹰　2016-10-22
估计是胶水的厂家质量不行太差了……
（14）　回夏

金凯德门业　2016-10-22
做玻璃的供应商，你等着拖欠尾款吧
（342）　回夏　查看回夏（26）

jiasheng　2016-10-22
应该禁止所有大厦使用玻璃幕墙！这种东西太危险了！
（212）　回夏　查看回夏（24）

恒星源　2016-10-22
玻璃胶太次，经不起风雨。以后大家千万不要走那里路过
（172）　回夏　查看回夏（4）

股吧朋友　2016-10-22
妮姐来时都掉过了，真是豆腐渣
（159）　回夏

图14　H大厦窗扇坠落后网友的议论

（2）细化幕墙窗扇及其连接部分的设计

幕墙窗扇设计除了窗框窗扇铝材选型或设计外，还要有窗扇组角设计、五金件（多点锁、风撑、铰链或挂钩等）选型及与窗扇、窗框连接设计。这些设计要有强度计算。强度计算不但考虑锁闭状态下的抗风能力，还要考虑未锁闭状态下的抗风能力。（所以要先定标准，没标准，就没法计算）。

（3）加强风撑及连接的强度

从破坏情况来看，在台风正负风压反复作用下风撑首先破坏，风撑一旦破坏，窗扇被大风掀到极限，会产生杠杆作用，此时的破坏力巨大，顶部受力构造很难抵抗得住。所以，首先要加强风撑强度和与风撑的连接强度。具体做法如下：

① 用多连杆滑撑式风撑。这种风撑有两条有效的撑杆，每边至少有 3 颗连接螺丝，抗风能力大为增强。（图 15）

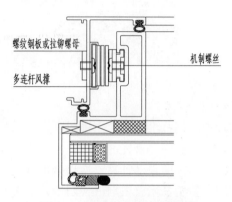

图 15　多连杆滑撑式风撑　　　　　　图 16　风撑与窗框的连接方法

② 连接螺丝用机制螺丝，在上螺丝的铝材后面加装有螺纹的不锈钢板，或安装拉铆螺母，螺丝上到不锈钢板上或拉铆螺母上（图 16）。这样做，螺丝部位的抗拉拔能力大为加强。

③ 增加上风撑。图 17 左图是一种可适应挂钩式窗扇运动轨迹的加强上风撑。安装了这种风撑可以分担下风撑的受力，避免下风撑受力过大而破坏，对于较大尺寸的窗扇可采用这种加强措施。

（4）增强顶部构造强度

根据窗扇破坏过程分析，应从挂钩连接、组角角码连接、型材加厚等方面加强（图 18）。

3）呼吁建立幕墙窗扇未锁闭状态下抗风能力的标准

H 大厦幕墙窗扇被台风大面积吹落后，深圳市对幕墙的设计安全采取了专家论证的措施。专家论证中，幕墙窗扇的面积及连接构造、强度是重要的论证内容。从这一做法来看，政府部门和幕墙行业还是希望幕墙窗扇在未锁闭的状态下不能被大风吹落，并不是只要能抵抗 6 级风就 OK。但是，正常的设计

图 17　增加上风撑

每次都要靠论证来把控本身就是不正常的做法。专家的意见往往凭自己的经验，没有标准与规范的依据，也没有计算规范，更没有检测手段。况且，各个专家对开启扇未锁闭被大风吹落的看法也不一致，论证意见也不可能一致，最后实施的效果肯定也不一样。所以，笔者认为，幕墙窗扇频繁被大风吹落，只有上升到标准的高度才能有效地解决。

我国的幕墙标准大多参照国外的标准而编制，国外标准没有的内容我们的标准一般也没有。笔者曾了解到，国外的标准没有关于幕墙窗扇在未锁闭状态下的抗风能力要求。我国的幕墙虽然起步晚，

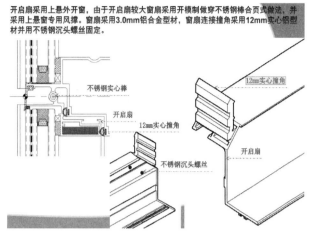

图 19　增加顶部构造强度

但比国外的幕墙发展要快得多，当今中国的幕墙数量最多，种类最多，不能再跟着外国人后面走了，应该根据我国的国情建立自己的标准，不能说国外没有的东西我们也不能有。笔者呼吁，为了不给人民的生命财产造成伤害，我们应该在这方面有所作为，建立未锁闭状态下幕墙开启扇抗风性能标准。并且，建立这个标准要有紧迫感，不能再拖延，不能再埋下一些新的隐患。

今年 11 月，美国 intertek 公司来深介绍了建筑物抗飓风的测试手段。会中交流时笔者了解到，他们可以做到模拟台风测试幕墙窗扇未锁闭状态下的抗风性能。笔者认为，如果我们建立了幕墙窗扇未锁闭状态下抗风性能的标准，我国的幕墙检测机构也能够开发出模拟台风测试开启扇未锁闭状态下的抗风性能的手段。有标准，有检测手段，所以，建立幕墙窗扇未锁闭状态下的抗风性能标准是可行的。

临空玻璃窗或幕墙的防护设计研究

◎ 谢　冬[1]　谢士涛[2]

1　深圳市建筑设计研究总院建筑幕墙设计研究院　广东深圳　518000
2　深圳证券交易所营运服务与物业管理有限公司　广东深圳　518038

摘　要　临空玻璃窗或幕墙按照相关设计规范要求，一般情况下会设计防护栏杆。为了追求更加通透的设计效果，在室内装修过程中，建筑业主往往会拆除防护栏杆，给后期的使用带来了巨大的风险。因此，设计出既能满足规范要求达到防护目的，又能符合室内装饰效果的临空玻璃窗和幕墙防护方案，是门窗幕墙设计师要考虑的问题。本文通过对临空玻璃窗和幕墙防护设计的研究，提出了几种符合防护要求的设计，可供大家参考。

关键词　临空玻璃窗；幕墙；防护设计；护栏

1　引言

临空玻璃窗或幕墙设置防护栏杆是通常做法，但有些业主在工程验收完交付使用后，往往为追求室内装饰效果，拆除原有防护栏杆，给后期的使用造成巨大的风险，甚至带来不可弥补的损失。如何做好临空玻璃窗和幕墙的防护设计，使其既能满足防护设计的要求，又不影响后期的使用效果是设计人员应积极思考的问题。

2　规范对防护设计的要求

涉及临空玻璃窗或幕墙的防坠防撞设计的规范主要有五个，现行的为《民用建筑设计通则》（GB 50352—2005）、《住宅设计规范》（GB 50096—2011）、《住宅建筑规范》（GB 50368—2005）、《玻璃幕墙工程技术规范》（JGJ 102—2003）和《建筑玻璃应用技术规程》（JGJ 113—2015）。

2.1　《民用建筑设计通则》（GB 50352—2005）

《民用建筑设计通则》（GB 50352—2005）第 6.10.3 条"窗的设置应符合下列规定：4、临空的窗台低于 0.80m 时，应采取防护措施，防护高度由楼地面起计算不应低于 0.80m。"该条注：1. 住宅窗台低于 0.90m 时，应采取防护措施；2. 低窗台、凸窗等下部有能上人站立的宽窗台面时，贴窗护栏或固定窗的防护高度应从窗台面起计算。同时条文说明中表述："第 4 款临空的窗台低于 0.80m（住宅为 0.90m）时（窗台外无阳台、平台、走廊等），应采取防护措施，并确保从楼地面起计算的 0.80m（住宅为 0.90m）防护高度。低窗台、凸窗等下部有能上人站立的窗台面时，贴窗护栏或固定窗的防护高度应从窗台面起计算，这是为了保障安全，防止过低的宽窗台面使人容易爬上去而从窗户坠地。"

2.2　《住宅设计规范》（GB 50096—2011）

《住宅设计规范》（GB 50096—2011）第 5.8.1 条："外窗窗台距楼面、地面的净高低于 0.9m 时，应设置防护措施。注：窗外有阳台或平台时可不受此限制。窗台的净高或防护栏杆的高度均应从可踏面起算，保证净高达到 0.90m。"条文说明表述："没有邻接平台或阳台的外窗窗台，如距地面净高底较低，容易发生儿童坠落事故。本条要求当窗台低于 0.9m 时，采取防护措施。有效的防护高度应保证净高 0.9m，距离楼地面 0.45m 以下的窗台面，横栏杆等容易造成无意思攀登的可踏面，不应计入窗台净高。"

第 5.8.2 条："当设置凸窗时应符合下列规定：1、窗台高度低于或等于 0.45m 时，防护高度从窗台面起算不应低于 0.90m；2、可开启窗扇窗洞口底距窗台面的净高低于 0.90m 时，窗洞口处应有防护措施。其防护高度从窗台面起算不应低于 0.90m"，条文说明表述，当出现可开启窗扇执手超出一般成年人正常站立所能触及的范围，就会出现攀登至凸窗台面关闭窗扇的情况，如可开启窗扇窗洞口底距凸窗台面净高小于 0.90m，容易发生坠落事故。

2.3　《住宅建筑规范》（GB 50368—2005）

《住宅建筑规范》（GB 50368—2005）5.1.5 条，"外窗窗台距楼面、地面的净高低于 0.9m 时，应有防护设施……"。该规范的发布公告明确规范全部条文为强制性条文，必须严格执行。该条的条文说明来自于《住宅设计规范》（GB 50096—2011）的对应条款。

2.4　《玻璃幕墙工程技术规范》（JGJ 102—2003）

《玻璃幕墙工程技术规范》（JGJ 102—2003）第 4.4.5 条，"当与玻璃幕墙相邻的楼面外缘无实体墙时，应设置防撞设施。"该条没有条文说明。

2.5　《建筑玻璃应用技术规程》（JGJ 113—2015）

《建筑玻璃应用技术规程》（JGJ 113—2015）第 7.3.2 条，"根据易发生碰撞的建筑玻璃所处的具体部位，可采取在视线高度设醒目标志或设置护栏等防碰撞措施。碰撞后可能发生高处人体或玻璃坠落的，应采用可靠护栏。"该条文的说明表示，防止由于人体冲击玻璃而造成的伤害，最根本最有效的方法就是避免人体对玻璃的冲击。在玻璃上做出醒目的标志以表明它的存在，或者使人不易靠近玻璃，如护栏等，就可以从一定程度上达到这种目的。

3　对防护设计要求的分析

从规范的要求与条文说明来看，对临空玻璃窗或幕墙而言，防护设计主要是解决在正常使用状态下的防坠和防撞问题。

3.1　对临空玻璃窗的防坠分析

从《民用建筑设计通则》（GB 50352—2005）、《住宅设计规范》（GB 50096—2011）、《住宅建筑规范》（GB 50368—2005）三个规范条文，临空玻璃窗需设置防护设施的目的是为了防止从窗口坠落。可分析理解为：

1. 固定窗不存在规范描述的坠落情形，所以规范主要是针对临空的开启窗。

2. 需设计防护措施的情况为：开启窗底部距踩踏面（有效的防护高度）低于 0.80m（住宅 0.90m）。

3. 设计防护设施时，设施的高度应确保达到或超过有效防护高度。

4. 控制开窗宽度可达到防坠目的。根据《民用建筑设计通则》6.6.3 条及说明，防止儿童攀登的构造中，栏杆的垂直杆件间净距不应大于 0.11m，以防头部带身体穿过而坠落。据此，如将开启窗的最大开启净宽度控制在小于 0.11m，就可以达到防坠的目的，从而也无需另增加防护措施。

3.2 对临空幕墙的防坠分析

防坠的关键是开启窗的设置，《玻璃幕墙工程技术规范》（JGJ 102—2003）第 4.1.5 条，"幕墙开启窗的设置，应满足使用功能和立面效果要求，并应启闭方便，避免设置在梁柱隔墙等位置。开启扇角度不宜大于 30°，开启距离不宜大于 300mm。"条文说明中强调开启距离是从安全角度要求。可见，幕墙规范的防坠仅考虑了在办公楼的情况，并没有考虑住宅类建筑采用幕墙的情况。因此，在住宅类的幕墙设计中，如开启窗底部距踩踏面（有效的防护高度）低于 0.80m（住宅 0.90m）时，也必须设置防护设施。否则，开启距离应控制在 0.11m 以内。

3.3 对防撞的分析

《建筑玻璃应用技术规程》（JGJ 113—2015）的相关条文主要针对防撞的问题。一种情况是因玻璃高透或视觉等原因，在人体靠近时造成无意识碰撞，对人体形成伤害；另一种情况是发生碰撞后玻璃和人体坠落。第一种情形通过在玻璃上粘贴提示标志方式解决。第二种情形发生时，幕墙或窗的完整性被彻底破坏。因此，只要幕墙或门窗的完整性不彻底破坏，就能满足防撞要求。

3.3.1 相关标准规范对耐撞击性能的要求

《建筑门窗幕墙用钢化玻璃》（JGT 455—2014）对钢化玻璃有抗冲击性和霰弹袋冲击性能要求。要求玻璃在 1200mm 高度的弹袋下落试验时不破坏，或试验件破坏时的大小和质量符合规定。

《铝合金门窗》（GB/T 8478—2008）仅对平开旋转类门做了耐撞击性能要求。根据该产品标准仅适用于可开启的门窗的范围，可以认为对铝合金开启窗并没有防撞的要求。固定窗的防撞，目前暂无标准规范进行约定。

《铝合金门窗工程技术规范》（JGJ 214—2010）4.12.1 条，"人员流动性大的公共场所，易于受到人员和物体碰撞的铝合金门窗应采用安全玻璃。"4.12.3 条，"开启门扇、固定门和落地玻璃设计，应符合现行行业标准《建筑玻璃应用技术规程》（JGJ 113）中的人体冲击安全规定。"

《建筑幕墙》（GB/T 21086—2007）对幕墙的耐撞击性能做了明确要求。1. 对人员流动密度大或青少年、幼儿活动的公共建筑的建筑幕墙，耐撞击性能指标不应低于下表中的 2 级。2. 撞击能量 E 和撞击物体的降落高度 H 分级指标和表示方法应符合表 1 要求。

表 1　撞击能量 E 和撞击物体的降落高度 H 分级指标和表示方法

	分级指标	1	2	3	4
室内侧	撞击能量 E/（N·m）	700	900	>900	—
	降落高度 H/mm	1500	2000	>2000	—
室外侧	撞击能量 E/（N·m）	300	500	800	>800
	降落高度 H/mm	700	1100	1800	>1800

注 1：性能标注时应按：室内侧定级值/室外侧定级值。例如：2/3 为室内 2 级，室外 3 级。

注 2：当室内侧定级值为 3 级时标注撞击能量实际测试值，当室外侧定级值为 4 级时标注撞击能量实际测试值。例如：1200/1900 室内 1200N·m，室外 1900N·m。

3.3.2 防撞设计的要求

根据上述情况可理解为：玻璃窗的耐撞击性能，在产品标准和技术规范中均没有明确要求，仅要求符合 JGJ 113 的规定。即按 JGJ 113 要求，控制玻璃板块的使用面积，采取标志提醒或设置不易让人体靠近玻璃的护栏；碰撞后可能发生高处人体或玻璃坠落的应采用可靠护栏。

幕墙耐冲击性能的合格标准为：幕墙不能有永久变形，不应有零部件脱落，面板达到面板的耐撞击要求。表明只要幕墙面板的玻璃选用是双层组合玻璃，在幕墙的防撞性能合格的情况下，幕墙遇到设计范围内的撞击，其完整性就不会彻底破坏，就不致发生冲击后出现玻璃和人体坠落的情况。

4　对防护设计的探讨

临空玻璃窗或幕墙的防护设计，实质就是防止从开启窗口的坠落与防止受撞击后玻璃和人体坠落的设计问题。住宅相关规范对临空玻璃窗防护设计的要求主要是防坠；建筑幕墙规范对临空玻璃幕墙的设计要求重点在防撞。

4.1　防坠设计

防坠是开启窗的设计的重点，无论是住宅的临空玻璃窗还是幕墙开启窗均应给予重视。防坠设计根据规范分析有三种方式，一是控制有效安全防护高度（踩踏面至开启窗底的高度），即 0.8m（住宅 0.9m）的高度控制；二是控制开启窗的开启宽度在 0.11m；三是增设达到安全防护高度的防护栏杆。

4.2　防撞设计

4.2.1　防撞玻璃的选择

根据 JGJ 113 第 7.2.3 条"人群集中的公共场所和运动场所中装配的室内隔断玻璃应符合下列规定：1. 有框玻璃应使用符合本规程表 7.7.7-1 的规定，且公称厚度不小于 5mm 的钢化玻璃或公称厚度不小于 6.38mm 的夹层玻璃；2. 无框玻璃应使用符合本规程表 7.1.1-1 的规定，且公称厚度不小于 10mm 的钢化玻璃。"

结合该规范的条文说明，10mm 厚钢化玻璃在人体撞击后不至破裂，夹层玻璃破裂后不会对人体造成伤害。如果临空玻璃窗或幕墙选择了符合该条规定的安全玻璃，即可满足抵抗人体撞击的要求。为了达到撞击后的防坠要求，临空玻璃建议选择由上述玻璃组合的中空夹层玻璃或厚度超过 10mm 的钢化中空玻璃。

4.2.2　临空防撞设计

临空防撞，一方面防止人体撞击后受伤，另一方面撞击后避免玻璃与人体坠落。根据规范分析有三种方式：一是粘贴显目标志提醒，避免碰撞发生；二是增加防护栏杆隔离，防止直接冲击玻璃；三是选择高耐冲击性能等级门窗或幕墙。

5　结语

对于临空玻璃窗或幕墙的防护设计，为避免造成出现护栏装是为了验收，拆是为了效果的尴尬，同时也避免出现无护栏存在的使用安全，笔者认为：

1. 防护设计是建筑使用安全的要求，需在建筑设计初期认真考虑，避免出现验收阶段再突击增设护栏。

2. 对于部分建筑监管人员根据对规范一知半解提出的增加护栏无理要求，设计单位应有明确态度，"加了拆"的息事宁人做法是一种浪费资源和不负责任的态度。

3. 在室内加设防护栏杆的防护设计是一种简单有效的办法，但并不是唯一的办法。建筑设计师可结合建筑空间的功能，根据防坠与防撞的具体要求，选择合理的防护设计。

4. 临空玻璃窗或幕墙在有框的情况下，选择符合 JGJ113 规定的夹层中空玻璃或 10mm 钢化中空玻璃，其防撞性能可满足要求。

参考文献

[1] 民用建筑设计通则（GB 50352—2005）．北京：中国建筑工业出版社．

［2］住宅设计规范（GB 50096—2011）．北京：中国建筑工业出版社．

［3］住宅建筑规范（GB 50368—2005）．北京：中国建筑工业出版社．

［4］玻璃幕墙工程技术规范（JGJ 102—2003）．北京：中国建筑工业出版社．

［5］建筑玻璃应用技术规程（JGJ 113—2015）．北京：中国建筑工业出版社．

［6］建筑幕墙（GB/T 21086—2007）．北京：中国建筑工业出版社．

［7］赵西安．幕墙落地玻璃设置栏杆问题《门窗》，2012 年 03 期．

第七部分

建筑门窗幕墙节能

浅述铝合金平开窗节能性能标识取证

◎ 余益军

深圳市科源建设集团有限公司　广东深圳　518031

摘　要　建筑门窗节能性能标识是一种信息性标识，即对标准规格门窗的传热系数、遮阳系数、空气渗透率、可见光透射比四项与节能性能有直接关系的指标进行客观描述。本文结合门窗节能性能标识取证实践，总结了申请铝合金平开窗标识的条件、标识窗研发、标准规格窗制作与型式检验、生产条件自查与完善、门窗标识申请与测评、标识证书和标签的使用等过程中的关键点，为门窗生产企业取得门窗节能性能标识和标识管理提供借鉴。

关键词　铝合金门窗；节能；标识

1　引言

建筑门窗节能性能标识是一种信息性标识，即对标准规格门窗的传热系数、遮阳系数、空气渗透率、可见光透射比四项与节能性能有直接关系的指标进行客观描述。门窗生产企业可以通过获得的门窗标识向建设方、总承包方、消费者、工程技术人员和建设行政主管部门展示门窗节能性能，达到推销和证实标识门窗比普通门窗性能优异的目的。

门窗生产企业如何才能顺利获得门窗节能性能标识，笔者依据《建筑门窗节能性能标识导则》（RISN-TG013—2012），结合铝合金平开窗标识取证实践，认为需要重点关注并做好以下几方面工作。

2　申请门窗标识的条件

（1）有效的、经过年检确认的《企业法人营业执照》或有关机构的登记注册证明。执照批准的经营范围和经营方式应包含申请标识的产品；

（2）有效的组织机构代码证；

（3）必要的铝合金门窗生产设备：

包括双头切割锯、单头切割锯、端铣机（或组合冲床）、自动角码锯、仿形铣床、组角机、冲床等；

（4）生产场地面积应至少 $1500m^2$；

（5）必备的产品检测设备：

包括游标卡尺、塞尺、0～200N 管型测力计、万能角度尺、钢卷尺、钢板尺、直角尺、表面涂层测厚仪、硬度计等检测设备。上述仪器设备均应周期检定、校准，保证测量准确性；

（6）申请门窗标识的产品应符合国家颁布实施的、与门窗及其组成材料和配件相关的标准要求，并通过型式检验；

（7）企业应按照《建筑门窗生产企业标识产品生产条件现场调查细则》的规定建立质量管理体系、

技术管理体系，确保具备批量生产合格的标识产品的能力，保证批量生产标识产品的一致性。因此，需要落实以下三项工作：

（1）书面任命门窗标识责任人，确保其能够履行相关职责；

（2）制定有关标识证书和标签使用的控制文件，确保标识证书和标签能正确使用；

（3）制定标识产品的一致性控制文件，确保批量生产的标识产品与标识证书（标签）之间的一致性。

3 标识窗研发与性能确定

我国地域辽阔，南北气候差异大，不同气候区对门窗节能性能的要求也相差很大，同样的门窗用于不同气候区域时，其节能效果可能有较大差别。因此，门窗生产企业可结合本企业发展方向、门窗产品适用地区和经济性等因素，依据标识产品适宜地区的推荐原则、节能法规和标准以及不同地区基本风压等要求，通过对不同系列框节点、不同配置玻璃系统和整樘窗热工性能模拟计算，设计并选定既能覆盖企业自身业务范围，又满足国家、地方节能法规、标准要求的一个或多个系列门窗，来申请门窗节能性能标识。

在标识窗研发过程中，需要综合考虑如下几点要求：

1）标识窗性能的最低要求：

（1）水密性：平开窗 4 级以上，推拉窗 3 级以上；

（2）气密性：6 级以上；

（3）外窗的传热系数和综合遮阳系数限值应符合不同地区、不同建筑的节能设计标准要求。一般来说，适宜所有气候区的外窗传热系数应小于 2.0，遮阳系数应小于 0.4。

2）最高配置标准规格窗通过模拟计算得出的传热系数计算值比实际检测值大，两者误差在 5% 左右；

3）标准规格窗玻璃的最小安装尺寸和门窗框槽口的宽度、深度应符合《建筑玻璃应用技术规程》（JGJ 113—2015）的要求，以免在进行型式检验时，出现玻璃镶嵌构造尺寸不合格；

4）应在适宜的阶段对设计的标识窗生产工艺进行评审并验证产品性能，以满足标识窗性能的最低要求。比如，通过型式检验或专项检测，对门窗的水密性和节能性能模拟计算结果进行验证等。

4 标准规格窗制作与型式检验

4.1 标准窗规格和数量

用于型式检验和标识检验的铝合金平开窗规格尺寸为 1450mm×1450mm，内平开窗扇宽度为 850mm，外平开窗扇宽度为 600mm；固定上亮，高度为 350mm。数量不少于 8 樘，其中型式检验用 5 樘，标识检验用 3 樘。

4.2 标准规格窗制作

1）在与标识实验室商定的监造日期前，按照 4 门窗生产条件自查与完善中 1）2）3）的要求，选择适宜的标准规格窗制作人员、设备、工装夹具、材料等。

2）合理安排标准规格窗加工制作时间，做好工序衔接，确保标识实验室实施现场监造时，能对所有工序进行监造。

3）按照 5 门窗生产条件自查与完善中 4）5）的要求对标准规格窗制作过程进行控制和产品检验。

4.3 型式检验

1）试件要求：

（1）每个系列标准规格铝合金窗 5 樘；

（2）与标准规格铝合金窗玻璃同时生产，尺寸为 100mm×100mm 的玻璃试件 3 片；

（3）标准规格铝合金窗图纸（包括立面、剖面、节点）一式五份；

（4）试件用标准规格铝合金窗的实际构造，应与图纸完全一致，不得在框槽口以及等压腔内增加设置与图纸规定不符的封堵措施；

2）与有资质的检测机构签订《铝合金窗产品型式检验协议书》和相应的检测委托单，明确检测项目以及主要材料的供应商、规格、性能指标等信息；

3）安排专业技术人员跟踪检测过程，及时调整、排除检测问题（检测过程中允许对受检门窗调整一次）。

5 门窗生产条件自查与完善

门窗生产企业应按照 RISN-TG013—2012《建筑门窗节能性能标识导则》之第七章门窗产品生产条件现场调查中"三、现场调查的内容，逐项自查并完善本企业与申请标识产品的基本条件以及质量管理体系，确保批量生产的节能标识产品与节能性能试验合格产品的一致性以及产品的受控零部件/材料与提交申请的受控零部件/材料备案清单保持一致。"一般还应重点关注并完善以下几方面工作：

1）设计人员、关键工序操作工、检验员、设备维修管理员等对产品质量有影响的人员应熟悉本岗位职责，具备相应的专业、经验和能力，提供相应的资格及培训资料。

2）按照门窗加工工艺流程和加工场地的时间情况对加工生产线进行规划，力求加工、组装设备布置合理，半成品、成品转序安全、快捷。同时，应对加工、组装设备进行维护保养，确保加工、组装设备正常运行。

3）主要原材料和配件的采购/检验、验证

（1）在采购合同中明确主要原材料和配件采购的技术要求，特别是节能相关的性能要求，如玻璃、隔热型材等；

（2）与材料供方签订质量保证协议，确保供方提供的材料和配件满足要求；

（3）铝型材生产商提供该系列合格铝型材有效的型式检验报告；

（4）按照型式检验、标识检验样品要求备好与标识门窗材料同一工艺、同一时间生产的玻璃、铝型材等主要材料样品；

（5）中空玻璃如果需要填充氩气，则必须要求玻璃生产商随货提供每批次中空玻璃氩气的填充率报告；

（6）对关键原材料进行进场检验、抽检控制，如隔热材料进场检验、玻璃光学性能抽检等。

4）生产过程的控制/检验

铝合金窗生产过程需要从人、机、料、法、环等方面进行控制，一般来讲，下料、组装、打胶工序是关键工序。

（1）加工人员应具备相应的专业能力，特别是下料、组装、打胶工序操作人员；

（2）制订关键工序作业指导书，明确控制指标、控制方法、检验手段等；

（3）生产过程尤其是下料、组装、打胶过程中应做好清洁生产，防止因此出现尺寸超差、缝隙渗漏等质量问题；

（4）按照规定对主要生产设备、模具、夹具、量具进行维护保养。

（5）不同的型材截面，需要选用或专门制作相应的夹具和模具辅助加工，以保证同一根框扇型材下料后，内外长度尺寸和空间角度变化一致，并满足设计要求；

（6）制作专用辅助装配及检验支架，以保证组装后窗框几何尺寸（长、宽、对角线、缝隙、错位高低差）和位置尺寸（水平度、垂直度）稳定、不变形，便于检验框扇的装配尺寸，及时调整框扇的装配关系；

（7）组框前应清除各构件对接面毛刺、脏污；

（8）组框后，对边框、横竖框、扇梃、玻璃压条等所有内腔接缝打细胶封缝；

（9）固定窗扇铰链、限位支撑等五金件的螺钉部位用耐候胶封堵；

（10）中部、内圈密封胶条应交圈，接头处应平滑过渡；

（11）制订过程检验控制文件，按照文件规定的过程检验项目、抽样方法、抽样频度、检验方法、合格判定等进行过程检验。过程检验项目主要包括：

（1）下料后，构件内外长度尺寸和角度；

（2）安装孔、榫、豁几何尺寸和位置尺寸；

（3）外框、扇框组合后的内外几何尺寸和平整度。

5）产品的检验

制订产品检验控制文件，按照文件规定的检验项目、抽样方法、抽样频度、检验方法、合格判定等进行产品检验。产品检验项目主要包括：

（1）外观应符合 GB/T8478—2008 中 5.2 项的要求；

（2）门窗及装配尺寸应符合 GB/T8478—2008 中 5.3.2 项的要求；

（3）装配质量应符合 GB/T8478—2008 中 5.4 项的要求；

（4）连接构造的安全性、可更换性、维修的方便性应符合 GB/T8478—2008 中 5.5 项的要求；

（5）检验开启扇关闭后框、扇搭接处四周贴合度以及等压腔内防水构造的密封性，以保证标识窗的水密性、气密性符合要求。

6）标识产品的一致性

对批量生产的标识窗的一致性控制内容包括：

（1）与主要原材料、配件供应商签订战略供货协议，确保主要原材料、配件与提交申请备案的清单保持一致；

（2）规划并固化标识窗生产线，确保生产场地、现场环境、生产设备与提交申请备案的清单保持一致；

（3）制订标识窗生产工艺流程、加工工序卡，保证生产工艺与提交申请备案的清单保持一致。

6 门窗标识申请与测评

6.1 委托申请

符合申请门窗标识的条件、按照 RISN-TG013—2012《建筑门窗节能性能标识导则》中门窗产品生产条件现场调查内容逐项自查并完善后的企业可以向任一具有建设部标准定额研究所颁发的《建设部建筑门窗节能性能标识实验室证书》的门窗标识实验室提出委托申请（电子版），委托其进行生产条件现场调查和产品节能性能检测、模拟计算，并提交下列材料：

1）建筑门窗节能性能标识测评委托单，包括产品描述、主要生产设备清单、主要检测设备清单、企业生产场地面积；

2）企业工商营业执照复印件、组织机构代码证复印件；

3）申请产品的全项型式检验报告复印件；

4）门窗节能性能标识负责人任命书复印件；

5）企业质量管理组织机构图，质量管理文件清单，质量体系认证证书复印件；

6）与标识产品密切相关的生产设备清单、生产条件及生产工艺说明文件清单；

7）产品图纸及规格表，包括窗的内视立面图、节点图、型材断面图；

8）产品说明书或精确描述产品结构和节能有关制作工艺的说明书；

9）《建筑门窗节能性能标识产品详细信息表》中主要原材料和配件的供方评价报告或记录。

6.2　门窗标识实验室审核委托申请材料

门窗标识实验室收到企业的委托申请材料后，应于 3 个工作日内审查申请材料的完整性、有效性。审查合格的，门窗标识实验室通知企业提交书面测评委托单（一式两份，加盖企业公章）。未通过审查的，门窗标识实验室应告知企业，并提出指导意见。

6.3　申请企业与门窗标识实验室签订标识测评协议书

申请企业与标识实验室签订《门窗节能性能标识测评委托协议书》，确定现场调查时间、双方的权利和义务。

门窗标识测评工作包括：生产条件调查、抽样、检测、模拟计算、出具报告等。

6.4　门窗标识实验室开展标识测评工作

1）申请企业配合门窗标识实验室委派的现场调查员完成产品生产条件的现场调查、抽样工作。确定企业通过现场调查后，现场见证企业生产检验用样窗并封样，每种样窗 3 樘，用于传热系数和气密性的检测。

2）申请企业负责将样品送达门窗标识实验室。

3）门窗标识实验室收到样品后，应于 30 个工作日内完成检验、模拟计算，出具《建筑门窗节能性能标识测评报告》及其附件（包括企业生产条件现场调查报告、样品检测报告、模拟计算报告）。

4）门窗标识实验室向住房和城乡建设部标准定额研究所提交《建筑门窗节能性能标识测评报告》及其附件，通过标准定额研究所组织的专家审查后，再将报告及其附件提交给企业。

6.5　申请企业向住房和城乡建设部标准定额研究所提交门窗标识申请材料

申请企业取得《建筑门窗节能性能标识测评报告》及其附件后，可以向住房和城乡建设部标准定额研究所提交建筑门窗节能性能标识申请及有关申请材料：

1）《建筑门窗节能性能标识申请表》，一式两份，加盖公章；

2）申请企业工商营业执照复印件、组织机构代码证复印件各一份，加盖公章；

3）申请产品的全项型式检验报告复印件各一份，型式检验别报告应在有效期内；

4）标识实验室出具的《建筑门窗节能性能标识测评报告》及其附件的原件各一份。

6.6　住房和城乡建设部标准定额研究所组织审查、公示、发证

住房和城乡建设部标准定额研究所收到企业的申请材料后，将于 10 个工作日内组织专家进行审查。

对未通过审查的企业或产品，住房和城乡建设部标准定额研究所将向企业发出不授予标识的通知书，并说明理由。

通过审查的企业及其相应产品目录，由住房和城乡建设部标准定额研究所在"中国·建筑门窗节能性能标识网站 www.windowlabel.cn"上统一公示 30 天。

公示期内未收到异议的，住房和城乡建设部标准定额研究所在 7 个工作日内向企业颁发标识证书，并在"中国·建筑门窗节能性能标识网站 www. windowlabel.cn）"上公布。

公示期内收到异议的，住房和城乡建设部标准定额研究所组织专家研究处理，未通过公示的企业或产品，住房和城乡建设部标准定额研究所向企业发出不授予标识的通知书。

7　门窗标识证书和标签的使用

1）标识证书有效期 3 年。有效期满后，未经换证的标识证书，不得继续使用，原证书将被注销。

2）企业应制订节能标识证书和标识标签使用控制文件，明确规定标识证书及标签的使用范围。

（1）企业可在产品广告、产品宣传材料上使用标识证书的有关内容；

（2）企业可在工程投标、产品销售过程中，向顾客出示标识证书；

（3）标识标签应粘贴在标识产品的右下角，也可直接印刷于产品包装物、产品使用说明书及广告宣传等印刷品上；

（4）保持标识证书及标签的使用记录。

3）企业应按规定每年的 12 月 31 日前向地方建设行政主管部门和住房和城乡建设部标准定额研究所报告标识证书使用情况。

4）在标识证书有效期内，获得标识的企业及其相应产品应接受地方建设行政主管部门、住房和城乡建设部标准定额研究所的监督检查。

参考文献

[1]《建筑节能工程施工质量验收规范》（GB 50411—2007）．北京：中国建筑工业出版社，2007.

[2]《建筑门窗节能性能标识导则》（RISN-TG 013—2012）．北京：中国建筑工业出版社，2012.

[3]《铝合金门窗》（GB/T 8478—2008）．北京：中国标准出版社，2009.

[4]《铝合金门窗工程技术规范》（JGJ 214—2010）．北京：中国建筑工业出版社，2010.

[5]《建筑玻璃应用技术规程》JGJ 113—2015. 北京：中国建筑工业出版社，2015.

建筑门窗幕墙节能设计的常见问题及要点

◎ 谢得亮

深圳金点子幕墙技术顾问有限公司　广东深圳　518067

摘　要　近六年来，在深圳地区建筑幕墙及外门窗的施工图强制性审查过程中，发现有较多的建筑幕墙及外门窗的节能设计不符合相关规范、标准的要求。现针对建筑幕墙及外门窗施工图设计与相关规范、标准要求不相符等常见问题，进行归分析、归纳、总结，并提出相应的注意要点。

关键词　民用建筑；玻璃幕墙及外门窗；节能；气密性能；开启面积；传热系数；遮阳系数

1　引言

因节能问题牵涉到范围很大的中国气候分区，且建筑有民用建筑及工业建筑等，本文只针对位于夏热冬暖气候分区深圳地区的民用建筑玻璃幕墙及外门窗进行论述。

民用建筑，包括公共建筑和居住建筑，与人们的日常工作及生活息息相关。如何降低建筑的能耗，满足相关节能要求，是我们必须面对和解决的问题。建筑节能与所处地理位置及气候条件密切相关。玻璃幕墙及外门窗是民用建筑的外围护结构，是建筑节能的重要组成部分。玻璃幕墙及外门窗的节能，主要包括窗墙比、气密性、开启面积、遮阳系数、传热系数。

夏热冬暖地区的建筑幕墙及外门窗有关的规范主要有：《民用建筑设计通则》（GB 50352—2005）、《公共建筑节能设计标准》（GB 50189—2015）、《夏热冬暖地区居住建筑节能设计标准》（JGJ 75—2012）、《公共建筑节能设计标准深圳市实施细则》（SZJG 29—2009）、《深圳市居住建筑节能设计标准实施细则》（SJG 15—2005）、《建筑门窗玻璃幕墙热工计算规程》（JG/T 151—2008）、《建筑幕墙》（GB/T 21086—2007）、《建筑外门窗气密、水密、抗风压性能分级及检测方法》（GB/T 7106—2008）、《玻璃幕墙工程技术规范》（JGJ 102—2003）等。

2　民用建筑玻璃幕墙及外门窗节能设计的常见问题

1）建筑的节能方面的建筑属性问题

住宅建筑，属于居住建筑；办公建筑、商业建筑、交通运输等建筑，毫无疑问，属于公共建筑；但宿舍、招待所、旅馆、公寓、托儿所及幼儿园等建筑，应归属于居住建筑，还是公共建筑？《夏热冬暖地区居住建筑节能设计标准》（JGJ 75—2012）的1.0.2条的条文解释，结合《公共建筑节能设计标准》及其深圳实施细则等规定，居住建筑应包括住宅建筑（约占92％）、宿舍（包括集体宿舍）、招待所、没采用集中空调的旅馆和公寓以及托儿所幼儿园建筑等。相应地，采用集中空调的旅馆和公寓等，其建筑节能属于公共建筑。

幕墙设计师们应特别注意，不要把除住宅外的居住建筑的节能建筑属性和《建筑设计防火规范》（GB 50016—2014）的公共建筑混淆。《建筑设计防火规范》的第5.1.1条及其条文解释，除住宅建筑外，宿舍、公寓等非住宅类居住建筑的火灾危险性与公共建筑接近，其防火要求按公共建筑的规定执行。

2）新旧节能规范标准的适用问题

以深圳地区的公共建筑为例，《公共建筑节能设计标准》（GB 50189—2015）于 2015 年 10 月 1 日实施，但深圳与该节能标准相配套的实施细则没有出台，《公共建筑节能设计标准》深圳市实施细则（SZJG 29—2009）是否应该执行？分两种情况：

① 在 2015 年 10 月 1 日之后立项的公共建筑项目，其建筑节能同时满足《公共建筑节能设计标准》（GB 50189—2015）和《公共建筑节能设计标准深圳市实施细则》（SZJG 29—2009）的要求，应按较严格的条款执行。

② 在 2015 年 10 月 1 日之前立项的公共建筑项目，以建筑主体施工图设计合同签订时间点 2015 年 10 月 1 日为分水岭：签订时间在此之后，其建筑节能同时满足《公共建筑节能设计标准》（GB 50189—2015）和《公共建筑节能设计标准深圳市实施细则》（SZJG 29—2009）的要求，应按较严格的条款执行；签订时间在此之后前的，其建筑节能可只按《公共建筑节能设计标准深圳市实施细则》（SZJG 29—2009）的要求执行。

3）开启扇开启面积按建筑玻璃幕墙，还是建筑外门窗执行

《公共建筑节能设计标准深圳市实施细则》（SZJG 29—2009）的 6.1.6 强制性条文：除卫生间、楼梯间、设备房以外，每个房间的外窗的可开启面积不应小于该房间外窗面积的 30％；透明幕墙应具有不小于房间透明面积 10％的可开启部分，对高度超过 100m 超高层建筑，100m 以上部分的透明幕墙可开启面积应进行专项论证。

从 6.1.6 强制性条文可知，首先，可开启面积并没有明确为有效通风面积，则应理解为开启扇的外轮廓面积；其次，如果一个房间的外墙洞口（透明部位）的尺寸为宽 8m 高 5m，外墙洞口面积为 40m²，如果此处设置为外窗，则其开启面积应不小于 40×30％＝12 平方米，如果此处设置为透明幕墙，则开启面积为 40×10％＝4m²。显然，一个相同的洞口，建筑外窗和建筑幕墙的开启面积的差别极其明显。开启扇的数量和面积的增加，其相应成本也增加。成本最终由建设单位承担，如何降低成本，是建设单位所要做的工作。在建筑施工图阶段，建筑外窗的编号为 LC，建筑幕墙的编号为 MQ，相同的 8m×4m 洞口的透明外围护部位，用建筑幕墙编号 MQ 的开启扇成本显然低得多。

《建筑幕墙》（GB/T 21086—2007）的建筑幕墙定义：由面板与支承结构体系（支撑装置与支承结构）组成的、可相对主体结构有一定位移能力或自身有一定变形能力、不承担主体结构所受作用的建筑外墙。

《玻璃幕墙工程技术规范》（JGJ 102—2003）的建筑幕墙定义：由支承结构体系与面板组成的、可相对主体结构有一定位移能力、不分担主体结构所受作用的建筑建筑外围护结构或装饰性结构。

在宽 8m 高 5m 洞口范围内，用普通的窗料是无法满足受力要求的，必须按建筑幕墙的选料、连接、构造进行设计，该处洞口的透明外围护应定义为建筑外窗 LC，还是建筑幕墙 MQ？从以上的建筑幕墙的定义可知，定义为建筑幕墙 MQ 是合适的。作为建筑外窗或建筑幕墙施工图设计阶段，设计师是无权去改变其 LC 或 MQ 的编号的，这必须在建筑施工图阶段就定义好，或由建筑施工图设计单位出设计变更，把 LC 编号变更为 MQ 编号。

《公共建筑节能设计标准》（GB 50189—2015）的 3.2.8 条，单一立面外窗（包括透光幕墙）的有效通风换气面积应符合下列规定：甲类公共建筑（即单栋建筑面积超过 300m² 或建筑面积超过 1000m² 建筑群）外窗（包括透光幕墙）的开启扇有效通风换气面积不宜小于所在房间外墙面积的 10％。该标准采用了开启扇有效通风换气面积的表达，显然更为合理，并要求不宜小于所在房间外墙面积的 10％，这样，无论该洞口的透明外围护的编号是 LC，还是 MQ，其开启扇的设置是一致的。

4）公共建筑开启扇有效通风换气面积计算问题

建筑外窗常见的开启扇有外平开窗，推拉窗，外上悬窗，等；建筑幕墙常见的开启扇有外上悬窗、

外平推窗，等。

对于建筑外窗的外平开窗，一般情况下，开启角度可以达到90°，其开启扇有效通风换气面积按窗面积的100%计算；对于建筑外窗的推拉窗，对于双轨设置的偶数窗扇，开启扇有效通风换气面积按窗面积的50%计算。

对于建筑幕墙的外上悬窗，开启扇有效通风换气面积按窗面积一个底部的矩形面积A和两个侧面的三角形面积b的总和计算。如图1所示：

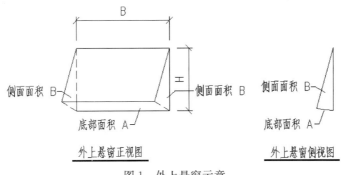

图1　外上悬窗示意

应特别注意，《玻璃幕墙工程技术规范》JGJ102—2003的4.1.5条：开启扇的开启角度不宜大于30°，开启距离不宜大于300mm。该条规定主要是出于安全考虑，有些建筑，如酒店、住院楼等，基于某些安全考虑，会限制开启距离不大于100mm，极大地影响了窗口的通风面积。

对于建筑幕墙的外平推窗，则开启扇有效通风换气面积按外平推窗的周长乘入开启距离的面积计算。建筑幕墙的开启扇的数量和有效通风换气面积，在建筑施工图阶段就已由建筑师计算并设置好，但经常会出现错误：

（1）开启扇周边有外装饰条的，在计算开启扇有效通风换气面积的时候，没有扣除外装饰条对开启扇有效通风换气的阻挡的面积，如图2所示。

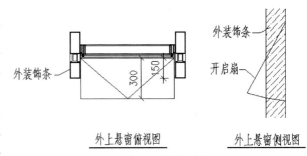

图2　外上悬窗俯视与侧视

（2）水平方向多个开启扇连续布置，因多个开启扇侧向连续布置，侧向进风相互干扰，在计算每一个开启扇的有效通风换气面积的时候，侧向有效通风换气面积没有进行折减。如图3所示。

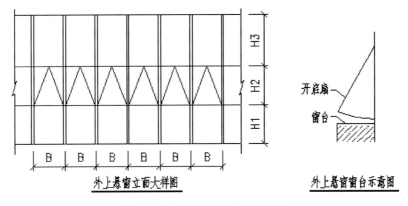

图3　外上悬窗立面与窗台示意

3. 对于有窗槛墙的幕墙开启扇，开启扇的下方有窗台，在计算开启扇有效通风换气面积的时候，没有扣除窗台对开启扇有效通风换气的阻挡的面积。如上图所示。

5) 建筑外门窗与建筑幕墙的气密性能指标问题

(1) 建筑外门窗的气密性指标与建筑幕墙的气密性能指标混淆，其等级划分不同，指标也不同，如下列表：

铝合金门窗气密性能分级见表 1。

（摘自《建筑外门窗气密、水密、抗风压性能分级及检测方法》（GB/T 7106—2008）的 4.1.2 条）

表 1　铝合金门窗气密性能分级

分级代号	1	2	3	4	5	6	7	8
q1 [m³/(m.h)] 单位缝长	3.5<q1 ≤4.0	3.0<q1 ≤3.5	2.5<q1 ≤3.0	2.0<q1 ≤2.5	1.5<q1 ≤2.0	1.0<q1 ≤1.5	0.5<q1 ≤1.0	q1≤0.5
q2 [m³/(m².h)] 单位缝长	10.5<q2 ≤12.0	9.0<q2 ≤10.5	7.5<q2 ≤9.0	6.0<q2 ≤7.5	4.5<q2 ≤6.0	3.0<q2 ≤4.5	1.5<q2 ≤3.0	q2≤1.5

建筑幕墙的气密性能分级见表 2。

（摘自《建筑幕墙》（GB/T 21086—2007）的 5.1.3 条）：

表 2　建筑幕墙气密性能分级

分级代号		1	2	3	4
开启部分	分级指标值（单位 m³/m.h）	2.5<q_L≤4.0	1.5<q_L≤2.5	0.5<q_L≤1.5	q_L≤0.5
整体幕墙	分级指标值（单位 m³/m².h）	2.0<q_A≤4.0	1.2<q_A≤2.0	0.5<q_A≤1.2	q_A≤0.5

注：分级指标号越高，其性能越高。

(2) 建筑外门窗的气性指标，设计师容易搞错，相关的规范、标准的内容如下：

《公共建筑节能设计标准》（GB 50189—2015）的 3.3.5 条，10 层及以上建筑外窗的气密性不应低于第 7 级；10 层以下建筑外窗的气密性不应低于第 6 级。

《夏热冬暖地区居住建筑节能设计标准》（JGJ 75—2012）的 4.0.15 条，10 层及以上建筑外窗的气密性不应低于第 6 级；10 层以下（注：标准采用 1—9 层的表述）建筑外窗的气密性不应低于第 4 级。

6) 居住建筑外门窗开启面积与房间地面积的比值问题

《夏热冬暖地区居住建筑节能设计标准》（JGJ 75—2012）的 4.0.13 强制性条文：外窗（包括阳台门）的通风开口面积不应小于房间地面面积的 10% 或外窗面积的 45%。应注意：

(1) 主要房间（包括卧室、书房、起居室）的外窗（包括阳台门）的通风开口面积不应小于房间地面面积的 10% 执行；厨房、卫生间、户外公共走道外窗，通常窗面积较小，其通风开口面积按不小于外窗面积的 45% 执行。

(2) 房间内有带门的卫生间或衣帽间时，该卫生间或衣帽间的面积不计入房间地面积。

(3) 低窗台、凸窗等下部有能上人站立的宽窗台面时，该窗台应计入地面积。

(4) 对复式住宅的起居室（客厅连餐厅），上下两层连通，其外窗（包括阳台门）的通风开口面积应包括上下两层的外门窗的开启扇的通风开口总面积，房间地面积应为上下两层地面，包括楼梯总的水平投影面积之和。

(5) 外平开窗的可开启面积与通风开口面积不同，当窗扇的开启角度小于 45° 时，可开启窗口的实际通风能力会下降 50%，上悬窗、外平开门窗、翻转窗等，当窗扇的开启角度小于 45° 时，通风开口总面积按外门窗可开启面积 50% 计算。当外平开窗的窗扇宽度设计较大时，如窗扇宽度为 800mm，则在开启的时候，是很不安全的，从而在设计的时候，必须明确其开启的角度或距离，并在施工的时候设置限位措施，相应的，其通风开口面积也应折减。

7) 建筑外门窗与建筑幕墙的传热系数分级指标问题

(1) 建筑外门窗的传热系数分级指标与建筑幕墙的传热系数分级指标混淆，其等级划分不同，指标也不同，如表 3 和表 4 所示。

表 3 外门、外窗传热系数分级〔分级指标值（单位 W/m². K）〕

1	2	3	4	5	6	7	8	9	10
5.0≤K	4.0≤K <5.0	3.5≤K <4.0	3.0≤K <3.5	2.5≤K <3.0	2.0≤K <2.5	1.5≤K <2.0	1.3≤K <1.6	1.1≤K <1.3	K<1.1

注：分级指标号越高，其性能越高。

表 4 建筑幕墙传热系数 K 分级指标（5.1.4.5 条）：

分级代号	1	2	3	4	5	6	7	8
分级指标值（单位 W/m2. K）	5.0≤K	4.0≤K <5.0	3.0≤K <4.0	2.5≤K <3.0	2.0≤K <2.5	1.5≤K <2.0	1.0≤K <1.5	K<1.0

注：分级指标号越高，其性能越高，8 级时，需同时标注 K 的测试值。

（2）建筑物有东西南北四个朝向，某一个朝向的玻璃幕墙的传热系数指标可能有特殊要求，如采用了较大面积的透明玻璃，其传热系数指标数值较大，但幕墙设计说明中没有特别列出。在公共建筑的建筑外围护结构的热工计算中，如果传热系数不能满足规定性指标要求，则应按性能性指标的相关要求，进行权衡判断计算，以判断是否满足相关节能设计要求。

（3）幕墙设计说明写传热系数指标的某一个等级，一个等级是一段数值区间范围，应写小于等于某一具体的数值。

（4）建筑幕墙的传热系数指标，是整幅建筑幕墙的指标，包括玻璃、铝合金龙骨，以及其他因素的综合值，因而应单独列出玻璃的传热系数要求。玻璃的传热系数的指标值，应从建筑节能设计专篇及建筑节能计算书查找。

8）建筑外门窗与建筑幕墙的遮阳系数分级指标问题

（1）建筑幕墙的遮阳系数指标，是整幅建筑幕墙的指标，包括玻璃、铝合金龙骨等，在写指标的时候，除写玻璃幕墙的遮阳系数 Sc，同时应列出玻璃的遮蔽系数 Se。一般根据铝合金龙骨外轮廓所占的面积与整幅幕墙的面积的比例，如约 15%，则玻璃的遮蔽系数可以近似由 $Se=S_c/0.85$ 得出。

（2）建筑物有东西南北四个朝向，建筑物的遮阳系数性能是以各个朝向的指标来衡量的，每一个朝向的指标都必须符合要求。某一个朝向的玻璃幕墙的遮阳系数指标可能有特殊要求，如采用了较大面积的透明玻璃，其遮阳系数指标数值较大，但幕墙设计说明中没有特别列出。某一朝向的不同幅玻璃幕墙的遮阳系数，如果其遮阳系数不同，应采用加权平均进行计算，其计算结果必须满足规范的指标要求，不能做权衡判断！

（3）举个实例：深圳安信金融中心的西向玻璃幕墙的遮阳系数

① 建筑立面朝向的规定

《公共建筑节能设计标准》GB 50189—2015 的 3.2.6 条，建筑立面朝向的划分应符合以下规定：

北向应为北偏西 60°至北偏东 60°；

南向应为南偏西 30°至南偏东 30°；

西向应为西偏北 30°至西偏南 60°（包括临界线）；

东向应为东偏北 30°至东偏南 60°（包括临界线）；

按《公共建筑节能设计标准深圳市实施细则》（SZJG 29—2009）的 6.1.4 条，建筑立面朝向的划分应符合以下规定：

北向应为北偏西 30°至北偏东 45°；

南向应为南偏西 30°至南偏东 45°；

西向应为西偏北 60°至西偏南 60°（包括临界线）；

东向应为东偏北 45°至东偏南 45°（包括临界线）；

如图 4 所示。

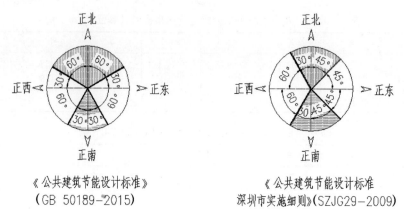

| 《公共建筑节能设计标准》 | 《公共建筑节能设计标准 |
| （GB 50189—2015） | 深圳市实施细则》(SZJG29—2009) |

图 4　建筑立面朝向划分

② 本工程按深圳市实施细则执行。

西向的外墙面积为 9036m²，玻璃幕墙（包括外窗）的面积为 4288m²，窗墙比为 0.475，查看《公共建筑节能设计标准深圳市实施细则》（SZJG 29—2009）的 6.2.2 条，当窗墙比为 0.4 至 0.5 时，其外窗西向综合遮阳 $S_W \leqslant 0.36$。综合外遮阳 $S_W = S_D \times S_C$，其中 S_C 为外窗本身的遮阳系数，S_D 为窗口的外遮阳系数，本工程无外遮阳，$S_D = 1$，也即 $S_C \leqslant 0.36$。

西面有一幅玻璃幕墙为点式拉索幕墙，要求通透，玻璃采用夹胶玻璃，其面积为 993m²，该点式拉索玻璃幕墙（包括外窗）的外遮阳 $S_C \leqslant 0.512$，其他部位的玻璃幕墙（包括外窗）的面积为 3295m²，其外遮阳 $S_C \leqslant 0.312$。

加权平均为 $S_C = (0.512 \times 993 + 0.312 \times 3295) / 4288 = 0.358$，符合 $S_C \leqslant 0.36$ 的要求。该处点式拉索玻璃幕墙的框料较少，其玻璃的遮蔽系数，可近似取 $S_e = S_C / 0.9 = 0.512 / 0.9 = 0.57$。

9）建筑外门窗与建筑幕墙的其他节能问题

（1）节点设计问题：应特别注意，如果建筑幕墙有较大型的外装饰条，应做好隔热措施，避免热桥，也避免与建筑节能计算书不一致，从而影响建筑的节能要求。

（2）铝合金隔热型材，在传热系数和遮阳系数，对建筑幕墙及外门窗有一定的帮助，但隔热条与铝合金型材的材质不同，且为加工咬合，因而型材的截面不能视为几何整体，应按《建筑用隔热铝合金型材》（JG/T 175—2011）的附录要求，先求刚性惯性矩，再求有效惯性矩。经统计，有效惯性矩=0.50～0.85 刚性惯性矩，截面抵抗矩取有效惯性矩按相关公式进行计算。

（3）在建筑外围护工程的设计中，经常把屋顶玻璃采光顶棚纳入建筑幕墙的设计范围，其面积不应大于屋顶总面积的 20%。假设采光顶棚为隐框玻璃屋面，其传热系数是 $K \leqslant 3.0 W/(m^2 \cdot k)$，采用夹胶中空 Low-E 钢化玻璃，玻璃的传热系数要求为 $K \leqslant 2.0 W/(m^2 \cdot k)$。如果按常规选用传热系数为 $K = 1.8 W/(m^2 \cdot k)$ 的夹胶中空 Low-E 钢化玻璃，是不满足要节能要求的，因为采光顶所要求的玻璃传热系数是平放状态的，而玻璃的传热系数指标一般是按竖直放置的，竖直放置的玻璃传热系数为 $K = 1.8 W/(m^2 \cdot k)$，如果水平放置，其传热系数约为 $K = 2.4 W/(m^2 \cdot k)$。

3　结语

民用建筑玻璃幕墙及外门窗的节能设计，牵涉到较多的规范，要考虑建筑、材料、节点构造等诸多方面的因素，其根本的出发点就是建筑的节能和使用舒适度。本文从民用建筑玻璃幕墙及外门窗施工图强制性审查及咨询的角度，提出相关问题，指出适用规范标准的相关条文，应考虑的相关因素及构造措施，确保建筑玻璃幕墙及外门窗的节能设计符合相关规范标准的要求。

新疆低能耗建筑透光围护结构
太阳得热与热工性能分析研究

◎ 陈向东　何志军　李文华

新疆建筑科学研究院（有限责任公司）　新疆乌鲁木齐　830054

摘　要　本文通过对建筑透光围护结构的太阳得热系数的分析研究，结合新疆地域特色及极端气候天气分析，得出在新疆低能耗建筑的节能设计中考虑新疆各地区极端气候条件，根据建筑物的类型和使用功能需求，对建筑透光围护结构的太阳得热和热工进行分析和设计，保证透光围护结构的节能效果达到最优，做到冬季保温夏季隔热，高效利用能源。

关键词　低能耗建筑；太阳得热系数；低辐射镀膜玻璃

1　引言

当前，我国经济发展进入新常态，产业结构优化明显加快，能源消费增速放缓。但必须清醒地认识到，随着工业化、城镇化进程加快和消费结构持续升级，我国能源需求刚性增加，资源环境问题仍是制约我国经济社会发展的瓶颈之一，节能减排依然形势严峻、任务艰巨。

2014 年 9 月，由新疆乌鲁木齐市建委组织实施的、乌鲁木齐高新技术产业开发区大成实业有限责任公司开发的"幸福堡"综合楼举行认证仪式。该建筑的认证，标志着西北首个被动式建筑正式在新疆落成。近年来，新疆在建设领域节能减排方面强化了以绿色、生态、低碳的理念为指导，以建筑节能为切入点，组织实施了"煤改气"、既有建筑供热计量及节能改造、绿色建筑、被动式建筑、住宅产业化等一批重大项目，近三年，建成了 5 个共计 6.8 万 m² 的超低能耗建筑示范项目，填补了新疆乃至西北地区超低能耗建筑领域的空白。

透光围护结构是太阳光可直接透入室内的建筑外围护结构件（如建筑外窗、透明幕墙、外门及玻璃砖砌体等结构）。随着新疆低能耗建筑节能技术的发展，透光围护结构的太阳得热对其热工性能的影响越来越受到人们的重视，在工程的设计与实施中得到更为准确、精细的考虑。

2　太阳得热系数分析

太阳得热量是经由透光围护结构进入室内的太阳能量，包括透过的太阳辐射得热和进入室内的传热两部分。太阳得热系数 SHGC 是通过透光围护结构进入室内的太阳得热量与投射在其表面的太阳辐射能通量之比值，太阳辐射热的波长包括从 300nm 到 2500nm 的全波长范围。太阳得热系数 SHGC 主要用来确定通过透光围护结构的太阳辐射得热。

因此，透光围护结构的太阳得热系数由透光部分的得热与非透光部分的得热组成，为限制其太阳得热系数在设计要求或技术要求之下，需对透光部分与非透光部分的得热进行限制。表 1 为透明玻璃与镀膜玻璃光学与热工计算结果。

表 1 透明玻璃与镀膜玻璃光学与热工计算结果

序号	参数	透明玻璃计算值	镀膜玻璃计算值
1	玻璃系统总厚度	5.000	5.000
2	可见光投射比	0.900	0.794
3	可见光反射比（前）	0.091	0.067
4	可见光反射比（后）	0.091	0.048
5	太阳直接透射比	0.858	0.574
6	太阳反射比（前）	0.089	0.154
7	太阳反射比（后）	0.090	0.215
8	太阳能总透射比	0.871	0.609
9	紫外线透射比	0.692	0.456
10	半球发射率（前）	0.814	0.829
11	半球发射率（后）	0.826	0.104
12	冬季传热系数 U	5.173	3.318
13	夏季传热系数 U	5.207	2.706
14	遮阳系数 SC	1.001	0.700

　　无色透明玻璃对可见光与红外光，透射相当高，对室内采光而言，是没有问题的，但其太阳得热非常显著无色透明玻璃光谱如图 1 所示；随着玻璃镀膜技术的发展，镀膜玻璃已经可以对入射的太阳光进行选择，将可见光引入室内，而将增加负荷和能耗的红外线反射出去，从而达到节能的目的镀膜玻璃光谱如图 2 所示。

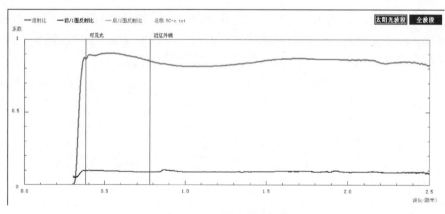

图 1 无色透明玻璃光谱

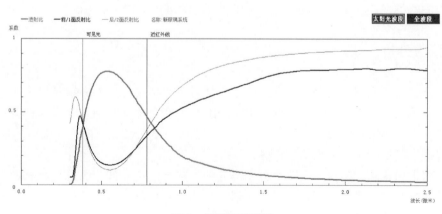

图 2 镀膜玻璃光谱

不透光部分一般是组成门窗或透光幕墙的铝合金型材、塑料型材、胶及相关的五金配件等，是玻璃及构件吸收太阳辐射热后，再向室内辐射的热量。主要的影响其得热的部件是使用的型材，其得热的影响因素为：太阳辐射的吸收比与传热系数。铝合金型材的太阳辐射吸收比显而易见对其得热影响较大，应最大限度地降低太阳辐射吸收比，即应最大限度得提高铝合金型材的建筑外表面壁的太阳辐射反射比，可采用表面有经喷涂或漆膜的铝合金型材高节能以阻断室外向室内的传热，降低建筑房间通风与空调冷负荷。

3 新疆低能耗建筑透光围护结构太阳得热与热工性能分析

新疆由于特殊的地理位置，近几年来，极端天气时有发生，过去三年里，仅乌鲁木齐地区的最高气温达到了 40.6°，历史第 6 位，当时高温连续持续 6 天。

极端的气候条件的出现打破了常规的气候区域划分的界限，虽然通常在严寒地区，由于纬度较高，正午太阳高度角较低，直接照射到建筑的太阳能较少，全年一般只考虑供暖，而不考虑供冷，所以在严寒地区，太阳得热系数没有做限值要求，但是在极端气候条件下，考虑到太阳得热对围护结构的热工性能影响建筑物整体的节能效果，在采光性能方面，玻璃或其他透光材料的可见光透射比直接影响到自然采光的效果和人工照明的能耗，因此，从节约能源的角度上讲，除非一些特殊建筑要求隐蔽性或单向透射以外，任何情况下都不应采用可见光透射比过低的玻璃或其他透光材料。目前，中等透光率的玻璃可见光透射比都可达到 0.4 以上。根据最新公布的建筑常用的低辐射镀膜隔热玻璃的光学热工参数中，无论传热系数、太阳得热系数的高低，无论单银、双银还是三银镀膜玻璃的可见光透射比均可以保持在 45%～85%，因此，在 GB 50189—2015《公共建筑节能设计标准中》中确定公共建筑为节约能源，在白昼更多地采用自然光，透光围护结构的可见光透射比不得小于 0.4，当窗墙面积比较小时，应不小于 0.6。

在可见光透射比 45%～85%这个数值范围内，选择合适的低辐射镀膜玻璃降低玻璃的传热系数，通过模拟计算结果显示，控制低能耗建筑透光围护结构的太阳得热系数同时有效的控制可见光透射比，从而全面改善建筑透光围护结构的节能特性。而低辐射（Low-E）玻璃，是在玻璃表面镀多层银、铜或锡等金属或其他化合物组成的薄膜，产品对可见光有较高的透射率，对红外线有很高的反射率，具有良好的隔热性能，由于膜层强度较差，一般都制成中空玻璃使用而不单独使用。

建筑玻璃贴膜具有隔热节能安全感防爆易装贴经济实用等特点，是一种既经济又方便的节能玻璃，发展前景广阔。玻璃贴膜夏季可以阻挡 45%－85%的太阳直射热量进入室内，冬季可以减少 30%以上热量散失；当玻璃破碎时，碎片能够紧紧粘贴在玻璃贴膜表面，保持原来形状，不飞溅，不变形；同时玻璃贴膜能够耐受高达 500℃以上的高温，能够有效防止火灾的引起，避免对人体的伤害，质量较好的玻璃贴膜可以阻挡眩光和 99%的紫外线。

4 项目研究使用的某贴膜中空玻璃模拟计算

4.1 中空玻璃构造图（图 3）

玻璃 1♯ 为 6mm 普通透明玻璃；

气体 1♯ 为空气；

玻璃 2♯ 为 6mm LMZA100 贴膜玻璃。

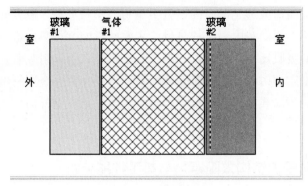

图 3　中空玻璃构造图

4.2　模拟计算内容、依据（表 2）

表 2　模拟计算内容、依据

模拟计算内容	传热系数、遮阳系数、可见光透射比	
模拟计算依据	《建筑门窗玻璃幕墙热工计算规程》(JGJ/T 151—2008)	
计算软件	住房和城乡建设部建筑门窗节能性能标识专用软件 MOC-I	
计算边界条件	冬季计算标准条件： 室内空气温度 Tin＝20℃ 室外空气温度 Tout＝−20℃ 室内对流换热系数 hc,in＝3.6W/(m²·K) 室外对流换热系数 hc,out＝16W/(m²·K) 门窗边框对流换热系数 hc,out＝8W/(m²·K) 玻璃边缘对流换热系数 hc,out＝12W/(m²·K) 室内平均辐射温度 Trm,in＝Tin 室外平均辐射温度 Trm,out＝Tout 太阳辐射照度 Is＝0W/m²	夏季计算标准条件： 室内空气温度 Tin＝25℃ 室外空气温度 Tout＝30℃ 室内对流换热系数 hc,in＝2.5W/(m²·K) 室外对流换热系数 hc,out＝16W/(m²·K) 室内平均辐射温度 Trm,in＝Tin 室外平均辐射温度 Trm,out＝Tout 太阳辐射照度 Is＝500W/m²

4.3　玻璃热工性能计算结果（表 3）

表 3　玻璃热工性能计算结果

名称	传热系数［W/(m²·K)］	遮阳系数	可见光透射比%
玻璃计算结果	1.753	0.756	52.0

4.4　6＋12A＋6 智能节能安全膜光谱曲线（图 4）

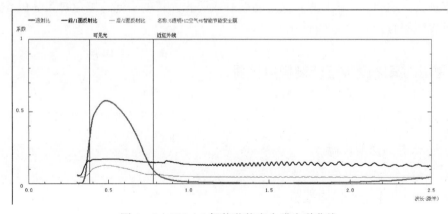

图 4　6＋12A＋6 智能节能安全膜光谱曲线

5　项目研究使用的贴膜中空玻璃实验室测试结果

根据 GB/T8484—2008《建筑外门窗保温性能分级及检测方法》附录 E 玻璃传热系数检验方法，试件一侧为热箱，模拟采暖建筑冬季室内气候条件，另一侧为冷箱，模拟冬季室外气温和气流速度。在对试件缝隙进行密封处理，试件两侧各自保持稳定的空气温度、气流速度和热辐射条件下，测量热箱中加热器的发热量，减去通过热箱外壁和试件框的热损失（两者均由标定试验确定），除以试件面积与两侧空气温差的乘积，即可计算出试件的传热系数 K 值。

试件传热系数 K 值［W/（m²·K）］按公式 1 计算：

$$K=\frac{Q-M_1 \cdot \Delta\theta_1-M_2 \cdot \Delta\theta_2-S \cdot \Lambda \cdot \Delta\theta_3}{A \cdot \Delta t} \tag{公式 1}$$

式中：

Q——加热器加热功率，W；

M_1——由标定试验确定的热箱外壁热流系数，W/K；

M_2——由标定试验确定的试件框热流系数，W/K；

$\Delta\theta_1$——热箱内、外表面面积加权平均温度之差，K；

$\Delta\theta_2$——试件框热侧冷侧表面面积加权平均温度之差，K；

S——填充板的面积，m²；

Λ——填充板的热导率，W/（m²·K）；

$\Delta\theta_3$——填充板热侧表面与冷侧表面的平均温差，K；

A——试件面积，m²；按试件外缘尺寸计算；

Δt——热箱空气平均温度与冷箱空气平均温度之差，K。

经过测试，得出三种中空玻璃的传热系数值见表 4。

表 4　三种中空玻璃传热系数

序号	代码	玻璃配置	实测传热系数 W/（m²·K）	降低传热系数值 W/（m²·K）	备注
1	a	6＋12A＋6	3.2	0	
2	b	6 智能化功能贴膜玻璃＋12A＋6	2.6	0.6	
3	c	6LMZA100 膜玻璃＋12A＋6	1.8	1.4	

从上表中我们可以看出，经过实测，贴膜技术能大幅提高中空玻璃的传热系数，普通贴膜中空玻璃可在原中空玻璃的基础上降低传热系数 0.6W/（m²·K），LMZA100 膜贴膜中空玻璃可在原中空玻璃的基础上降低传热系数 1.4W/（m²·K），大幅提升中空玻璃的保温隔热性能，与模拟计算结果相符。

6　项目研究用贴膜用在建筑外窗的节能性能分析

窗户材质及结构是决定其节能性能的主要因素。平开窗的窗扇与窗框间有良好的密封压条，窗扇关闭时能将密封条压紧，密封性好，在新疆新建建筑和改造建筑中普遍使用。

目前推广使用的新型环保节能窗户一般采用三层玻璃，市面现已有 75 系列的塑钢窗和铝合金窗根据窗框型材槽口和国家标准规定的中空玻璃安装尺寸搭配的中空三层玻璃并在玻璃上镀低辐射膜（Low-E 膜）理论计算值 K 值可达到满足建筑节能 75% 要求的 1.3W/（m²·K）～1.5W/（m²·K），玻璃间如果再实现真空或充满氩气等惰性气体，可以大大降低热传导率，隔热效果更优，传热系数比普通中空玻璃下降 70% 以上，最终可实现降至 0.8W/（m²·K）。

根据上述理论及实测数据指导，针对目前的 60 系列、65 系列的塑钢窗采用窗户室外侧玻璃贴膜技术进行了测试研究，节能膜是集多种功能为一体的玻璃贴膜产品，其在安全防护、智能节能、减少光污染、全防紫外线、高清晰低雾度、颜色多样美观等方面都具有功效。

采用在已检窗户冷侧贴膜对比未贴膜状态的节能效果差异，采用安全节能智能膜测的不同系列的结果见表 5。

表 5 节能智能膜测试结果

序号	窗户 （外墙用内平开塑钢窗）	玻璃配置	玻璃表面 温度	窗框表面 温度	传热系数
1	60 系列 120150	4＋10A＋4	6.82	10.21	2.5—
2	60 系列 120150	4＋10A＋4 安全节能智能膜	7.22	10.14	2.4
3	65 系列 120150	4＋9A＋4＋9A＋4	9.35	10.90	1.9
4	65 系列 120150	4＋9A＋4＋9A＋4LMZA100 膜	9.84	10.63	1.8

根据所选取安全节能智能膜的特点，该膜具有吸收太阳光红外线辐射热的功能，在实验过程中因为缺少外置光源，智能膜吸收热量功能体现不出来，在实验室测试阶段因为贴膜部分主要在玻璃上，而中空玻璃系统在整窗面积中占比 70% 左右，贴膜技术能降低整窗传热系数值 0.1W/（m²·K）。

4 结语

"十三五"，新疆将继续走绿色发展之路，切实把生态文明理念、原则、目标融入经济社会发展各方面，落实到各级各类规划和各项工作中，2016 年，自治区新建绿色建筑 300 万 m²、可再生能源建筑应用项目 200 万 m²。目前，住建厅正在全疆大力推广高强钢筋、高性能混凝土、高效节能门窗、多功能复合墙材等绿色建材应用，在完善节能体系的同时，推进被动式超低能耗建筑试点示范。考虑新疆各地区极端气候条件，根据建筑物的类型和使用功能需求，对建筑透光围护结构的太阳得热和热工进行细致有效的分析和设计，保证透光围护结构的节能效果达到最优，从而真正做到冬季保温夏季隔热，高效利用能源，为美丽新疆增绿添彩。

参考文献

［1］JGJ/T 151—2008 建筑门窗玻璃幕墙热工计算规程［S］. 北京：中国建筑工业出版社，2009.

［2］RISN-TG013—2012 建筑门窗节能性能标识导则［S］. 北京：中国建筑工业出版社，2009.

［3］GB/T 30592—2014 透光围护结构太阳得热系数检测方法［S］. 北京：中国标准出版社，2014.

FANGDA

深圳市方大建科集团有限公司

高端幕墙的精品供应商

深圳市南山区科技南十二路方大大厦 邮编：518057
电话：0755-26788572 传真：0755-26782893

官方微信

让您的工程成为样板   Make your project as a model

深圳当代艺术馆与城市规划展览馆   深圳 华侨城大厦   深圳 汉京金融中心   深圳 T3航站楼

| 关于我们

公司成立于1991年，是国内同行业早期A、B股上市公司（股票代码：000055、200055）；
拥有建筑幕墙工程设计专项甲级资质、建筑幕墙工程专业承包一级资质、金属门窗工程专业承包一级资质；
拥有东莞、北京、上海、成都、南昌和沈阳六大幕墙研发制造基地，具备年产500万平米的幕墙加工制造能力；
荣获过中国建筑工程鲁班奖、中国土木工程詹天佑奖、全国建筑工程装饰奖等百余项优质工程奖。

深圳市三鑫科技发展有限公司
Shenzhen Sanxin Technology Development Co., Ltd.

深圳市三鑫科技发展有限公司，简称"三鑫科技"，曾用名"深圳市三鑫幕墙工程有限公司"，是中航三鑫股份有限公司（中国航空工业集团公司旗下二十七家上市公司之一，简称"中航三鑫"，股票代码：002163）的子公司，是一家专业从事建筑幕墙工程研发、设计、生产、施工为一体的企业；具有建筑幕墙工程设计专业甲级、施工壹级资质。公司总部设在深圳市，下设北京、上海、深圳、成都四个区域公司辐射全国。

公司幕墙加工产业基地主要分布在北京、上海、深圳、成都、长沙和郑州。业务范围覆盖全国乃至港澳、东南亚、南亚、西亚、欧美、非洲等国家及地区，是国内知名的幕墙工程企业之一。三鑫科技以绿色节能环保幕墙为主要业务方向，完成了上百项高难度的大型建筑幕墙工程，公司每年承建的300多万平方米节能幕墙和门窗，为各大城市高楼大厦、机场、公共建筑等标志性建筑带来了安全舒适、节能环保的外衣，其中获得数十项鲁班奖、国家优质工程奖和詹天佑奖。这些工程业绩和良好的口碑充分体现了三鑫科技的质量信誉和综合管理实力。

联系方式

总机：0755-86284666　　　　　传真：0755-86284777

网址：www.sanxineng.com

地址：深圳市南山区滨海大道深圳市软件产业基地5栋E座1001-1101

深圳中航幕墙工程有限公司

深圳中航幕墙工程有限公司（原深圳航空铝型材公司）成立于一九八〇年，是我国建筑幕墙、铝合金门窗系列产品国有大型专业制造厂家之一，是首批获得国家"建筑幕墙及金属门窗工程施工一级资质"的专业公司，是首批获得住建部核准的"建筑幕墙专项甲级设计资质"的企业，是最早获得国家质监总局核发的各类"建筑幕墙及建筑外窗生产许可证"的企业之一，也是同行业中最早通过"ISO9001、ISO14001以及OHSAS18001三合一体系认证"的企业之一。

公司一向将企业的社会责任放到非常重要的位置，致力于为社会作出更大贡献。三十年来，我们一直把诚信经营、遵纪守法作为企业的道德规范，长期注重工程质量、信守合同约定，秉承"以人为本，诚信经营"的理念，与新老客户精诚合作，不断赢得客户的赞誉。

公司致力于打造"客户价值至上"的企业文化，确立以创造客户价值为核心的企业战略，将客户价值上升到信仰的高度，为客户提供专业、优质的服务，与客户共谋双赢、互利发展。

我们坚持以技术和质量为特长，走稳健发展的道路。依托坚实的技术基础、优质的服务品质以及过硬的产品质量，形成中航幕墙特色的经营模式。在深圳、北京、郑州、武汉、南京、成都、重庆等地区设立加工基地和分公司，经营足迹遍及全国各地。

深圳金粤幕墙装饰工程有限公司

King Facade

　　金粤公司成立于1985年，是两大上市公司广晟有色、中金岭南旗下的幕墙施工一级、设计甲级企业。多年来，公司设计并施工了大批国内外重点幕墙项目：奥林匹克国家会议中心、国家游泳中心（水立方）、国家进出口贸易中心（广州琶洲展馆二期）、国家图书馆、博鳌亚洲论坛、上海宝矿国际大厦、重庆江北嘴金融3#工程等大型项目。

　　公司对高、精、特幕墙有独特的设计理念和施工方法，设计并施工了广州新电视塔（高600米、外表呈沿高度收放的椭圆形旋转双曲面）；广州西塔（高432米、世界最高隐框玻璃幕墙、外表由多曲面拟合）；北京凤凰国际传媒中心（建筑造型为莫比乌斯环创意、采用鳞状玻璃幕墙塑造极复杂的自由表面）、云南科技馆新馆（大型不规则双曲面幕墙）、中山神湾游艇会（大型不规则双曲扭面幕墙）等大型幕墙工程，公司综合实力名列行业前茅。公司将一如既往，竭诚为顾客提供更专业、更优质的服务。

地址：深圳市福田区八卦岭工业区533栋　电话：0755-82414888　传真：0755-82264435　邮编：518029　网址：www.jinyue.com

华辉装饰
HUAHUIDECORATING
SINCE 1984

幕墙先驱的执著与自信
让品牌成为诚信和优质的象征

公司简介

深圳市华辉装饰工程有限公司是国内成立最早的装饰公司之一，目前已拥有建筑装饰设计甲级、建筑幕墙设计甲级、建筑幕墙施工壹级、建筑装饰施工壹级、建筑机电安装工程专业承包壹级、结构工程专业承包贰级、城市及道路照明工程专业承包叁级资质。35年来华辉凭借高端的设计、优质的施工，承接的工程遍及国内外，其中超高超大的项目有百项之多，如烟台海洋产品交易中心幕墙工程、前海自贸大厦幕墙工程、国信金融大厦幕墙工程、深圳金利通金融中心幕墙工程、壹方中心项目、宝能城花园幕墙项目、横岗荣德国际幕墙工程等。

三十五年创业的艰辛，让我们学会如何珍惜每一次机会，懂得珍惜业主的信赖与托付。而今，公司制订了"以不断的设计创新和工程创新，博得自身的快速发展，成为中国装饰行业的优秀企业"的战略目标，华辉公司将继续登高涉远，始终坚守"诚信"的立业之本，以信用与真诚面对业主，以良好信誉及优质工程回报社会，以"创新"提高团体的自我，迎着新时代的挑战和机遇，在强手如林的行业竞争大潮中，进行第二次腾飞，再展华辉公司的宏图大业。

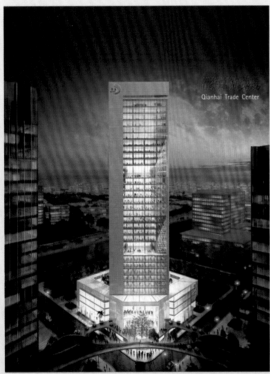

前海自贸大厦幕墙工程（高度236m 单元式幕墙）

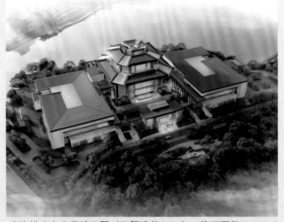

南海樵山文化幕墙工程（工程造价1.69亿，施工面积98768㎡）

南山区长源村改造项目（高度180m. 框架式幕墙）

中粮云景广场（高度203.9m，框架式幕墙）

深圳市富诚幕墙装饰工程有限公司

深圳市富诚幕墙装饰工程有限公司创立于1985年，秉承"科技创新兴业"的战略理念，历经三十多年的探索和实践，已形成以生态建筑幕墙、节能环保门窗的的研发、生产、施工、检测为重要支柱的高科技企业。公司旗下设有研发中心和子公司：深圳市富诚幕墙装饰工程有限公司、深圳市科成建筑幕墙门窗测试有限公司、深圳市富诚投资发展有限公司、深圳市富诚物业管理有限公司和深圳市富诚餐饮管理有限公司，产业涵盖建筑幕墙门窗产品研发、室内外装修装饰、检测、产业投资、物业招商服务管理和餐饮服务等领域，形成多元化的战略格局。

《 以产学研结合为竞争力

公司投资建设的富诚科技大厦共九层，面积近2万平方米，拥有可容纳300人的多功能厅，配备先进的会议设施，是公司多项自主专利技术成果的示范工程，成为深圳市政府的节能贴息工程项目。公司也成为深圳市建筑行业第一家进驻高新技术园南区的高新技术企业。以低碳和可持续发展为研发方向，以节能、环保、高效、安全为产品特点，公司研发出了"集成多功能门窗"、"集成双通道幕墙"、"一种透光防风防盗型自锁卷帘门窗"等多项专利产品，并投资建成了转化试验基地和建筑幕墙门窗检测基地。

《 以产品品质为核心

公司承接的深圳市高交会展馆钢结构玻璃幕墙工程、惠州邮电枢纽中心、揭阳市邮电枢纽中心、深圳市政府办公大楼玻璃幕墙、装饰工程及家具配套工程、深圳市地方税务局办公大楼室内外装修工程和广州东站综合楼玻璃幕墙等多项工程，以高效率、高质量、高品质赢得市场的认同，创造了富诚的品牌效应。此外，公司还获得了"优良工程"的殊荣。

《 以服务社会为使命

公司主编、参编了多项国家的行业标准，为推进行业的技术进步作出了积极的贡献；承担多项国家"十一五"科研课题，取得40多项专利科研成果。

地址：深圳市南山区高新园高新南一道富诚科技大厦9楼　　电话：0755-86022928

网址：http://www.szfctech.com 邮箱：szfcc998@163.com　　传真：0755-26989966

深圳市建筑设计研究总院有限公司
建筑幕墙设计研究院

国内领军的具有国际竞争力的建筑幕墙设计、顾问供应商

/ **服务范围** /

幕墙设计
在业主及建筑师的主导下，做出安全、可靠、美观、经济并符合建筑师最初的建筑创意的幕墙设计。

幕墙顾问
提供项目全过程的技术支持、管理及咨询服务，打造精品工程。

立面清洁
综合建筑形式及幕墙设计要求，提供合理的立面清洁方案。

BIM服务
以BIM技术为依托，对建筑幕墙进行全生命周期的管控。

轻钢结构
依据建筑效果，提供安全、经济、合理的钢结构设计与顾问。

泛光照明
结合建筑楼体的外观特点，提供符合业主需求的照明设计与顾问。

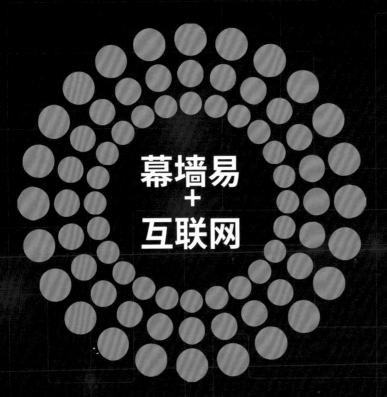

幕墙易
+
互联网

SAAS云服务

兴趣社区

附近幕友

资源互换

关注幕墙院公众号

关注幕墙易公众号

www.efacade.cn
安全、便捷、高效、免费

地址：深圳市福田区振华路设计大厦1011室
电话：0755-83785646、83785645
邮箱：sky@facade.com.cn
网址：www.facade.com.cn

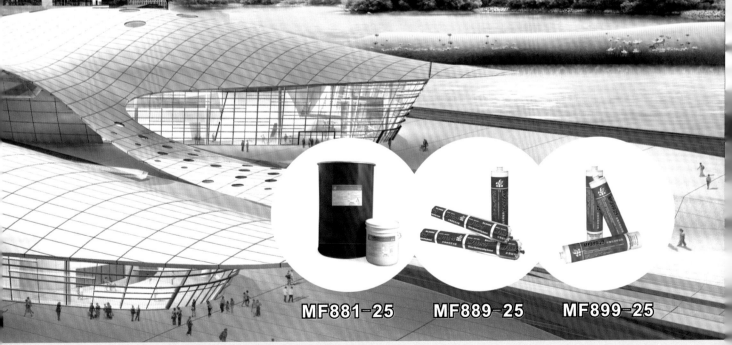

JOINTAS 集泰股份
—— 股票代码：002909 ——

广州集泰化工股份有限公司于2017年10月26日在深交所成功上市。值此之际，我们向社会各界关心和支持集泰股份及旗下的安泰胶品牌的朋友道一句感谢，让我们以诚集泰，共创未来。

广州集泰化工股份有限公司（简称"集泰股份"）成立于2006年，是一家以生产密封胶和涂料为主的国家火炬计划重点高新技术企业。安泰作为广州集泰化工股份有限公司旗下建筑胶品牌，始终坚持品牌战略。安泰建筑胶1990年设立研发中心，参与多个国家标准的起草或修订。"实在好胶、安心选择"，安泰建筑胶已在全国各大中城市建立了30余个销售服务网点，为顾客提供优质的"一站式服务"，是国内品种齐全、服务体系完善的建筑胶品牌之一。

发展历程

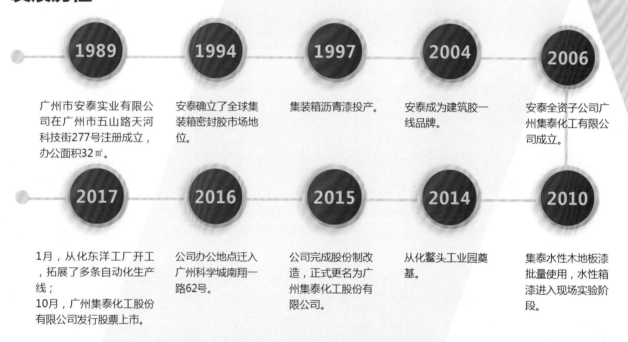

1989
广州市安泰实业有限公司在广州市五山路天河科技街277号注册成立，办公面积32㎡。

1994
安泰确立了全球集装箱密封胶市场地位。

1997
集装箱沥青漆投产。

2004
安泰成为建筑胶一线品牌。

2006
安泰全资子公司广州集泰化工有限公司成立。

2017
1月，从化东洋工厂开工，拓展了多条自动化生产线；
10月，广州集泰化工股份有限公司发行股票上市。

2016
公司办公地点迁入广州科学城南翔一路62号。

2015
公司完成股份制改造，正式更名为广州集泰化工股份有限公司。

2014
从化鳌头工业园奠基。

2010
集泰水性木地板漆批量使用，水性箱漆进入现场实验阶段。

广州集泰化工股份有限公司

总部：广州市黄埔区科学城南翔一路62号C座
电话：020-85576000   传真：020-85577727
www.jointas.com

中国建筑五金制造基地龙头企业

亚萨合莱国强（山东）五金科技有限公司是国内专业生产建筑门窗五金的行业龙头和高新技术企业。是国内窗五金产品专业提供商，已成为国内50多家"百强"地产的战略合作供应商，被中国五金制品协会评为"中国建筑五金制造基地龙头企业"。产品涵盖各类门窗五金、防火门及安防门五金、商业地产五金、汽车门五金几大系列上千个品种，全面满足商业、民用、医疗、交通、工业厂房等细分市场的客户需求。

亚萨合莱国强（山东）五金科技有限公司
ASSA ABLOY Guoqiang（Shandong)Hardware Technology CO., Ltd
地址：山东省乐陵市挺进西路518号　　电话：400-8128-555
网址：www.guoqiang.cn

ENTERPRISE INTRODUCTION
企/业/简/介 ⋯⋯ ⋯

■ "金辉"品牌始创于 1996 年，是目前国内最早的幕墙铝板生产企业，为适应市场需求，经过多年的研发，现金辉铝板主要生产幕墙铝单板、室内铝天花、铝质石纹板、蜂窝铝单板、铝美术纹板、蜂窝石材板等环保节能、易回收再利用的新型装饰材料。产品广泛应用于高档宾馆、商业广场、会展中心、机场、车站、体育馆、地铁等建筑的内外装饰。

■ 金辉铝板属下两大生产基地，分别位于广东省佛山市和湖北省随州市，共有厂房面积 5.5 万平方米，配备世界先进的钣金生产线和日本兰氏、台湾金马表面处理生产线各两条，关键的工序均选用数控加工设备，用以控制和保证产品的精度和质量。在广东佛山还配备有一条异型板加工生产线，专门用于双曲面异型板的生产。在湖北随州配备有一条比利时的铝板带平直、切割生产线，金辉铝板具有年生产各种装饰铝板 150 万平方米的能力。

■ 金辉铝板拥有一支设计经验丰富、专业技能高超的技术团队，他们观念前卫、思想活跃、在继承传统工艺的基础上勇于创新，具有金辉特色的钣金加工工艺日趋完善，为金辉的产品提供了有力、可靠的保证。特别是金辉的异型铝板和双曲面铝板的加工，在国内外的市场中一直享有良好的口碑。

■ 金辉铝板在多年的经营活动中形成了一直勇于开拓市场、善于沟通客户、懂专业、讲信誉、能吃苦的销售队伍。在与国内顶尖幕墙设计公司协作的同时充分发挥金辉铝板区域代理和专项工程相结合的营销模式的优势，客户群得到了不断的发展和壮大。金辉铝板重视国际市场的开拓，在香港和新加坡均有长期合作的客户。金辉铝板成功承造的工程项目几乎涵盖了国内的所有省份。

■ 金辉铝板坚持"以人为本、客户至上、质量第一"的经营理念，始终在这个三维空间中寻求平衡、突破和发展；始终把这三个要素有机地贯穿于生产经营活动的全过程。

■ 金辉铝板倡导"正气和谐、关爱员工、高效创新、追求卓越"的精神；努力为员工提供一个在家的工作环境，使员工在为公司奉献的同事提升自我，实现自我。

* 创建于1996 / *5万平方米生产区 / *年生产各种幕墙铝板150 万平方
*100多精英骨干 / *20年专注生产

铝单板 / 双曲铝板
铝蜂窝板 / 仿木纹蜂窝板
天然木纹蜂窝板
铝天花系列

佛山市金辉铝板幕墙有限公司（**佛山生产基地**）

更多详情请点击
http://www.jhmq.com

地址：佛山市南海区狮山镇桃园西路蟹口工业区

电话：+86-757-85555898 85561678   传真：+86-757-85555682   邮箱：jh5555898@vip.163.com   邮编：528225

粤邦金属建材有限公司
YUEBANG BUILDING METALLIC MATERIALS CO.,LTD.

关于粤邦 ABOUT CORPORATION

本公司为专业制造幕墙铝单板、室内外异型天花板、遮阳铝百叶板、雕花铝板、双曲弧铝板、超高难度造型铝板、蜂窝铝合金板、搪瓷铝合金板以及金属涂装加工的一体化公司；并集合对金属装饰材料的研发、设计、生产、销售及安装于一体的大型多元化企业。

由于对企业的发展需要，本公司于2010年将生产厂区迁移至交通便利、闻名全国的铝合金生产基地－佛山市南海区里水镇。公司占地面积30000多平方米，分为生产区、办公区和生活区。美丽优雅的环境，明亮宽敞的厂房，舒适自然的现代化办公大楼，给人以生机勃勃的感觉。

公司技术力量雄厚、设备先进齐全。现拥有员工300多人，当中不乏一大批优秀的专业管理及技术人才，以适应配合各种客户群体的不同需求；拥有数十台国内外先进的钣金加工设备、配备日本兰氏全自动氟碳涂装生产线及瑞士金马全自动粉末涂装生产线，以确保交付给客户的产品符合或超过国内外的质量标准。结合多年的生产制造经验，吸收国内外先进的管理技术，巧妙地将两者融为一体，更能体现本公司的睿智进取、科学规范。公司从工程的研发设计到产品的生产检验、施工安装及售后服务，每一细节之处皆可体现本公司的一贯宗旨"以人为本、质量第一"。

优质的产品塑造永恒的品牌，粤邦公司自始至终都为了能使客户满意而不懈奋斗，我们信奉"客户的满意，粤邦的骄傲"，并以此督促公司每一位员工，兢兢业业、不卑不亢，为实现公司的宏伟目标而不断努力。

竭诚盼望与您真诚的合作，谛造完美的建筑艺术空间，谱写动听的幸福艺术人生。粤邦建材－－您的选择..

品 质 成 就 生 活
Quality makes your life a success

地址：广东省佛山市南海区里水北沙竹园工业区7号
电话：0757-85116855　85116918
传真：0757-85116677
电邮：fsyuebang@126.com 网址：www.fsyuebang.cn

加拿大地址：8790,146st,surrey,bc,v3s,625 canada.
电话：001-7783226038